教育部高等学校航空航天类专业教学指导委员会推荐教材
航空航天类专业应用型人才培养教材

U0167804

# 飞机钣金零件模具设计

邹爱丽　主　编

王共冬　张业伟　秦政琪　副主编

北京航空航天大学出版社

## 内 容 简 介

本书是教育部高等学校教学指导委员会规划教材,主要内容包括:飞机钣金零件制造与协调,钣金零件的冲裁、弯曲、拉深、旋压、压型、闸压、拉弯、拉形、落压等模具的设计。针对不同类型的飞机钣金零件的特点,对它们进行了详尽的分析,并罗列了大量图表供读者参考。

本书可作为高等院校飞行器制造及相关专业本科的教材,也可作为冲压模具设计技术人员的参考资料。

**图书在版编目(CIP)数据**

飞机钣金零件模具设计 / 邹爱丽主编. -- 北京:
北京航空航天大学出版社,2023.1
ISBN 978 - 7 - 5124 - 3830 - 9

Ⅰ. ①飞… Ⅱ. ①邹… Ⅲ. ①飞机－钣金工－零部件
－模具－设计－高等学校－教材 Ⅳ. ①V261.2

中国版本图书馆 CIP 数据核字(2022)第 115023 号

**飞机钣金零件模具设计**

邹爱丽 主 编

王共冬 张业伟 秦政琪 副主编

策划编辑 周世婷 责任编辑 张冀青

＊

北京航空航天大学出版社出版发行

北京市海淀区学院路 37 号(邮编 100191) http://www.buaapress.com.cn
发行部电话:(010)82317024 传真:(010)82328026
读者信箱:goodtextbook@126.com 邮购电话:(010)82316936
北京富资园科技发展有限公司印装 各地书店经销

＊

开本:787×1 092 1/16 印张:13.25 字数:339 千字
2023 年 1 月第 1 版 2023 年 1 月第 1 次印刷
ISBN 978 - 7 - 5124 - 3830 - 9 定价:46.00 元

# 航空航天类专业应用型人才培养教材
# 编 委 会

# 前　言

随着模具工业的迅速发展,模具设计与制造已成为一个行业,它们越来越受到人们的重视。冲压模具不仅广泛应用于机械、汽车、家电、五金制品等行业,而且在飞机钣金零件制造中也大量使用。冲压模具的设计是否合理,直接影响着飞机钣金零件的表面质量、尺寸精度、协调关系、生产效率以及经济效益。因此,在飞机制造业中,冲压模具的设计对提高飞机钣金零件加工质量和飞机性能具有十分重要的意义。

现代飞机具有气动外形要求严格、设计更改频繁、产品构型众多、零件材料和形状各异、内部结构复杂、空间十分紧凑、各类系统布置密集和零组件数量巨大等特点。飞机钣金零件的成形多采用有色金属,且对制件的技术要求普遍较高。此外,与一般冲压加工适用于大批量生产不同,飞机钣金零件品种繁多,且单一品种的产量需求一般较少,由此决定了其工艺方法、成形设备以及生产管理等诸多方面的特殊要求,并非一般冲压加工所能替代。

本书是教育部高等学校教学指导委员会规划教材,是供高等院校飞行器制造工程专业及其相关专业本科教学使用的专业书籍,也可以作为冲压模具设计技术人员的参考资料。主要内容包括:飞机钣金零件制造与协调,钣金零件的冲裁、弯曲、拉深、旋压、压型、闸压、拉弯、拉形、落压等模具的设计。书中针对不同类型的飞机钣金零件进行了详尽的分析,罗列了大量图表供读者参考查阅。

本书为编者多年从事飞行器制造工程专业的学习、工程实践以及教学研究的凝练之作。在本书历时十年的编写过程中,编者对我国主要的飞机制造厂、设计和工艺研究所进行了调研,得到了许多同行专家的大力支持与帮助,有幸收集了他们多年来从事飞机钣金零件成形技术工作累积的经验与科学研究成果,同时还参阅了兄弟院校的相关教材。2010 年以来,沈阳航空工业学院(现沈阳航空航天大学)飞行器制造工程专业"飞机特种模具"课程一直使用讲义,其间讲义中的相关知识不断更新,此次,本书在该课程讲义的基础上对内容进行了反复推敲与论证,并按照新的教学大纲重新编写。

本书由沈阳航空航天大学邹爱丽主编,王共冬、张业伟、秦政琪任副主编。本书涉及专业知识较广,编者在编写过程中参考了相关教材。这些教材对本书的编写起到了重要的作用,在此谨对其编著者表示衷心感谢。

由于编者水平和经验有限,书中难免有错误和不足之处,敬希同行专家与读者指正。

编　者

2022 年 6 月

# 目　　录

# 第1章 绪 论

现代飞机机体结构依然主要是由金属薄壳结构组成,作为薄壳钣铆结构主体的飞机,钣金零件的数量均在万件以上,占机体结构件总数量的比重较大:一架轰炸机的钣金零件多达 4 万件以上,一架大型运输机上的钣金零件数量可达 6 万余件。飞机受气动外形及机体有限空间的约束,使得飞机钣金零件具备如下特点:结构复杂,形状千姿百态,外廓尺寸大,材料厚度薄,零件刚度小,选材各异,种类繁多,件数需求不等(有些钣金零件,每架飞机上仅需要一两件),精度要求高,同时对板材的重量要求也很严格。上述特点为飞机钣金零件的生产制造带来很大困难,同时也使得飞机钣金成形技术具备了区别于其他工业冲压成形技术的特色。

飞机钣金零件的加工除了采用通用设备与相应工装之外,更多的是采用其专用成形设备与工装。飞机钣金零件所使用的工艺装备品种繁多、尺寸大、型面复杂,其工装与设备的精度对飞机钣金零件的成形准确度起着决定性作用。而从制造手段来看,飞机钣金零件的加工既有手工操作、半机械化操作、机械化操作,也有现代柔性制造系统的应用,这些方法在航空工厂综合地运用着。飞机钣金零件刚性差,加工过程中尺寸和形状的稳定性差,必须使用足够数量的配套工装,才能满足其技术要求;同时,相关工艺装备之间信息传递环节多、积累误差大,导致协调技术难度增加,也使得工艺装备的生产周期延长。因此,飞机钣金零件工艺装备的设计与制造成为缩短飞机生产准备周期的重要环节,同时也是保证产品质量的决定性环节。

当代飞机是集先进设计、优质选材及精良工艺于一体的高科技产品,许多新技术、新材料、新工艺、新设备都是在飞机制造领域率先采用的。作为飞机制造业中的重要环节,飞机钣金零件工艺装备的数字化设计与制造必须适应这一行业的特点与需求。由此可见,为确保飞机产品质量及其工艺装备质量,除了需要采用一般机械类产品的公差与配合技术以外,还必须采用依据飞机自身特点而建立起来的互换与协调技术。

## 1.1 飞机钣金零件模具的特点及种类

飞机钣金零件模具(又称飞机特种模具)是飞机钣金零件成形的主要工艺装备。由于飞机钣金零件的特殊性,其模具既有普通冲压模具的共性,又有航空制造领域独有的特性。根据飞机钣金零件的结构与种类的不同,其模具也可分为多种形式,如压型模、手打模、闸压模、拉形模、落压模等。

### 1.1.1 飞机钣金零件模具的特点

#### 1. 模具数量大

飞机钣金零件结构复杂、种类繁多、尺寸大小不一的特点决定了其成形模具种类繁多、数量较大。为保证飞机产品的互换性,除少量飞机钣金零件(如单曲度蒙皮)可采用普通冲压模具加工以外,绝大多数的飞机钣金零件都需要专用成形模具来加工。不同几何外形的钣金零件需要不同的成形模具,虽然个别种类的飞机钣金零件已经采用数字化柔性成形技术(如蒙皮拉形用的多点成形模),但大部分飞机钣金零件还难以实现数字化生产。因此,目前飞机钣金零件模具依然具有种类繁多、数量较大的特点,这一特点直接导致了飞机钣金零件的设计制造生产周期长、生产成本高,同时在该型号飞机为退役的情况下仍存在模具的存放、维护及管理工作量大等一系列问题。

**2. 单一模具生产产品批量少**

每一型号飞机的架次决定着每一类飞机钣金零件的生产数量。在目前的在产型号飞机当中,年产量超过百架次级别的非常少,有的研制型号年产量仅有几架;大部分飞机钣金模具又具有单一性,这就决定了单一模具生产钣金零件的数量少,但又不可或缺。从而导致飞机钣金模具贡献率(利用率)低,经济价值不佳,零件生产成本高。

**3. 模具工作型面复杂**

受飞机气动外形与机体结构空间狭小的影响,大部分飞机钣金零件的形状比较复杂,导致其成形模具的相应型面也比较复杂。此类形状复杂的飞机钣金零件在计算毛料尺寸、回弹量以及成形力时,均难以得到准确的数值,从而导致其成形模具的几何参数设计、公差给定及强度校核等难度加大;有些成形模具则需要通过多次试模才能确定合理的模具尺寸(如:落压模),这种现状正在随着钣金成形数字化设计与制造技术的不断发展而逐步改进。

在现代飞机制造中,钣金零件的数字化模型是钣金模具设计制造的依据,而模具是飞机钣金零件的成形依据,只有具备高精度的模具才有可能生产出高精度的钣金零件。飞机属于高科技产品,高精度的钣金零件是飞机具有良好的气动外形及装配准确度的保障。提高模具精度的有效手段是采用数字化协调方法:首先,从飞机钣金零件设计入手,降低零件的结构复杂程度及成形难度;其次,选择合适的钣金零件分析与模具设计分析的软件,提高各环节设计精度和分析计算结果;再次,要加强钣金模具设计能力,在模具新结构、新材料等方面加大研究投入;最后,结合数字化先进加工设备以提高模具的制造精度。

# 1.1.2 飞机钣金零件模具的类型

对于不同类型的飞机钣金零件,根据其材质、结构与用途来确定其成形方法,并设计相应的成形模具。因此,要研究学习飞机钣金零件模具的类型,首先要对飞机钣金零件的分类进行初步了解。

**1. 飞机钣金零件分类**

通常,将飞机钣金零件分为三大类:板材零件、挤压型材和管材零件。

板材零件包括:

① 平板形零件,如仪表板、垫片、盖板等;

② 板材弯曲零件,如加强筋、耳片等;

③ 单曲度钣金蒙皮零件,如机翼前缘蒙皮、民用飞机中机身蒙皮等;

④ 双曲度钣金蒙皮零件,如前机身蒙皮、尾翼根部蒙皮等;

⑤ 板材旋转体零件,如副油箱、整流罩、气瓶等;

⑥ 翻边零件,如框板、肋板等;

⑦ 起伏状零件,如散热板等;

⑧ 复杂形状零件,如不规则气动外形蒙皮、整流罩、过渡连接件等。

挤压型材包括：

① 下陷型材,如型材与框板(或肋板)连接的端头;

② 拉弯型材,如机翼桁条;

③ 滚弯型材,如大曲率加强筋;

④ 压弯型材,如急剧变形的连接处;

⑤ 其他复杂形状的型材。

管材零件包括：

① 一般弯曲导管,如液压导管、燃油导管等;

② 导管端头扩口,如液压导管的74°扩口;

③ 导管端头缩口,如导管端头连接处缩口;

④ 其他复杂形状的导管。

**2. 飞机钣金零件成形方法**

钣金零件成形的方法很多,既有针对一般钣金零件的通用成形方法,也有航空制造业所特有的飞机钣金零件成形方法。如图 1 - 1 所示,飞机钣金零件成形方法大致可分为三大类,即板材成形、挤压型材成形和管材成形。具体的成形原理可参考翟平的《飞机钣金成形原理与工艺》(2019 年,西北工业大学出版社)。在以下的成形方法中模具并不是必要成形工艺装备,其中单曲度蒙皮滚弯成形不需要依赖模具,采用三轴滚弯机即可成形。

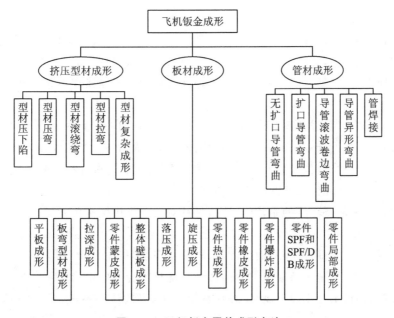

**图 1 - 1　飞机钣金零件成形方法**

**3. 飞机钣金零件模具分类**

一般将飞机钣金零件模具分为三类:通用冲裁模具、常用成形模具和特种模具。

(1) 通用冲裁模具

常用的板材冲孔、落料用模具一般采用通用冲裁模具。一般包括简单模、复合模和级进模,这类模具通用性极强,在一般机械制造业中使用也较为普遍,其设计方法与民品钣金零件模具相同。

（2）常用成形模具

此类模具在飞机制造业中应用较多，主要是成形相对不复杂的钣金零件。一般包括弯曲模具、拉深模具、翻边模具、翻孔模具、旋压模具、胀形模具、起伏模具、缩口模具和扩口模具等。

（3）特种模具

特种模具是专门用来成形飞机钣金零件所采用的一类模具。这类模具与以上两种模具有很大区别：其结构简单、尺寸大，但工作型面较为复杂，并且大多数特种模具是采用特殊形式的机构来替代普通冲压模具中的传统刚性半模。常见的飞机钣金零件特种模具包括压型模、手打模、下陷模、闸压模、拉弯模、拉形模和落压模等。

本书将着重阐述各种飞机钣金零件的成形方法及其所需成形模具的设计。

# 1.2　飞机钣金零件的互换与协调

飞机制造是一项极其复杂的生产过程，是一个国家工业水平和综合国力的体现。飞机类产品所特有结构尺寸大、刚度小、外形复杂、精度要求高的特点，直接决定了生产飞机钣金零件所使用的工艺装备种类繁多、样式各异，同时也导致其互换性难以保证、协调关系较为复杂。

## 1.2.1　飞机钣金零件的互换性

### 1. 互换性的基本概念

互换性是指在同一规格的一批零件、组合件或部件中，任取其一，不经过任何挑选或附加修配，就能安装在机器上，并能达到规定的功能要求，具有这种特性的这一批零件、组合件或部件称为具有互换性的零（部）件。一般来讲，互换性可分为完全互换和不完全互换。

（1）完全互换

飞机制造过程中，相互配合的飞机结构单元（零件、组合件或部件）在分别加工完成以后，进行装配或安装时，除设计规定的调整外，不需选配和补充加工（如切割、挫铣、钻铰、锉修等）即能满足所有几何尺寸、形位参数及物理功能等方面的要求，这种互换性称为完全互换。飞机制造业中的互换性包括几何形状互换性和物理功能互换性两个方面，这是由飞机结构与生产特点所决定的。这里需要注意的是，互换性只是针对同一飞机结构单元而言。

（2）不完全互换

有些零件、组合件或部件（如双曲度的舱门、机身口盖）的配合部位形状非常复杂（如机体蒙皮的对合缝隙，往往呈现一条复杂的空间曲线），此类配合部位很难达到完全互换（或是在经济上不合理，或是在技术上难以实现）。在这种情况下，更换这类零件、组合件或部件时，应当允许在现场进行适当的修配或补充加工以达到使用要求。我们将具有这种互换性的一批零件、组合件或部件称为"具有替换性的零件、组合件或部件"，并把此种互换性称为不完全互换。

由此可见，提高飞机零件、组合件或部件的互换性，尽可能地使其达到完全互换，不仅能更精准地达到飞机的质量要求，还能保障飞机制造和维修的重要技术指标——经济指标。按互换性原则进行生产，可以有效地提高飞机装配单元的协调准确度，减小飞机装配工作的劳动量，便于组织流水线生产。当飞机的各个部分均具有完全互换时，在飞机的使用过程中，就可以迅速地更换损坏的部位，不需要对备件进行修配工作，从而大大地减小了修理的劳动量。

**2. 飞机类产品互换性的内容及特点**

飞机是一种需要在大气层内飞行的器械,需要与空气产生相对运动。因此,与一般机械类产品互换性相比,飞机类产品互换性的内容具有特殊要求。一般来讲,在飞机制造过程中需要保证的互换性包括:气动外形的互换、分离面的互换、强度的互换和重量(包括重心)的互换。这些互换性的要求是由飞机构造及其生产技术性能要求所决定的。

(1)气动外形的互换

气动外形的互换指的是飞机零件、组合件或部件的外形应达到互换要求。除此之外,还需要使其在飞机的安装位置上以及它们与相邻零件、组合件或部件配合位置上的几何参数也满足技术条件所规定的要求。例如,飞机机翼的外翼部件,当其在生产或使用过程中发生损坏而需要更换时,不仅要求外翼部件自身的气动外形满足技术条件达到互换性,而且还必须保证将外翼部件安装到飞机机体相应位置以后的安装角、后掠角及上反角等重要的气动参数也完全符合技术条件要求,这样才能保证整架飞机达到其气动性能要求。

气动外形的互换在一般机械制造中是极为罕见的。不仅如此,由于飞机类产品在结构上特有的一些要求(比如:产品外形多为复杂曲面形状,尺寸大而刚性小,装配连接过程中极其容易产生变形等),使得在飞机制造中保证气动外形的互换更为困难。为保证机体结构满足正常使用要求,所采用的方法就不同于一般机械制造中保证互换性的方法。

(2)分离面的互换

分离面的互换指的是互换的零件、组合件或部件,在它与相邻零件、组合件或部件对接时,不需要任何修配或补充加工就能接合在一起且满足全部技术要求,从而满足气动力性能的要求。我们把上述的接合位置称为分离面。

飞机各部件对接时往往采用复杂的空间多点连接形式,所以保证分离面互换的方法有着独特的方式。图 1-2 所示为飞机前后机身连接示意图。在前机身与后机身对接的过程中,必须保证以下几个方面与规定的准确度相符:

① 对接接合面的接合精度及螺栓与螺孔的同心度要求;

② 对接处蒙皮对缝的间隙要求;

③ 对接处两部件端面的切面外形的吻合性要求;

④ 各种导管、电缆的连接要求。

在上述的四个要求中,前三个要求都会直接影响飞机气动力性能。其中第一个要求除了影响与部件相互位置有关的气动力参数外,还直接影响部件之间的连接强度。因此,以上这些要求都是极其严格的。

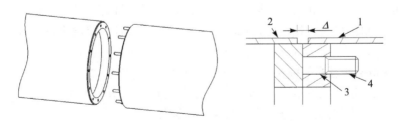

1—前机身;2—后机身;3—连接孔;4—连接螺栓

**图 1-2    前后机身连接示意图**

由此不难看出,由于飞机各组成部分之间的连接是多空间、多交点的复杂连接,所以在生产过程中要保证其互换,只采用一般机械制造中的通用量具与公差配合制度是难以解决的,必须采用特殊方法来保证机体分离面的互换。不仅如此,因飞机类产品具有一般机械制件所不具备的诸多特点,即便在采用了特殊的保证互换的方法以后,要达到完全互换也是难以实现的,往往只能达到一定程度上的不完全互换。在实际生产中,通常采用在部件装配完成后再进行精加工,或在部件对接时进行修配的方法来保证其达到技术要求。

(3)重量互换

飞机的重量及重心对其技术性能(如飞机的对称性和平衡性等)影响颇大。因此,飞机的零件、组合件或部件的重量及重心应符合技术条件的规定。

(4)强度互换

零件、组合件或部件的物理机械性能及加工尺寸应保持在一定的误差范围内,以保证产品的强度和使用可靠性。

综上所述,飞机类产品互换性所包含的内容与一般机械类产品互换性大不相同。因此,在大部分情况下,采用一般机械制造业中保证互换性的方法根本无法保证飞机类产品的互换性。在飞机制造业中,只有那些形状简单、刚度较大的零件(如起落架、作动筒、螺栓螺帽以及操纵系统中的一些附件或少量与飞机气动外形无关的内部零件、部件等),才可以采用一般机械制造中保证互换性的方法;而对于那些刚度小、尺寸大且形状复杂的飞机机体钣金零件、组合件或部件,则必须采用特殊的保证互换性的方法。

当飞机上的零件、组合件、段件和部件具有较高程度的生产互换性和使用互换性时,不仅可以减少装配和对接时的修配工作量,节省大量工时,缩短生产周期,降低生产成本,有利于组织的批量生产,还可以在一定程度上避免出现由于强迫装配而造成的装配变形,还可以有效地避免在飞机结构内产生对使用寿命和安全有害的装配残余应力和局部应力集中。同时,当飞机某个零件、组合件、段件或部件在使用中损坏后,能用备件迅速更换,不会由于局部的损坏而影响飞机的正常使用,从而延长飞机的使用寿命,保证飞机的使用性能。因此,保证飞机零、部件的生产和使用互换性,对飞机的制造和使用都有重要意义。

由于飞机机体的结构和形状都很复杂,并且零件数量多、尺寸大、刚性小,容易产生变形,同时飞机制造过程中工艺流程又很长,所用的工艺装备种类和数量繁多、产生误差的环节多,导致了影响互换协调的因素也很多。所以,保证互换、协调就成为飞机制造中的主要矛盾,这也是飞机制造技术不同于一般机械制造技术的主要地方,也是飞机制造技术所独有的特点。多年来,从事飞机制造的工程技术人员一直苦苦寻求提高飞机制造准确度的各种方法和途径。随着计算机技术的迅速发展,数字化技术的全面应用,飞机制造技术中的互换与协调问题才能得到更好的解决。特别在我国现阶段的军用飞机和民用飞机的设计生产过程中,采用了全数字化技术。这不仅提高了飞机性能,保证了产品的质量,而且大幅度缩短了飞机研制周期,降低了飞机制造成本,极大程度地满足了用户的要求。

**3. 飞机钣金零件互换的种类**

根据互换性应用的范围不同,可将飞机钣金零件的互换分为两类:一类是使用互换,另一类是生产互换。生产互换又可分为厂内互换和厂际互换。

(1)飞机钣金零件的使用互换

飞机钣金零件的使用互换是指为了保证飞机的正常使用,要求在使用中可能损坏的零件、组合件或部件(如口盖、机翼、尾翼、活动面、各种舱门等部位)以及成品件(如发动机、特种设备、仪表、油箱等部位)不经选配与补充加工就能满足更换,且在更换后不影响飞机使用性能。这种特性被称为飞机钣金零件的使用互换性。

飞机钣金零件使用互换可以从两个方面来理解:其一是要保证飞机的使用质量,这种互换要求是在飞机各个部分的制造准确度能够保证它们在使用时工作状况良好的情况下实现的;其二是要求在使用中更换损坏的零件、组合件或部件时,不需要进行挑选、修配与补充加工工作。

在使用过程中,对零件、组合件或部件的互换程度与要求是由订货部门提出的。例如,各种舱门、翼尖、舵面等组合件,以及起落架、外翼、尾翼等部件,在使用过程中容易损坏,为了能够迅速更换上新的备件,恢复飞机的使用,使用部门就需要对它们提出具有互换性或一定程度上的互换性的要求,以便无需修配或稍加修配即能换上新的备件,并且满足原来飞机性能的技术要求。

飞机结构中的钣金零件形状复杂,刚性小,很难达到完全使用互换。随着飞机制造业中数字化设计与制造、钣金模具的数字化设计与制造以及数字化成形技术的快速发展与应用,使飞机钣金零件的加工精度不断提高,并有效促进了飞机钣金零件使用互换程度的提高。

(2) 飞机钣金零件的生产互换

飞机钣金零件的生产互换是指为了保证生产的正常进行,要求飞机钣金零件在其装配或对接过程中,不经挑选或修配就能满足装配或对接要求并且不影响产品的装配质量。这种特性被称为飞机钣金零件的生产互换性。生产互换的应用范围比使用互换的应用范围广泛得多。

在批量生产的情况下,为了达到上述要求,理论上要求飞机钣金零件都应当具有互换性。但是,绝大部分的飞机钣金零件属于具有尺寸大、刚度小、形状复杂等特点的钣金零件(如蒙皮和长桁等)。要保证零件全部几何形状及尺寸的互换,在技术上比较困难,而且经济上也不一定合理。那么,对于这类钣金零件只能要求其达到一定程度的互换。对于某些难以保证互换的尺寸,则采取事先应留有一定的加工余量,在装配时进行修配或补充加工的方法。

为了保证飞机钣金零件的互换,在生产过程中必须采用很多专用工艺装备。因此,在单件试制及小批量生产的情况下,为了减少工艺装备的数量,缩短生产准备周期,降低产品的制造成本,应适当地降低对互换性的要求。综上所述,对生产互换的要求应当依据飞机钣金零件的生产批量和生产条件来确定。在确定生产互换的互换程度时,应当在确保产品质量的条件下,以获取最佳经济效益为原则。

飞机钣金零件的生产互换又可分为厂内互换和厂际互换。某一型别飞机只由一个工厂负责生产,则这一型号飞机的生产互换被称为厂内互换。由于飞机的构造比较复杂,制造劳动量非常大,为了满足国民经济和国防的需要,往往会由几个工厂分工协作共同生产同一型别的飞机,其中以一个厂为主制工厂,其他为辅制工厂,这就需要厂与厂之间的生产对象具有一定的互换内容。若同一型别的飞机由几个工厂同时生产,那么在使用部门中必然会要求由不同工厂生产出的相同的零件、组合件或部件应该满足同样的互换内容。当几个工厂同时生产同一型别的飞机时,根据厂际协作和使用部门的需要而要求飞机相应组合件及部件应具有的生产互换性称为厂际互换。为了保证厂际互换,在飞机制造过程中需要采取一系列的技术措施和组织措施,并需要定期对具有互换性的组合件、部件进行厂际之间的互换检查。

### 1.2.2　飞机钣金零件的协调原则

组合件或部件的协调性是保证其互换的必要条件。在飞机装配过程中,只有在解决了结构元件之间的协调性问题的前提下,才有条件全面解决组合件和部件的互换问题。相互协调的结构元件并非都具有互换性,但达到了互换性要求的结构元件必然具有协调性。鉴于上述联系,在飞机制造业中,通常将这两个不同概念的术语合称为互换协调。

**1. 飞机钣金零件的制造准确度和协调准确度**

飞机钣金零件的制造准确度是指零件的实际尺寸和形状,与飞机图纸(或数模)的形状与名义尺寸之间的符合程度。符合程度越高,说明该零件的制造误差越小,制造准确度也就越高。

飞机钣金零件的协调准确度是指相互配合的钣金零件之间或者相互配合的钣金零件与其他零件之间,在相互配合部位的形状与实际尺寸的符合程度。符合程度越高,说明其协调误差越小,协调准确度越高。

制造准确度与协调准确度这两个概念既有区别又存在着联系:制造准确度高的零件,与其他零件、组合件或部件装配时其协调准确度一定好;反之,协调准确度好的一组结构单元中的某一零件的制造准确度并不一定高。

**2. 飞机钣金零件的协调性及协调路线**

协调性是指两个或多个相互配合(或对接)的飞机结构单元之间、飞机结构单元与它们的工艺装备之间以及成套的工艺装备之间,其配合部位形状与尺寸的一致性程度。一致性程度越高说明二者协调性越好,协调准确度也就越高。

在飞机制造过程中,保证飞机钣金零件、组合件或部件的协调性是应用最多且最为复杂的过程。为了清楚描述制造与协调问题,这里引入了协调路线的概念。飞机钣金零件的协调路线是用来反映飞机制造过程中各钣金零件与其对应的工艺装备间形状与尺寸相互协调的传递过程的流程图。保证各类成套工艺装备间的协调性,是飞机制造中最为突出的问题。工艺装备的协调路线,是通过所采用的尺寸传递体系反映飞机钣金零件的,即从产品图纸(或数模)出发,通过实物模拟量(模线、样板、标准工艺装备)或数字信息(产品数学模型等)的传递,将机体上某一钣金零件配合(或对接)部位中的一组或一个协调尺寸传递到相关工艺装备上去的传递环节、传递关系的传递流程图。

如图1-3所示,钣金零件A和B是需要相互协调的两个零件,假定$L_A$和$L_B$分别为协调尺寸,那么这两个尺寸的形成经过了若干次尺寸传递的环节,其中有的是两尺寸的公共环节,有的是两尺寸的各自环节,后者将产生两个尺寸的协调误差,用$\nabla AB$表示。

通常,我们用联系系数$K$来描述这两个零件在尺寸传递过程中的紧密程度:

$$K = \frac{2m}{n_1 + n_2} \tag{1.1}$$

式中:$m$——尺寸传递过程中公共环节的数量;

　　　$n_1$——尺寸传递过程中A零件各自环节的数量;

　　　$n_2$——尺寸传递过程中B零件各自环节的数量。

当$m=1$时,表示两个钣金零件在尺寸传递过程中只有一个公共环节,此时$K$值最小,意味着这两个钣金零件是各自独立制造的。随着$m$值的增大,$K$值也在增大,两个钣金零件相

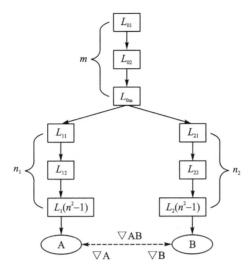

图 1-3 尺寸 $L$ 的制造与协调路线

关尺寸的联系就更加密切。若 $n_1 = n_2 = 1$,此时 $K$ 值最大,这表明两个钣金零件相当于修配制造(配合加工),二者协调性最佳。

基于这一原理,在生产中有三种不同原则来获取 $L_A$ 和 $L_B$ 两尺寸协调的过程(即三种不同的尺寸传递过程):独立制造原则、相互联系原则和相互修配(或补偿)原则。

(1)独立制造原则

按独立制造原则进行协调。此时相互配合零件之间的协调准确度实际上要低于各个零件自身的制造准确度。现以口盖与蒙皮之间的协调为例,讨论这种协调原则的应用。要求口盖与蒙皮之间的间隙小且均匀。但是,口盖直径 $D$ 的偏差即使达到几 mm,只要在使用上不造成任何困难,对飞机性能就不会有任何影响。由此可见,两个零件的协调准确度要求比单个零件制造准确度要求要高。按照独立制造原则,分别加工口盖和蒙皮开口,其尺寸传递的过程如图 1-4 所示。

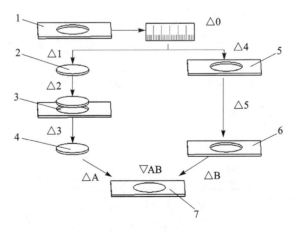

1—设计图纸与尺寸;2—口盖样板;3—口盖冲模;4—口盖;

5—蒙皮开口样板;6—蒙皮;7—口盖与蒙皮;△—单一零件各工艺之间的制造误差

图 1-4 按独立制造原则制造口盖与蒙皮

　　首先根据口盖和蒙皮开口的设计尺寸,通过测量工具按尺寸分别制造口盖的样板和蒙皮开口的样板,然后依据口盖的样板制造口盖冲模,用口盖冲模冲制口盖零件。同时,根据蒙皮开口样板在蒙皮相应位置上开口。采用这种方法时,为了保证两个零件之间具有比较高的协调准确度,要求各个样板和模具应具有更高的制造准确度。

　　(2) 相互联系原则

　　按相互联系原则进行协调。同样,我们以上面的口盖与蒙皮之间的协调来说明这种协调过程,如图1-5所示。首先通过测量工具按图纸上的设计尺寸加工出口盖样板,这块样板就作为加工口盖和蒙皮的共同依据,按照它加工口盖,同时也按照它在蒙皮上制出孔。此时,口盖样板加工的准确度只影响零件的制造准确度,而不影响零件之间的协调准确度。

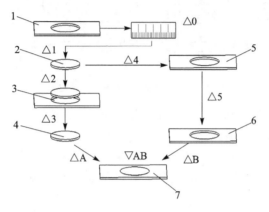

1—设计图纸与尺寸;2—口盖样板;3—口盖冲模;4—口盖;
5—蒙皮开口样板;6—蒙皮;7—口盖与蒙皮
**图1-5　按相互联系原则制造口盖与蒙皮**

　　(3) 相互修配原则

　　按相互修配原则进行协调。我们仍然以口盖和蒙皮间的协调为例,如图1-6所示,根据口盖的设计尺寸制造口盖样板,按照样板加工冲模,再由冲模制造口盖零件,然后按照口盖零件来加工蒙皮上的开口(或者先按口盖样板加工蒙皮上的开口,再按开口的实际形状加工口盖)。采用这种方法可以保证较高的协调准确度。但是,应当指出,相互修配的零件不能互换。

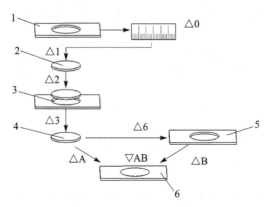

1—设计图纸与尺寸;2—口盖样板;3—口盖冲模;4—口盖;5—蒙皮;6—口盖与蒙皮
**图1-6　按相互修配原则制造口盖与蒙皮**

(4) 三种尺寸传递原则的应用

上面讨论了三种不同协调原则(或称为尺寸传递体系)的基本原理及其特点,现在来看它们在飞机制造中的应用。

① 根据飞机构造与制造的特点,对于那些与气动外形有关的零件而言,要达到较高的制造准确度是比较困难的(或在经济上是不合理的)。此时,为了保证零件的互换,首先必须保证协调准确度。实际上,在飞机生产中容易出现的问题大部分属于协调方面的问题。当采用独立制造原则进行协调时,若要达到协调准确度要求,就必须对零件制造准确度提出更高的要求,而这种要求目前采用常规的制造方法是很难达到的。

② 对于形状复杂的零件通常采用相互联系原则。在零件制造过程中,将那些技术难度大、制造准确度不能达到很高的尺寸环节作为尺寸传递的公共环节,这样就能够显著提高零件之间的协调准确度。鉴于飞机在构造上的特点,采用这种原则保证协调具有特别重要的现实意义。而独立制造原则仅适用于那些形状比较简单的零件,如起落架、操纵系统等机械加工类零件。

③ 采用独立制造原则进行协调便于组织生产,能够平行、独立地制造零件、组合件或部件,以及各种工艺装备。因此,这一原则可以有效地扩大制造工作面,利于缩短生产准备期,也便于开展广泛的协作。当采用相互联系制造原则时,生产所用工艺装备都必须按一定的协调关系依次制造,显然这会使生产准备期延长。

④ 按相互修配原则进行协调,虽然可以保证零件之间具有很好的协调性,但不能满足零件互换性的要求。另外,采用这一原则进行协调的修配劳动量大,装配周期长。所以,只有在采用其他协调原则技术上和经济上都不合理,并且不要求零件具有互换性的情况下,才会采用这一协调原则。一般来讲,其在飞机试制中应用得较多,而在飞机成批生产过程中尽量少用。

⑤ 随着飞机数字化设计和制造技术的迅速发展,现代飞机制造技术广泛应用了产品数字化定义。产品数字化为在飞机制造中广泛采用独立制造原则创造了条件。利用数字化制造技术可以为飞机外形建立相应的数学模型,更加精准地描述零部件的几何形状与尺寸,使得飞机钣金零件模具和零部件产品的制造准确度越来越高,质量越来越好。从而有利于在飞机制造中实现独立制造原则,实施并行工程,提高生产效率,这是目前飞机制造技术的发展方向。

## 1.2.3 飞机钣金零件的协调方法

由于飞机外形大多属于复杂的曲面,钣金零件数量多,尺寸大、刚性小、易变形,而且协调准确度要求高,所以飞机制造业中的协调不同于一般的机械制造。飞机制造业中的协调方法一般有三种:模拟量协调、数字量-模拟量协调和数字量协调。现代飞机制造中应用最为广泛的是数字量协调,数字量-模拟量协调多数应用在局部协调,而模拟量协调目前已基本被淘汰。

**1. 模拟量协调**

模拟量协调方法主要是模线-样板工作法,此方法是按相互联系制造原则进行协调的。根据这种协调方法,可将飞机制造中尺寸传递的过程概括如下:首先将部件、组合件的外形及其结构按1:1的比例在专门的图板上准确地画出飞机的真实外形与结构形状的投影,这就是模线;然后,将模线作为飞机外形与结构形状的原始依据,根据模线加工出具有工件真实外形投影的刚性平板(称为样板)。在生产中,样板可作为加工或检验各种工艺装备及测量工件外形的量具。图 1-7 是模线-样板工作法在钣金零件之间相互协调的原理图。

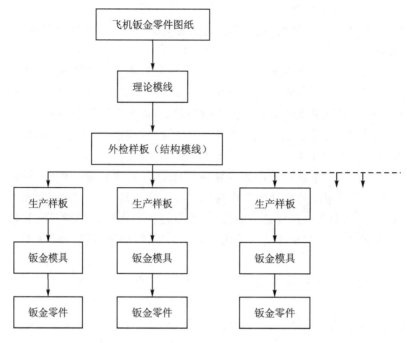

**图 1-7　钣金零件模线-样板工作法协调原理图**

　　模拟量协调体系是在以往的飞机制造中(尤其是在小型飞机制造中)采用的传统协调体系。这种体系对产品的复杂外形采用全尺寸模线作为外形尺寸的原始依据。一个新机种在投产之前,将飞机各部分的外形及内部结构,以 1:1 的比例精确地画在金属图板或尺寸稳定的明胶板上,用以确定和协调飞机各部件、装配件和零件的尺寸和形状,完成各部件外形及内部结构的最后协调,形成模线,再根据模线制造样板。某些形状复杂的零件、大部分组合件与部件需按成套样板呈现部件尺寸和形状,用于制造、协调、检验生产工艺装备的是成套标准工艺装备。钣金零件的生产则是根据各自的样板制造和检验钣金零件的模具,在通用设备或专用设备上成形后,再利用样板对钣金零件进行检验。

　　模拟量协调体系具有制造、复制及检修工艺装备简单、方便等优点,在航空工业的发展过程中,起到很大的作用。但是对大、中型飞机,这种体系并不完全适用;对于小型飞机,也存在移形环节过多、流程过长、累积误差过大的缺点。除此之外,还需采用大量与制造产品无直接关系的标准工艺装备。由于样板受外形等因素的影响,所以其准确度比较低。目前,国内外主要航空企业基本上已经不再采用这种协调体系。

　　**2. 数字量-模拟量协调**

　　数字量-模拟量协调是以模线、样板为基础的模拟量与数字量传递相结合的制造与协调的工艺装备体系。这种传递体系对模拟量协调方法进行了部分数字量协调的改进,其实质是模拟量协调结合光学设备和数控加工设备等现代先进技术手段的协调方法,是飞机生产中一种过渡的协调体系。

　　图 1-8 是数字量-模拟量协调工作法在钣金零件之间相互协调的原理图。这是一种为了适应大、中型飞机生产需要而发展起来的协调体系。欧美等航空制造业发达的国家在 20 世纪末就采用了这种体系,现在我国大、中型飞机的生产中也多采用这种体系,该体系同样适用于

小型飞机。这种协调体系与原始的模线-样板工作法相比较,减少了部分钣金零件生产的协调环节,样板数量明显减少。这不仅缩短了工艺装备的制造时间,降低了工艺装备的制造成本,同时还使模具的加工精度得到了提高,故累积误差量减小,产品的制造准确度也明显提高了。

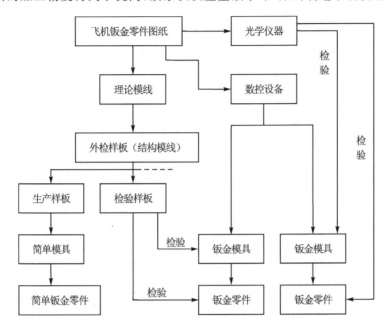

图 1-8 数字量-模拟量协调工作法在钣金零件之间相互协调的原理图

### 3. 数字量协调

在采用以模拟量传递为主的数字量-模拟量协调工作法的飞机钣金制造模式中,钣金零件制造工艺过程中的各个环节都没有严格的数字化定义,零件制造准确度难以有质的提高。数字化制造的实质是要在生产加工之前的工艺准备中完成构造要素信息的数字化,以此来推动材料加工的一个过程。在飞机产品制造过程中的工艺装备、零件、组合件或部件的制造依据是一个唯一量——飞机数字化模型。零件设计的数字化模型准确地描述了产品零部件的最终形状和尺寸,是飞机制造和检验等环节的唯一依据。

图 1-9 是数字量协调工作法在钣金零件之间相互协调的原理图。在采用数字量协调工作法的钣金零件制造过程中,数学模型是协调的依据,数字传递产生的误差理论上为零(即无误差)。但是,这里需要说明的是,飞机钣金零件在成形过程中必然存在回弹等问题。一般来讲,通过有限元软件和 CAD/CAM 软件,预先考虑飞机钣金零件的材料特性、成形温度、成形受力等因素,在模具设计时预先考虑到钣金零件的回弹,采用数控加工手段,可以有效地提高模具的制造准确度和一次试模成功率,从而使钣金零件的制造准确度和钣金零件间的协调准确度得到了很大的提高。数字量协调工作法的出现使得独立制造原则在航空制造企业得到了广泛的应用。

由于数字量协调便于并行生产,独立制造零件、组合件、部件以及各种工艺装备,故可以扩大制造工作面,有效缩短生产准备期、提高效率、节省成本、优化飞机制造质量且提高飞机使用性能,便于飞机的维护与维修,也为飞机制造厂际间和国际间合作提供广阔空间。因此,数字量协调系统目前已在国内外航空企业得到了广泛的应用。

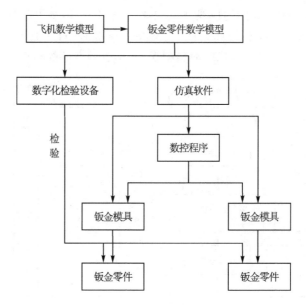

图 1-9　数字量协调工作法在钣金零件之间相互协调的原理图

# 1.3　飞机钣金模具的数字化设计与制造

随着数字化设计制造技术的发展,飞机钣金模具数字化设计与制造已成为决定模具制造周期和成本的关键技术。钣金模具的数字化设计与制造不仅可以提高模具的制造精度、质量与效率,还可以提高模具的可靠性,延长其使用寿命。以 CAD、CAE、CAM 以及 CAPP、PDM 等新兴的综合性计算机应用技术的广泛使用为基础,钣金模具的设计、制造、管理与协调等方法都发生了根本性的改变。

钣金模具的数字化设计与制造技术是指应用数字化技术来完成模具设计和制造的全过程,包括钣金模具的三维可视化设计、虚拟制造、虚拟装配、虚拟成形、虚拟检测等,并通过数字化机床加工出模具的整个过程,是先进钣金零件制造技术的核心技术之一。

## 1.3.1　钣金模具的 CAD/CAE/CAM 技术

CAD(Computer Aided Design)是一种先进的计算机应用技术,是指技术人员利用计算机的高速计算能力和模拟显示图形的能力,用各自的专业知识对产品进行绘图、分析计算、仿真优化和编写技术文件等设计活动的总称。在这一过程中,把设计人员的创造思维、综合判断能力与计算机强大的记忆、数值计算、信息检索等能力相结合,各尽所长,完成产品的设计、分析、绘图等工作,最终达到提高产品设计质量、缩短产品开发周期、降低产品生产成本的目的。现在很多 CAD 系统中逐渐添加了 CAE(Computer Aided Engineering)和 CAM(Computer Aided Manufacturing)功能,所以工程界习惯上把 CAD/CAE/CAM 称为 CAD 系统或 CAD/CAM 系统。

在钣金模具 CAD/CAE/CAM 技术中,二维设计图纸不再是模具设计和加工的主要依据,零件和模具的几何模型是产品最基本的核心数据,并作为计算、分析和设计的最原始依据。在以零件数模为起点的钣金模具设计整个过程中,全部采用数字量协调。模具通过 CAD/CAM 系统而得到的大量信息,可运用数据库和网络技术将其存储和直接传送到生产制造环节的各有关方面,从而实现设计制造一体化。

钣金模具 CAD/CAM 包含的主要内容有零件几何形状的三维建模(包括排样)、模具关键零件的三维建模、模具其他零件的三维建模或选择(标准件或成品件数模)、模具三维数字化仿真装配协调、模具零件的各种信息定义、模具零件数控加工编程和加工等。

数字化模具设计不仅可以直观地反映出模具结构,对零件进行成形性能分析,建立模块化的模具标准件零件三维模型数据库,而且可以在以零件数模和零件工艺数模为设计依据的协调过程中,减少零件关键信息传递的环节以及设计过程中每个环节信息传递产生的误差。

**1. 三维建模技术**

三维建模技术是研究在计算机上进行空间形体的表达、存储和处理的技术。在 CAD 技术发展初期,CAD 仅限于计算机辅助绘图,随着三维建模技术的发展,CAD 技术才从二维平面绘图发展到三维产品建模,随之产生了三维线框模型、曲面模型和实体造型技术等。

在模具设计过程中,根据钣金零件数模创建钣金零件工艺数模、毛料数模、模具主要零件(凸模、凹模、凸凹模)数模、模具附属零件数模,以及各数模的特征参数,并由上述数模组成装配体。相对于传统的工程图纸,这种技术可以更直观、立体地构建出模具的模型,从而对所设计钣金零件及其模具进行分析。这样有利于将模具生产的真实状态显现出来,并且利于发现目录生产制造过程中可能出现的问题,并及时解决,进而提高模具的生产质量。

**2. 标准化技术**

标准化是科研、生产、使用三者之间的桥梁。一项科研成果,一旦纳入相应标准,就能迅速得到推广和应用。随着科学技术的发展,生产的社会化程度越来越高,生产规模越来越大,技术要求越来越复杂,分工越来越细,生产协作越来越广泛,这就必须通过制定和使用标准来保证各生产部门的活动,在技术上保持高度的统一和协调,以便生产正常进行;所以,我们说标准化为组织现代化生产创造了前提条件。

以数字化为基础的模具标准化结构及标准件应用是提高钣金模具设计质量、缩短模具设计周期、降低成本和保证模具使用可靠性的重要环节。在模具设计制造中,大量的附件已经实现标准化,并建立了标准化零件三维模型库。各种标准的模具零部件都是经过大量的试验和长期的使用而形成的技术累积;标准件具有技术成熟、生产成本低、可靠性高、协调性好的特点。钣金模具中常用的标准件有螺钉、销钉、模柄、导柱、弹簧等。此外,以本单位常用的模具零部件而自建的三维数模库也是提高模具设计效率的有效手段。

**3. 仿真技术**

仿真技术是指应用仿真硬件和仿真软件通过仿真实验,借助某些数值计算和问题求解,反映系统行为或过程的仿真模型技术。仿真技术在 20 世纪初已有了初步应用,如在实验室中建立水利模型,进行水利学方面的研究。20 世纪 40—50 年代,航空、航天和原子能技术的发展推动了仿真技术的进步。20 世纪 60 年代计算机技术的突飞猛进提供了先进的仿真工具,加速了仿真技术的发展。

钣金模具设计中的仿真技术包括钣金零件的成形仿真计算、零件毛料展开计算、零件回弹计算,还可以对钣金模具设计中的主要零部件的结构装配进行仿真,对结构干涉进行检查,对结构运动进行模拟,对零件强度进行有限元计算及对使用寿命等性能进行综合验证。

这有利于在模具生产过程中直观、真实地看到各个部件在整个过程中的位置关系,更方便对可能还会涉及各部件性能发挥的问题进行改进,对模具的生产结构设计进行优化,避免影响模具的正常制造。这有利于在保证模具生产质量的同时,减少生产时间,可有效地控制模具的生产成本。

**4. 数字化成形加工技术**

数字化成形加工技术是现代先进制造技术的发展前沿,具有节材、节能,提高产品质量和生产效率,降低制造成本的显著效益。

采用数字化成形技术及装备是当今国内外汽车、航空航天、家用电器、纺织机械及轻工业产品等的零部件制造行业的发展趋势。据国外统计,仅数值模拟技术的作用,可使材料的利用率提高 25%,降低生产成本 30%,缩短开发周期 60%。

以模具零件的三维数字模型及特征为制造依据,以先进的机械加工为手段,以精准测量技术检验为保障,结合现代管理等数字化新技术是模具数字化加工技术的核心。采用数字化成形加工技术进行加工,减少了模具生产过程中的数据链,同时在每个数据链传递过程中降低了误差,甚至达到零误差,有效地提高了模具加工精度;模具数字化加工也有效地缩短了模具生产周期,降低了模具成本,延长了模具使用寿命。

## 1.3.2 钣金模具数字化设计主要方法

随着航空航天产品的快速发展,对钣金零件的表面质量、形状精度、成形过程稳定性、成形后性能、产品合格率等的要求日益提高。新型飞机气动外形要求更严格、寿命要求长,对钣金件的要求不只是贴合,而且要有稳定的质量和性能状态,飞机机翼外形相对理论外形的偏差一般要小于 0.5 mm,不平滑度小于 0.05~0.15 mm,钣金件弯边高度的精度要求是 $H_{-0.1}^{+0.2}$。而靠样板等模拟量协调方法制造出来的工装外形误差往往达 0.2~0.3 mm,局部甚至高达 0.5 mm,要提升钣金成形技术水平,钣金零件及其工装的数字化设计制造是必然选择。

钣金零件模具数字化设计是钣金零件从设计到生产出合格产品过程中的重要环节,是飞机钣金零件数字量协调的关键。钣金零件模具的加工质量直接影响钣金零件的合格率。钣金零件模具设计中的数字化定义不仅包括零件本身几何参数的定义,更包括工序件的定义和优化。

**1. 钣金零件工艺数模设计**

钣金零件成形是塑性变形过程,由于物理上的非线性所带来的不唯一性、不可逆性等引起工艺上的不确定性,需要在考虑塑性变形原理、特点、成形回弹、自由曲面定位等因素的基础上进行毛坯、成形工艺数模定义。钣金零件从毛坯到成品的成形过程由多个工序组成,下料工序的毛坯和排样模型、成形工序的工件模型和回弹修正模型等共同构成了制造模型。飞机钣金零件的橡皮囊液压成形、蒙皮拉形、型材拉弯、导管弯曲、冲压成形等成形工艺,必须采用体现零件尺寸和形状的成形模具来制造,以保证其形状和尺寸的准确度。其难点在于为了避免成形缺陷(回弹、起皱、破裂等),实现精密成形,模具形状与最终零件形状并不相同。可以通过以钣金零件制造模型为依据,运用数值模拟等技术手段建立模具型面和尺寸修正的综合优化技术来保证精密成形。比如,考虑回弹影响,加大弯折角度,在零件的边缘增加成形过程中定位用的工艺耳片等。

钣金零件工艺数模设计主要内容如下：

① 工艺数模设计：考虑变形、回弹、剪切质量、成形力等因素；

② 毛料展开计算：考虑变形、材料流动、成形缺陷、定位基准等因素；

③ 仿真计算：根据工艺数模进行仿真计算，优化工艺数模和毛料尺寸；

④ 排样设计：根据毛料尺寸和其他相关因素进行排样设计。

**2. 模具工作零件设计**

根据钣金零件的成形方法，在钣金零件成形力计算的基础上，以钣金零件工艺数模为设计依据，确定模具类型。不同类型的零件成形基本原理不同，需要采用不同的成形方法，从而对应着不同的模具类型，模具结构差异较大。对于常规冲压零件，同一种零件由于批量的不同，采用的模具类型也有差别。通常飞机钣金零件的生产件次较少，故无须考虑大批量生产的因素。

模具型面（凸模、凹模）设计的主要内容包括：

① 选择模具类型并确定模具结构方案；

② 钣金零件工艺数模关键特征提取；

③ 凸模、凹模刃口尺寸计算；

④ 特殊型面或凸模、凹模设计。

**3. 模具其他零部件设计**

在确定了模具型面或凸模、凹模数模的基础上，以钣金零件及其凸模、凹模的数模为基准，根据最终确定出的模具类型及结构来设计模具的相关零部件，如定位元件、弹性元件、导向元件、卸料元件等。

模具结构设计时应注意：

① 模具的结构尽量采用模块化的标准零部件或成品件；

② 模具各零件几何参数模型及其公差要符合模具设计规范；

③ 模具零件模型编号和名称应与实际相符；

④ 模具零件材料应满足强度、刚度及加工工艺性要求。

**4. 模具校验**

钣金模具结构数模设计完成后，应对模具进行校验。校验包括：

① 关键零部件的强度、刚度校验，如凸模、凹模及凸凹模；

② 模具中各零部件的干涉检查；

③ 模具结构的运动仿真；

④ 其他需要校验的检查。

模具校验后进行优化，最终确定钣金模具的数字化模型。

通过模具的数字化设计完成钣金零件制造过程中数字量协调的关键环节，是钣金模具数字化制造的前提条件，也是提高飞机钣金零件加工质量的保障。

# 习　　题

1. 飞机钣金零件的生产及其工艺装备的制造有哪些特点？

2. 什么是互换性？飞机制造业中的互换性有哪些特点？试举例说明。

3. 什么是生产互换和使用互换？

4. 绘图说明按独立制造原则进行协调的尺寸传递过程。

5. 绘图说明按相互联系制造原则进行协调的尺寸传递过程。

6. 绘图说明按相互修配原则进行协调的尺寸传递过程。

7. 什么是制造准确度？什么是协调准确度？

8. 什么是飞机生产过程中的协调路线？零件间的协调关系都与哪些因素有关？

# 第 2 章 钣金零件冲压模具的设计

飞机钣金零件的数量在整机零件中所占的比例相当高。因此,飞机钣金零件的生产质量和制造成本对飞机制造都有着至关重要的影响。钣金零件的种类繁多,形式各异,成形方法多种多样,其主要成形方法有通用模具成形和特殊模具成形。

冲压是靠压力机和模具对板材、带材、管材和型材等施加外力,使之产生塑性变形或分离,从而获得所需形状和尺寸的工件(冲压件)的一种加工方法。冲压所使用的模具称为冲压模具,简称冲模。冲模是将材料(金属或非金属)批量加工成所需冲压件的专用工具,包括冲裁模具和冲压成形模具。冲压工艺与模具、冲压设备和冲压材料构成冲压加工的三要素。

冲裁是冲压中的分离工序,是利用冲模的刃口使板料沿一定的轮廓线产生剪切变形并分离的一种冲压工序。冲裁是剪切、落料、冲孔、冲缺、冲槽、剖切、切边、切舌、切开、整修等分离工序的总称。在冲裁过程中,除剪切轮廓线附近的金属外,板料本身并不产生塑性变形,所以由平板冲裁加工的零件仍然是平面形状。

冲裁加工生产效率高、成本低、材料利用率高、产品尺寸稳定、操作简单,容易实现机械化和自动化,特别适用于大批量生产。在飞机制造业中,冲裁工作量占整个飞机制造工作量的 4%～5%;在汽车、家电、日用五金等行业中所占比重为 20%～25%。因此,研究冲裁模具的结构对提高模具的各项指标是十分必要的。

## 2.1 冲压模具的分类

冲压模具是对金属板材进行冲压加工以获得合格产品(或半成品)的工具,简称冲模。冲压模具是冲压生产必不可少的工艺装备,是技术密集型产品。冲压件的质量、生产效率以及生产成本等,与模具设计和制造有直接关系。

冲压模具的结构形式很多,常见分类方法、冲模种类及特点见表 2－1。按完成冲压工序的数量及组合程度可分为简单模、复合模和连续模。

表 2－1　冲压模具的分类及特点

| 分类方法 | 冲模种类 | 特 点 |
|---|---|---|
| 按照工序组合程度 | 单工序模 | 结构简单,成本低,通常只有一对凸、凹模,在压力机的一次行程中,只完成单一工序,如落料模、拉深模等 |
| | 复合模 | 工作效率较高,只有一个工位,并且在这个工位上完成两道或两道以上的工序。常见复合模有落料-冲孔复合模、落料-拉深复合模等 |
| | 连续模 | 结构复杂,工作效率高;具有两个或两个以上工位的冲模,材料随压力机行程逐次送进到下一工位,使冲压件逐步成形 |
| 按照工序性质 | 冲裁模 | 分离工序,使材料的一部分相对另一部分分离,如冲孔模、落料模 |
| | 弯曲模 | 成形工序,利用材料塑性变形而形成一定曲率、一定角度形状的零件 |

| 分类方法 | 冲模种类 | 特 点 |
|---|---|---|
| 按照工序性质 | 拉深模 | 成形工序,通过塑性变形使平板坯料(或工序件)变形成空心件,或者进一步改变空心件的形状与尺寸 |
| | 成形模 | 成形工序,利用坯料局部塑性变形来改变坯料的形状,如翻边模、胀形模、缩口模 |
| | 冷挤模 | 成形工序,使材料在三向压应力作用下产生塑性变形,挤出所需尺寸、形状的零件 |
| 按照导向装置 | 无导向开式模 | 结构简单,制造和调整都比较容易适用于精度要求不高的冲压件 |
| | 导板模 | 采用导板导向,结构简单,易定型,制造成本低,适合生产批量较大、精度要求较高的大、中型冲压件 |
| | 导柱模 | 采用导柱-导套导向,适用于生产批量大、精度要求较高、模具寿命要求较长的模具 |
| 按照送料出件方式 | 手动模 | 手工方式上、下料,劳动强度高,生产效率低,适用于小批量生产 |
| | 半自动模 | 手工与机械结合的方法完成上、下料与成形过程,适用于中批量生产 |
| | 自动模 | 与条料开卷展平装置连线使用,上、下料与成形过程全部自动完成,适用于大批量生产。自动模和半自动模适用于多工位级进模 |
| 按照冲模制造的难易程度 | 简易冲模 | 成本低,制造周期短,特别适用于新产品试制和小批量生产,主要有组合模、钢皮冲模、低熔点合金冲模等 |
| | 普通冲模 | 是目前用得最多、最广的冲模 |
| | 高精度冲模 | 用于精密冲压件生产 |
| 按照生产适应性 | 通用冲模 | 适用于小批量、多品种和试制性生产的冲压件,通过更换模具的工作部分(凸、凹模),一副模架可用于成形系列零件 |
| | 专用冲模 | 适用于成形特定的冲压件 |
| 按照模具尺寸 | 大型冲模 | 适用于大型冲压件,如汽车覆盖件 |
| | 中型冲模 | 适用于中型冲压件,如汽车、拖拉机的各种结构件 |
| | 小型冲模 | 适用于小型冲压件,如灯具、日用五金制品等 |

注:本书主要从冲压的工序性质及组合程度来对模具进行阐述。

## 1. 简单模

简单模是在压力机的一次行程中,只完成单一工序的模具。

图 2-1 为无导向简单落料模。工作时,条料沿导料板送进,由定位板控制进距。凸、凹模冲切下工件后,通过顶卸装置将工件从凹模推出,然后从压力机台面的孔漏下,箍紧在凸模上的废料则在凸模回程上行时由刚性卸料板卸下。无导向简单模的结构特点是:结构简单、尺寸小、重量轻、制造容易、成本低廉;模具靠压力机导板导向,使用时安装调整工作繁琐,模具寿命低,工件精度差,操作不安全。

图 2-2 为导板式简单落料模。这种模具的特点是上模和下模靠凸模与导板间相对运动配合来导向,此时导板兼作刚性卸料板。在整个工作过程中,凸模始终不完全脱离导板,以此来保证模具导向精度。一般,凸模刃磨时也不脱离导板。所以,为了便于拆卸安装,固定导板的螺钉 12 与销钉 11 之间的距离应该大于上模座轮廓尺寸,凸模无需销钉定位。此种模具要求所使用设备的行程不大于导板厚度。

在工作时,条料沿托料板 10 从右送进。图 2-2 中的活动挡料销 6 下端有一斜面,其上端由弹簧片压住,送料时条料的搭边将通过斜面,在受力的情况下控制弹簧片使得活动挡料销抬起,并越过活动导料销,然后反向回拉,使得挡料销的端面抵住条料搭边定位,此时凸模下行完成冲裁。此种活动挡料销在第一次冲裁中起不到定位作用,为此模具还需采用临时挡料销进行初始定位。在冲裁第一个工件时,用手压入临时挡料销来限定条料位置,而在之后的冲裁工作中,临时挡料销被弹簧弹出,不再起挡料作用,因此,也称其为始用挡料销。

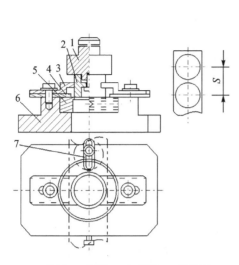

1—模柄;2—凸模;3—卸料板;4—导料板;
5—凹模;6—下模座;7—定位板
**图 2-1　无导向简单落料模**

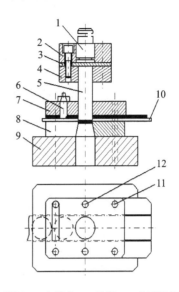

1—模柄;2—上模座;3—垫板;4—凸模固定板;
5—凸模;6—活动挡料销;7—导板;8—凹模;
9—下模座;10—托料板;11—销钉;12—螺钉
**图 2-2　导板式简单落料模**

　　导板式简单落料模比无导向简单落料模的导向精度高,寿命也长,而且使用前安装比较容易,操作安全,但制造起来比较繁杂,尤其是对形状复杂的零件,按照凸模来配作形状复杂的导板孔形困难很大。由于受到热处理变形的影响,所以导板通常不经淬火处理,从而不影响寿命和导向精度。导板模一般用于生产形状较简单、尺寸不大和中小批量生产。

　　图 2-3 为导柱式简单落料模。上、下模利用导柱 1 与导套 2 的相对滑动配合导向。虽然采用导柱-导套导向会增大模具轮廓尺寸,使模具笨重,提高模具成本;但导柱、导套均为圆柱体结构制造并不复杂,很容易达到较高精度,且可进行热处理使导向面具有高的硬度,还可将其制成标准件。所以,用导柱-导套导向比导板更可靠,导向精度更高,使用寿命更长,更换安装也更为方便,故在大量和成批生产中多采用导柱式冲裁模。

**2. 复合模**

　　复合模只有一个工位,并且在这一工位上完成两道或两道以上的工序。例如,垫圈的生产,将坯料送至模具的同一坐标位置,在压力机的一次行程中,同时完成冲孔和落料,这种模具被称为落料-冲孔复合模。

**3. 连续模**

　　在压力机一次行程中,模具不同工位上完成多道冲压工序,条料在逐次送进的过程中逐步成形。连续模所完成的冲压工序均分布在坯料的送进方向上。以加工垫圈为例,首先在模具的第一个工位上完成冲孔工序,压力机回程;然后进行一次送料(送进距离为一个步距),刚刚完成冲孔工序的坯料被送至第二个工位上,而在第一个工位上又被送进一个步距的板料;压力机进行第二次行程,在第二个工位上完成落料工序的同时在第一个工位上完成的是冲孔工序,如此反复,完成零件的成形。这种模具称为连续模,又称级进模。在钢带或条料上做连续拉深成形用的也是级进模。

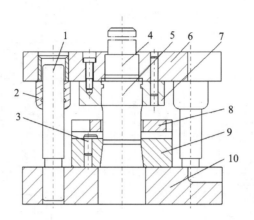

1—导柱;2—导套;3—挡料销;4—模柄;5—凸模;6—上模板;

7—凸模固定板;8—卸料板;9—凹模;10—下模板

图 2-3　导柱式简单落料模

模具类型的选择与确定主要取决于零件的尺寸大小、制造公差和生产批量。三种模具类型的对比见表 2-2。

表 2-2　单工序模、复合模和连续模的比较

| 项　目 | 单工序模 | 复合模 | 连续模 |
|---|---|---|---|
| 外形尺寸 | 小 | 中 | 大 |
| 复杂程度 | 简单 | 复杂 | 较复杂 |
| 工作条件 | 不太好 | 较好 | 好 |
| 生产效率 | 低 | 高 | 最高 |
| 工件精度 | 低 | 最高 | 高 |
| 模具成本 | 低 | 高 | 高 |
| 模具加工 | 易 | 难 | 难 |
| 设备能力 | 小 | 中 | 大 |
| 生产批量 | 以中小批量为主 | 以大批量为主 | |

# 2.2　冲裁模的设计

冲裁是利用模具使板料产生分离的一种冲压工序,包括落料、冲孔、切口、剖切、修边等。用它可以制作零件或为弯曲、成形等工序准备毛坯。飞机钣金零件的毛料亦可采用冲裁来制备。因此,冲裁模的设计水平直接关系到钣金零件的加工质量、加工效率、使用寿命和使用安全。

冲裁模是冲压模具的一种,是现代工业产品制造的重要设备。随着产品更新换代的加快,对冲裁模的设计要求和生产效率均提出了更高的要求。因此,冲裁模的设计是本教材的一个重要内容。

### 2.2.1　对冲裁模的使用要求

冲压加工过程中,冲裁模(简称冲模)的凸模与凹模直接接触板料,并通过相对运动使板料产生塑性变形乃至分离而获得预期零件。因此,从模具强度、精度、寿命、生产效率、实用性和安全性等方面考虑,冲模须满足以下要求:

① 应具有足够的强度、刚度、准确的形状和尺寸精度;
② 主要零件应具有足够的耐磨性和使用寿命;
③ 结构应确保操作人员安全和便于操作人员观察;
④ 应具有良好的使用和维护性能;
⑤ 应具有使材料定位、毛料顺利送进、工件方便取出的可靠装置,以保证生产的工件质量稳定;
⑥ 应具有保证冲模上下运动准确的导向装置;
⑦ 零件的加工和装配应尽量简单,尽可能选用标准通用零件,以缩短模具制造周期,降低成本;
⑧ 设计应与冲压设备的参数相适应,便于牢固安装在冲压设备上;
⑨ 应具有与冲压设备连接的部位和搬运吊装的装置,以适应安装和管理的需要。

### 2.2.2　冲裁模具设计要点

**1. 冲裁模设计资料准备**

(1)冲压件的产品零件图及生产纲领

提供标有零件的形状、尺寸、精度、材料牌号及技术要求的产品图。生产纲领即是产品零件的生产批量。产品图和生产纲领是冲模设计的最主要依据,所设计模具必须保证生产出合格的产品零件,并能满足批量生产要求。

(2)产品工艺文件

产品工艺文件主要是指冲压工艺规程卡。冲压零件通常是由若干冲压工序按一定的顺序逐次冲压成形的。因此,模具设计之前,首先要进行冲压工艺设计,确定工序次数、工序的组合、工序的顺序及工序简图等,并把这些内容编写成冲压工艺规程卡。冲压工序数量以及工序的组合决定了这一冲压零件的模具数量和模具类型(是简单模、复合模还是级进模)。因此,冲压工艺规程卡也是冲模设计的重要依据,设计人员必须按照工艺规程的工艺方案、模具数量、模具类别和相应的工序简图来设计冲压模具。

(3)冲压设备资料

冲压设备资料主要是指冲压设备说明书。其主要内容有:技术规格、结构原理、调试方法、顶出和打料机构以及安装模具的各种参数(如闭合高度、模柄孔尺寸、工作台尺寸等)。设计冲模时,应全面了解设备的结构特点和尺寸参数,并使模具的有关结构和尺寸与设备相适应。

(4)有关冲模的技术标准

设计冲模时,应优先采用国家标准,尽量做到模具零部件标准化,以提高设计效率和设计品质,缩短冲模的设计与制造周期。

冷冲模国家标准的内容包括零件标准、部件标准、组合标准、技术条件四个部分。

**2. 冲裁模设计的一般流程与内容**

(1)冲压件工艺性分析

根据所提供的图纸分析冲压件的形状特点、尺寸大小、精度要求以及所用材料是否符合冲压工艺要求。良好的工艺性会使冲压件的工序数目、材料消耗减少,产品质量稳定,模具结构简单,操作安全方便。如果发现冲压件的工艺性很差,应与冲压件设计人员协商,在保证产品使用要求的前提下进行合理的修改。

(2)工艺方案设计

在设计工艺方案时,必须考虑生产纲领;冲压件形状、尺寸、精度要求和材料性能等;现有设备条件和生产技术水平;模具设计、制造和维修的技术水平和能力;生产准备周期;生产安全与环保等。同一冲压件的工艺方案可以有多个,应从质量、效率、成本和安全等方面进行分析比较,确定一个适应所给生产条件的最佳方案。例如,为了达到高质量、高效率和低材料消耗的目的,大批量生产时应采用高效率的模具、高效率的压力机和自动化(或机械化)进出件;中小批量生产时采用通用压力机、较简单的模具和手工或机械化进出件;为了降低成本,小批量生产时多采用简易模具、组合模具或通用模具。

冲压工艺方案的设计包括:确定工序种类、工序数目及顺序;确定模具类型(是采用单工序模、复合模还是级进模);确定送料方式;确定合理的排样和工序间尺寸。

① 工艺计算与设计。包括:确定毛坯形状和尺寸;工序间尺寸;各工序工艺力的计算;排样图和工序件图的设计。

② 选择模具类型和结构形式。包括:确定模具类型;凸模和凹模的结构形式、固定方式和镶拼方式等;毛坯的送进、导向、定位形式;毛坯和零件的压料、卸料形式;零件的取出和废料的排出方式;模架及导向形式;弹性元件的种类和形式;模具起重形式和模具安装的定位与紧固方式。

③ 确定压力机型号和模具安装尺寸。

④ 绘制冲模装配图。绘制冲模装配图后需要认真审核。对于较复杂的模具,必须组织经验丰富的设计和工艺人员、冲压工、模具和设备维修工等对模具进行评审,提出改进意见,并根据评审意见修改并完成模具装配图(包括标注技术条件等)。

⑤ 绘制模具零件图。包括:零件尺寸、公差及技术条件的标注,进行必要的强度校核。

⑥ 完成其他技术文件(如使用说明及技术要求等)。

**3. 冲裁模设计要点**

(1)模具总体结构形式的确定

模具设计时,首先要根据工艺方案选定模具类型(简单模、复合模或级进模),最终确定具体的模具总体结构形式。这是冲模设计最为关键的一个步骤,它直接影响到冲压件的品质、成本和冲压生产率。

模具的结构形式非常多,可根据冲压件的形状、尺寸、精度、材料性能和生产批量、冲压设备、模具加工条件以及工艺方案等条件进行选择与设计。在满足冲压件品质要求的前提下,应本着力求模具结构简单、制造周期短、成本低、生产效率高、模具寿命长的原则。确定模具结构形式的内容应包括以下几个方面:

① 根据冲压件的形状和尺寸,确定凸模和凹模的加工精度、结构形式和固定方法。

② 根据毛坯的特点、冲压件的精度和生产批量,确定定位、导料和挡料方式。

③ 根据工件和废料的形状、大小,确定进料、出件和排出废料的方式。

④ 根据板料厚度和冲压件精度要求,确定压料与卸料方式(是否需要设计压料装置,采用弹性卸料或刚性卸料)。

⑤ 根据生产批量,确定操作方式:手工操作、自动或半自动操作。

⑥ 根据冲压件的特征和对模具寿命的要求,确定合理的模具加工精度,选取合理的导向方式和模具固定方式。

⑦ 根据所使用的设备,确定模具的安装与固定方式。

此外,在设计冲模时,还必须对模具零件加工难度、模具维修及操作安全等方面予以注意:

① 大型、复杂形状的模具零件,加工困难时,应考虑采用镶拼结构,以利于加工。

② 模具结构应确保磨损后修磨方便,尽量做到不拆卸即可修磨工作零件,将影响修磨而必须去掉的零件(如模柄等)做成易拆卸的结构等。

③ 冲模的工作零件较多,而且当使用寿命相差较大时,应将易损坏及易磨损的工作零件做成快换式结构,并尽量做到可以分别调整和补偿易磨损件的相关尺寸。

④ 需要经常修磨和调整的部分尽量放在模具的下部。

⑤ 对于重量较大的模具应设有方便将其吊起搬运的孔或钩环等。

（2）模具设计的安全要点

设计模具时应将保证人身安全的问题放在首位,优先于对工序数量、制作费用等方面的考虑。一般应注意以下几点:

① 尽量避免操作者的手或身体其他部位伸入模具的危险区域。

② 对于必须将手伸入模内操作的模具,结构设计时应尽量考虑操作方便;尽可能缩小危险区域;尽可能缩短操作者手在模内操作的时间。

③ 设计时应明确标识出模具的危险部位,并设计好相应防护措施。

④ 保证模具的零件及附件的强度和刚度,防止在使用过程中因产生断裂和变形而伤人。

⑤ 不应要求操作者做过多、过难的动作,避免操作者过大地移动脚步,以免身体失去平衡,出现失误。

⑥ 避免模具的拐角处和尖棱处伤人或妨碍操作。

⑦ 模具起重及运输过程中应注意安全。

（3）冲模压力中心

冲裁力合力的作用点称为模具的压力中心。如果模具压力中心与压力机滑块中心不一致,冲压时将会产生偏载,造成模具以及压力机滑块与导轨的急剧磨损,降低模具和压力机的使用寿命。严重时,甚至会损坏模具和设备,造成事故。所以,设计模具时,应使模具的压力中心与压力机滑块中心相重合。但实际生产中,可能出现冲模压力中心在冲压过程中发生变化的情况,或者当冲压件形状特殊时,从模具结构方面考虑不宜使压力中心与滑块中心重合,这时应注意压力中心的偏离不能超出选用压力机所允许的范围。

冲模压力中心的计算,可采用空间平行力系与合力作用线(平面投影为作用点)的求解方法,即根据"各分力对某轴力矩之和等于其合力对同轴之矩"的力学原理求得。

（4）冲模闭合高度及冲模与压力机尺寸的配合关系

冲模闭合高度是指模具在最低工作位置时,上模座的上平面与下模座的下平面间的距离。冲模闭合高度应与压力机的装模高度相匹配。所谓装模高度,是指滑块处于下死点时,滑块底面到工作台垫板上平面之间的距离。压力机的长度一般是可以调节的,所以装模高度也是可调的。当连杆调至最短时,压力机的装模高度称为大装模高度,连杆调至最长时的装模高度称为最小装模高度。设计冲模和选择设备时,应使模具的闭合高度与压力机的装模高度相符合。

在设计冲模和选用设备时,除了需要确定闭合高度以外,还应考虑到压力机的滑块行程必须满足冲压工艺要求。冲裁模行程要求较小;对于弯曲模和拉深模,行程要求较大。例如,对拉深模而言,为了保证顺利装卸工件,其行程通常取大于或等于拉深件高度的 2.5 倍;对于有斜楔、滑块的模具,也应具有足够的行程以保证模具各部分协调运行;对于导板模和带有浮动模柄的滚珠导向模,工作过程中不允许凸模与导板之间(导柱与导套之间)发生相互脱离的现象,此时宜采用易于满足这一要求的可调行程偏心压力机。

在设计模具时,上模座的轮廓尺寸一般不应超出滑块的底面尺寸。若因结构需要而必须超出时,应注意防止其与机身或导轨相碰撞;下模座的轮廓尺寸应小于工作台垫板尺寸,需要留有固定模具的足够余地。模具的模座及推件、顶件等零件尺寸,也都应与压力机的有关尺寸相适应。

(5) 模具总图的绘制及模具零件图的测绘

绘制模具总图时,一般先绘制冲模下模和上模的俯视图,俯视图可以反映出冲模零件的平面布置、送料和定位方式及凹模位置;然后,再以剖视图的形式表示出模具闭合时工作位置的主视图,主视图可以反映出模具各零件的结构以及它们之间的装配关系。在必要时,还应画出侧视图或局部剖视图。如果工件是形状简单的轴对称件,也可先画主视图,再画俯视图,必要的尺寸必须注明,如闭合高度、轮廓尺寸、压力中心以及靠装配保证的有关尺寸和精度。在总图的右上角要画出排样图和工作图。右下角则需画出标题栏并列出模具零件明细表。最后在模具总图的空白处注明技术条件。

模具主、俯视图绘制方法:先画里面,再画外面;先画中部,再画四周。通常先用双点画线画出毛坯和工件的轮廓,再画凸、凹模工作部分轮廓,再画定位、挡料、导料零件,然后再画凸、凹模的固定部分以及卸料、顶件零件,最后画出导向零件、模座的轮廓尺寸以及模柄的结构。

另外,还需要按所设计的模具总图拆绘模具零件图。在模具零件图中,要将零件结构表达清楚,应有必要的投影图、剖面图和剖视图;要标注出零件的详细尺寸、制造公差、形位公差、表面粗糙度、材料热处理、技术要求等;要将工作零件刃口尺寸及公差计算好,标在零件图上。

# 2.3  冲裁件的工艺性

冲裁件的工艺性是指冲裁件对冲压工艺的适应性,包括冲裁件的结构形状、尺寸大小、尺寸偏差、形位公差及尺寸基准等参数是否符合冲裁工艺要求。冲裁件的工艺性对冲裁件的质量、材料利用率、生产率、模具制造难易程度、模具寿命、操作方式及冲压设备选用等都有很大影响。一般情况下,对冲裁件工艺性影响最大的是冲裁件的几何形状、尺寸和精度要求。良好的工艺性应能满足省材料、工序少、产品质量稳定、模具容易加工、寿命长、操作方便等要求。

冲裁件的工艺分析包括技术和经济性两方面内容。在技术方面,根据冲裁件产品图纸,主要分析该冲裁件的形状特点、尺寸大小、精度要求和材料性能等因素,检查是否符合冲裁工艺的要求;在经济方面,主要根据其产量和批量、分析产品成本,阐明采用冲裁工艺可取得的经济效益。因此,对冲裁件的工艺分析,主要是讨论在不影响零件使用性能的前提下,结合本单位的生产条件,能否以最简单、最经济的方法制造出来。若能做到,表示该冲裁件的工艺性好;反之则表示该冲裁件的工艺性差。

## 2.3.1  对冲裁件形状和尺寸的要求

### 1. 冲裁件的形状

对于不同形状和尺寸的冲裁件,有不同的工艺要求。在满足使用要求的前提下,冲裁件应尽可能简单、对称,最好由圆弧和直线组成。以圆形、矩形等规则形状组成的几何图形为最佳。另外,冲裁件的外形或内孔应避免尖角连接,特别是小于 90°的尖角。除属于无废料冲裁或镶拼结构外,在冲裁件各直线(或曲线)连接处,应尽量采用圆角过渡。一般来讲,圆角处半径应满足 $R \geqslant 0.25t$。其半径最小值见表 2 - 3。

表 2 - 3　冲裁件圆角半径 $R$ 的最小值

| 连续角度 | $\alpha \geqslant 90°$ | $\alpha < 90°$ | $\alpha \geqslant 90°$ | $\alpha < 90°$ |
|---|---|---|---|---|
| 简图 | | | | |
| 低碳钢 | 0.30t | 0.50t | 0.35t | 0.60t |
| 黄铜、铝 | 0.24t | 0.35t | 0.20t | 0.45t |
| 高碳钢、合金钢 | 0.45t | 0.70t | 0.50t | 0.90t |

注:$t$ 为材料厚度(mm),当 $t < 1$ mm 时均按 $t = 1$ mm 计算。

**2. 宽度 $b$ 的取值**

冲裁件应避免存在过长的悬臂、狭槽等,根据冲裁件材质的不同,其宽度 $b$ 的取值也不同,见表 2 - 4。

表 2 - 4　冲裁件的凹槽与凸出悬臂的最小宽度 $b$

| | 材　料 | 宽度 $b$ |
|---|---|---|
| | 硬钢 | $(1.5 \sim 2.0)t$ |
| | 黄铜、软钢 | $(1.0 \sim 1.2)t$ |
| | 纯铜、铝 | $(0.8 \sim 0.9)t$ |

**3. 孔的要求**

(1) 孔间距要求

冲裁件的孔与孔之间、孔与边缘之间的距离不应过小,其许可值见图 2 - 4 和表 2 - 5。当孔边缘与制件边缘不平行时应不小于 $t$,平行时应不小于 $1.5t$。

(2) 孔的最小尺寸要求

因受凸模强度的限制,冲裁件孔的尺寸不能太小,否则凸模会因强度不足而易发生折断或压弯。冲孔时,其最小孔径与孔的形状、材料力学性能、材料厚度等有关。一般冲孔模可以冲裁的最小孔径见表 2 - 6。若凸模采用保护套结构,可以冲裁的最小孔径取值见表 2 - 7。

(3) 孔壁的要求

在弯曲件或拉深件上冲孔时,弯曲件或拉深件上的孔应设置在使孔壁位于两交接面圆角区之外的部位,以防冲孔时凸模因受到不对称的侧压力作用而啃伤刃口或使小凸模折断。通常,取孔壁至零件直壁间的距离 $L \geqslant R + 0.5t$,如图 2 - 5 所示。对于底部有孔的拉深件,其底孔可以在拉深结束后冲出,也可以用单独工序冲出。而位于拉深件凸缘上的孔,只能在拉深后单独冲出。

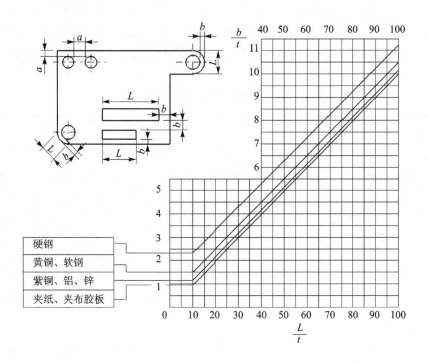

图 2-4 最小孔边距

表 2-5 不同材料的孔与边缘之间的距离许可值

| 材 料 | a/t | | b/t | | |
|---|---|---|---|---|---|
| | 分开冲 | 同时冲 | 分开冲 | 同时冲 | |
| | | | | L/t< | L/t> |
| 硬钢 | 1.3~1.5 | | 2~2.3 | | 1.3+0.1 |
| 黄铜、软钢 | 0.9~1.0 | | 1.4~1.5 | | 0.5+0.1 |
| 纯铜、软锌 | 0.75~0.8 | | 1.1~1.2 | | 0.2+0.1 |
| 夹纸、夹布胶板 | 0.7~0.75 | | 0.9~1.0 | | 0.1 |

表 2-6 一般冲孔模可冲压的最小孔径

| 材 料 | $d$ | $a$ | $a$ | $a$ |
|---|---|---|---|---|
| 钢 $\tau>700$ MPa | $d\geqslant1.5t$ | $a\geqslant1.35t$ | $a\geqslant1.1t$ | $a\geqslant1.2t$ |
| 钢 $\tau=400\sim700$ MPa | $d\geqslant1.3t$ | $a\geqslant1.2t$ | $a\geqslant0.9t$ | $a\geqslant1.0t$ |
| 钢 $\tau<400$ MPa | $d\geqslant1.0t$ | $a\geqslant0.9t$ | $a\geqslant0.7t$ | $a\geqslant0.8t$ |
| 铜、黄铜 | $d\geqslant0.9t$ | $a\geqslant0.8t$ | $a\geqslant0.6t$ | $a\geqslant0.7t$ |
| 铝、锌 | $d\geqslant0.8t$ | $a\geqslant0.7t$ | $a\geqslant0.5t$ | $a\geqslant0.6t$ |
| 纸胶板、布胶板 | $d\geqslant0.7t$ | $a\geqslant0.7t$ | $a\geqslant0.4t$ | $a\geqslant0.5t$ |
| 硬纸、纸 | $d\geqslant0.6t$ | $a\geqslant0.5t$ | $a\geqslant0.3t$ | $a\geqslant0.4t$ |

表 2-7　带保护套凸模冲孔的最小值

| 材 料 | 圆形孔 $d$ | 矩形孔 $a$ |
|---|---|---|
| 硬钢 | $0.5t$ | $0.4t$ |
| 软钢、黄铜 | $0.35t$ | $0.3t$ |
| 铝、锌 | $0.3t$ | $0.28t$ |

注：$d$ 一般不小于 0.3 mm。

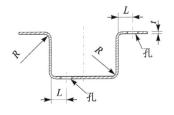

图 2-5　冲裁件孔位置尺寸

（4）宽度要求

冲裁件应尽可能避免冲裁宽度小于厚度 3 倍的窄长形工件，必要时可采用金属丝压扁的方法获得，但两边需允许有自然圆弧。

## 2.3.2　对冲裁件精度与表面粗糙度的要求

### 1. 冲裁件的精度

冲裁件内外形一般所能达到的经济精度、外形与内孔尺寸公差、孔中心距离公差以及孔中心与外缘轮廓距离尺寸公差见表 2-8～表 2-11。一般来讲，精度不高于 IT11 级，要求落料件精度最好低于 IT10 级，冲孔件最好低于 IT9 级。具体数值可参考表 2-8～表 2-10。

表 2-8　冲裁件内外形所能达到的经济精度

mm

| 基本尺寸<br>材料厚度 $t$ | ≤3 | 3～6 | 6～10 | 10～18 | 18～500 |
|---|---|---|---|---|---|
| ≤1 | | IT12～IT13 | | | IT11 |
| 1～2 | IT14 | IT12～IT13 | | | IT11 |
| 2～3 | | IT14 | | IT12～IT13 | |
| 3～5 | — | | IT14 | | IT12～IT13 |

表 2-9　冲裁件外形与内孔尺寸公差

mm

| 冲裁精度 | 材料厚度<br>零件尺寸 | 0.2～0.5 | 0.5～1 | 1～2 | 2～4 | 4～6 |
|---|---|---|---|---|---|---|
| 普通冲裁精度 | ≤10 | 0.08/0.05 | 0.12/0.05 | 0.18/0.06 | 0.24/0.08 | 0.30、0.10 |
| | 10～50 | 0.10/0.08 | 0.16/0.08 | 0.22/0.10 | 0.28/0.12 | 0.35/0.15 |
| | 50～150 | 0.14/0.12 | 0.22/0.12 | 0.30/0.16 | 0.40/0.20 | 0.50/0.25 |
| | 150～300 | 0.20 | 0.30 | 0.50 | 0.70 | 1.00 |
| 较高冲裁精度 | ≤10 | 0.025/0.02 | 0.03/0.02 | 0.04/0.03 | 0.06/0.04 | 0.10/0.06 |
| | 10～50 | 0.03/0.04 | 0.04/0.04 | 0.06/0.06 | 0.08/0.08 | 0.12/0.10 |
| | 50～150 | 0.05/008 | 0.06/0.08 | 0.08/0.10 | 0.10/0.12 | 0.15/0.15 |
| | 150～300 | 0.08 | 0.10 | 0.12 | 0.15 | 0.20 |

注：表中"/"前的数值为外形的公差值，其后的数值为内孔的公差值。

表 2－10　冲裁件孔中心距离公差 $\Delta L$

mm

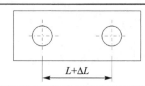

$L+\Delta L$

| 冲裁精度 | 材料厚度\孔距尺寸 | ≤1 | >1～2 | >2～4 | >4～6 |
|---|---|---|---|---|---|
| 一般精度（模具） | ≤50 | ±0.10 | ±0.12 | ±0.15 | ±0.20 |
| | >50～150 | ±0.15 | ±0.20 | ±0.25 | ±0.30 |
| | >150～300 | ±0.20 | ±0.30 | ±0.35 | ±0.40 |
| 较高精度（模具） | ≤50 | ±0.03 | ±0.04 | ±0.06 | ±0.08 |
| | >50～150 | ±0.05 | ±0.06 | ±0.08 | ±0.10 |
| | >150～300 | ±0.08 | ±0.10 | ±0.12 | ±0.15 |

注：(1)表中所列孔距公差,适用于两孔同时冲出的情况。

(2)一般精度指模具工作部分达 IT8,凹模后角为 $15'\sim30'$ 的情况;较高精度指模具工作部分达 IT7 以上,凹模后角不超过 $15'$。

表 2－11　孔中心与外缘轮廓距离尺寸公差

| 模具型式和定位方法 | 模具精度 | 工件尺寸/mm | | |
|---|---|---|---|---|
| | | <30 | 30～100 | 100～200 |
| 复合模 | 高级 | ±0.015 | ±0.02 | ±0.025 |
| | 普通 | ±0.02 | ±0.03 | ±0.04 |
| 有导正销连续模 | 高级 | ±0.05 | ±0.10 | ±0.12 |
| | 普通 | ±0.10 | ±0.15 | ±0.20 |
| 无导正销连续模 | 高级 | ±0.10 | ±0.15 | ±0.20 |
| | 普通 | ±0.20 | ±0.30 | ±0.40 |
| 外形定位的冲孔模 | 高级 | ±0.08 | ±0.12 | ±0.18 |
| | 普通 | ±0.15 | ±0.20 | ±0.30 |

### 2. 冲裁件的表面粗糙度

一般冲裁件剪断面的表面粗糙度见表 2－12,常见材料冲裁的光亮带相对宽度见表 2－13,允许的冲压件毛刺高度的极限值见表 2－14。

表 2－12　一般冲裁件剪断面表面粗糙度

| 材料厚度 $t$/mm | ≤1 | >1～2 | >2～3 | >3～4 | >4～5 |
|---|---|---|---|---|---|
| 表面粗糙度 $Ra$/μm | 3.2 | 6.3 | 12.5 | 25 | 50 |

注：如果冲裁件剪断面粗糙度高于本表中所列,则需要另加整形工序。各种材料通过修整后的粗糙度值为黄铜 0.4,软钢 0.8～0.4,硬钢 1.6～0.8。

冲裁件的经济公差等级不高于 IT11 级。凡产品图纸上未注明公差的尺寸,均属于未注公差尺寸。冲压件未注公差尺寸的极限偏差数值通常按 IT14 级。

冲裁件的断面粗糙度与材料塑性、材料厚度、冲裁模间隙、刃口锐钝以及冲模结构等有关。当冲裁厚度为 2 mm 以下的金属板料时,其断面粗糙度 $Ra$ 一般可达 12.5～3.2 μm。

此外,冲裁件尺寸标注的基准应尽可能与其冲压时定位基准重合,并选择在冲裁过程中基本不变动的面或线上。

表 2-13　常见材料冲裁的光亮带相对宽度

| 材　料 | 占厚度百分比/% | | 材　料 | 占厚度百分比/% | |
|---|---|---|---|---|---|
| | 退火 | 硬化 | | 退火 | 硬化 |
| $w_{C0.1\%}$ | 50 | 38 | 硅钢 | 30 | — |
| $w_{C0.2\%}$ | 40 | 28 | 青铜板 | 25 | 47 |
| $w_{C0.3\%}$ | 33 | 22 | 黄铜 | 50 | 20 |
| $w_{C0.4\%}$ | 27 | 17 | 纯铜 | 55 | 30 |
| $w_{C0.6\%}$ | 20 | 9 | 硬铝 | 50 | 30 |
| $w_{C0.8\%}$ | 15 | 5 | 铝 | 50 | 30 |
| $w_{C1.0\%}$ | 10 | 2 | | | |

注：$w_{C0.1\%}$ 表示碳质量分数为 0.1% 的钢板。

表 2-14　冲压件毛刺高度的极限值

mm

| 抗拉强度/MPa | 加工精度级别 | 冲压件的材料厚度 | | | | | | | | | |
|---|---|---|---|---|---|---|---|---|---|---|---|
| | | ≤0.1 | >0.1~0.2 | >0.2~0.3 | >0.3~0.4 | >0.4~0.7 | >0.7~1.0 | >1.0~1.6 | >1.6~2.5 | >2.5~4.0 | >4.0~6.5 |
| >100~250 | f | 0.02 | 0.02 | 0.03 | 0.05 | 0.09 | 0.12 | 0.17 | 0.25 | 0.36 | 0.60 |
| | m | 0.03 | 0.03 | 0.05 | 0.07 | 0.12 | 0.17 | 0.25 | 0.37 | 0.54 | 0.90 |
| | g | 0.04 | 0.05 | 0.07 | 0.10 | 0.17 | 0.23 | 0.34 | 0.50 | 0.72 | 1.20 |
| >250~400 | f | 0.02 | 0.02 | 0.03 | 0.04 | 0.06 | 0.09 | 0.12 | 0.18 | 0.25 | 0.36 |
| | m | 0.02 | 0.02 | 0.04 | 0.05 | 0.08 | 0.13 | 0.18 | 0.26 | 0.37 | 0.54 |
| | g | 0.03 | 0.03 | 0.05 | 0.07 | 0.11 | 0.17 | 0.24 | 0.35 | 0.50 | 0.73 |
| >400~630 | f | 0.02 | 0.02 | 0.03 | 0.04 | 0.05 | 0.07 | 0.11 | 0.20 | 0.22 | |
| | m | 0.02 | 0.02 | 0.03 | 0.04 | 0.05 | 0.07 | 0.11 | 0.16 | 0.30 | 0.33 |
| | g | 0.02 | 0.03 | 0.04 | 0.06 | 0.08 | 0.10 | 0.15 | 0.22 | 0.40 | 0.45 |
| >630 | f | 0.02 | 0.02 | 0.02 | 0.03 | 0.04 | 0.05 | 0.06 | 0.09 | 0.13 | |
| | m | 0.02 | 0.02 | 0.02 | 0.03 | 0.04 | 0.06 | 0.09 | 0.13 | 0.19 | |
| | g | 0.02 | 0.02 | 0.02 | 0.03 | 0.04 | 0.05 | 0.08 | 0.12 | 0.18 | 0.26 |

注：f 级（精密级）适用于较高要求的冲压件；m 级（中等级）适用于中等要求的冲压件；g 级（粗糙级）适用于一般要求的冲压件。引用标准 JB/T 4129。

# 2.4　材料的经济性

在冲压生产过程中，排样是否合理以及搭边值的大小都直接影响到材料的利用率，即冲裁件的经济性。在冲压零件的总成本中，毛坯材料费占 60% 以上；因此，排样是否合理直接影响材料的经济利用。衡量排样经济性与合理性的指标是材料的利用率 $\eta$，即冲裁件的实际有效面积 $A_0$ 与冲裁此工件所用板料面积 $A$ 之比值，可由下式计算：

$$\eta = \frac{A_0}{A} \times 100\% \qquad (2.1)$$

式中：$A_0$——工件有效面积（$mm^2$）；

$A$——冲裁此工件所用的板料面积,包括工件面积与废料面积($\mathrm{mm}^2$)。

## 2.4.1 排 样

**1. 排样方法**

冲裁件在板料、条料等材料上的布置方式称为排样。根据材料的利用情况进行分类,可分为有废料排样、少废料排样和无废料排样。

有废料排样:排样时,制件与制件之间、制件与条料边缘之间均有余料存在。其特点是能保证冲裁件的质量(即冲裁件精度相对较高),且搭边能够保护模具,即冲模寿命长,但材料利用率低。

少废料排样:沿工件部分外形冲裁,只局部有搭边和余料。

无废料排样:指制件与制件之间、制件与条料边缘之间存在较少或没有余料,无任何搭边。其特点是模具结构简化、冲裁力降低、材料利用率提高,但受板料和定位影响,工件精度降低,且凸模单边受力,易被破坏,加剧模具磨损,影响冲裁件的断面质量。

采用少废料排样和无废料排样对节省材料具有重要意义,且利于一次冲裁多个工件,故可以提高生产率;同时因其冲切周边减小,又可简化冲模结构和降低冲裁力。在无废料排样时,因为材料只有料头和料尾损失,故材料利用率可达85%~95%。少废料排样的材料利用率也可达70%~90%。但是,采用少、无废料排样也存在一些缺点,就是由于有条料本身公差以及条料导向定位所产生的误差,导致工件的质量和精度较低。另外,由于采用单边剪切,也影响断面质量及模具寿命。

根据冲压件的不同几何形状(见表2-15)、材料情况以及冲压件的精度,可得出相适合的排样类型。常见排样类型:直排法、斜排法、直对排法、斜对排法、混合排法、多行排法等。对于特殊产品,还需要考虑材料的纤维方向,以保证获得零件的最大强度。表2-16列出了部分常用的排样类型。

**表 2-15 零件外形分类**

| Ⅰ | Ⅱ | Ⅲ | Ⅳ | Ⅴ | Ⅵ | Ⅶ | Ⅷ | Ⅸ |
|---|---|---|---|---|---|---|---|---|
| 方形 | 梯形 | 三角形 | 圆及多边形 | 半圆及C字形 | 椭圆及盘形 | 十字形 | T字形 | 角尺形 |

表 2 - 16　常用的排样类型

| 排样类型 | 排列简图 | | 排样类型 | 排列简图 | |
|---|---|---|---|---|---|
| | 有搭边 | 无搭边 | | 有搭边 | 无搭边 |
| 直排 | | | 斜排 | | |
| 单行排列 | | | 对头直排 | | |
| 多行排列 | | | 对头斜排 | | |

① 直排法：适用于外形为方形、矩形的冲裁件。图 2 - 6 是某种电机定子的直排法排样图。该排样图给出了两种直排法的排样。

② 斜排法：适用于椭圆形、T 形、L 形、S 形的冲裁件。图 2 - 7 是 L 形零件的斜排法和直排法。显然，斜排法比直排法更节省材料。

③ 直对排法：适用于梯形、三角形、半圆形、L 形、T 形、Ш 形、Ц 形冲裁件。图 2 - 8 是 L 形零件的直对排法。

④ 斜对排法：适用于 T 形冲裁件，且比直对排节省材料。图 2 - 9 是 T 形零件的斜对排法。

⑤ 混合排法：适用于材料与厚度相同的两种以上不同形状冲裁件的套排。图 2 - 10 是电机定子与转子的套排。这种排法适用于有装配关系的成套零件的冲裁。

⑥ 多行排法：适用于大批量生产中尺寸不大的圆形、六角形、方形、矩形等冲裁件。图 2 - 11 是电机转子的多行排法。

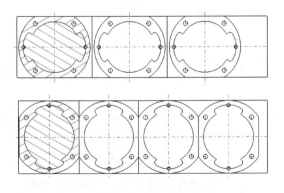

图 2 - 6　一种电机定子的直排法排样图

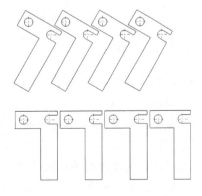

图 2 - 7　L 形零件的斜排法和直排法

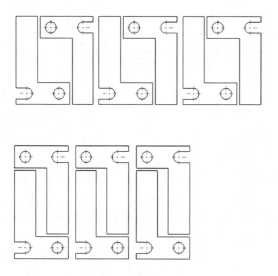

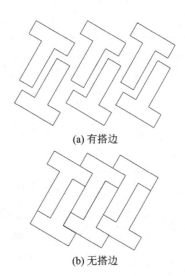

(a) 有搭边

(b) 无搭边

图 2-8　L形零件的直对排法　　　　　　图 2-9　T形零件的斜对排法

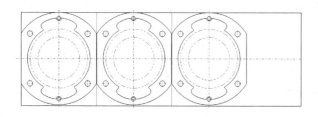

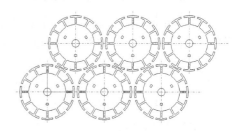

图 2-10　电机定子与转子的套排　　　　图 2-11　电机转子的多行排法

　　冲裁件的排样方法多种多样,设计时应按照零件的技术要求,根据具体情况灵活安排,使之达到最经济的目的。

**2. 排样注意事项**

① 注意板料轧制纤维方向,以防止弯曲工件的开裂;

② 手工送料时,条料的长度不宜超过 1~1.5 m;

③ 当余量尺寸较大时,尽可能使余料保留完整,以供其他冲压件使用。

## 2.4.2　搭　边

排样时制件之间以及制件与条料边缘之间的余料称为搭边。

**1. 搭边的作用**

① 能够补偿定位误差,保证冲出合格的制件;

② 能保证条料具有一定的刚性,便于送料;

③ 可以避免冲裁时条料边缘的毛刺被拉入模具间隙,从而延长模具寿命。

图 2-12 中 $a$ 表示制件与制件之间的搭边值,$a_1$ 表示制件与条料边缘之间的搭边值。

**2. 影响搭边值的因素**

搭边值要合理确定,从节省材料出发,搭边值越小越好,但搭边小于一定数值后,对模具寿

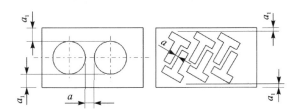

**图 2 - 12　搭　边**

命和剪切表面质量不利。当搭边值过小时,作用在凸模侧表面上的法向应力沿着落料毛坯周长的分布将不均匀。为了使作用在毛坯侧表面上的应力沿切离毛坯周长的变化不大,必须使搭边的最小宽度大于塑变区的宽度,而塑变区的宽度与材料性质和材料厚度有关,一般约等于 $0.5t$。所以,搭边的最小宽度可取大约等于毛坯的厚度。若搭边值小于材料的厚度,在冲裁过程中还有可能被拉入凸、凹模间隙中,使零件产生毛刺,甚至损坏模具刃口,降低模具寿命。搭边值大小与下列因素有关:

① 材料的机械性能:硬材料的搭边值可以小一些,软材料、脆材料的搭边值相对要大一些。

② 材料的厚度:厚材料的搭边值取大一些。

③ 冲裁件的形状与尺寸:冲裁件尺寸大或是有尖突的复杂形状时,搭边值应取大一些。

④ 送料及挡料方式:用手工送料,有侧压板导向装置的搭边值可以小一些;用侧刃定距比、用挡料销定距的搭边小一些。

⑤ 卸料方式:弹性卸料比刚性卸料的搭边小一些。

总的来讲,搭边值是由经验确定的。一般冲裁金属材料的搭边值见表 2 - 17(适用于大零件),最小工艺搭边值见表 2 - 18。

**表 2 - 17　冲裁金属材料的搭边值(适用于大零件)**

mm

| 材料厚度 $t$ | 手工送料 | | | | | | 自动送料 | |
|---|---|---|---|---|---|---|---|---|
| | 圆形 | | 非圆形 | | 往复送料 | | | |
| | $a$ | $a_1$ | $a$ | $a_1$ | $a$ | $a_1$ | $a$ | $a_1$ |
| <1 | 1.5 | 1.5 | 2 | 1.5 | 3 | 2 | | |
| ≥1~2 | 2 | 1.5 | 2.5 | 2 | 3.5 | 2.5 | 3 | 2 |
| ≥2~3 | 2.5 | 2 | 3 | 2.5 | 4 | 3.5 | | |
| ≥3~4 | 3 | 2.5 | 3.5 | 3 | 5 | 4 | 4 | 3 |
| ≥4~5 | 4 | 3 | 5 | 4 | 6 | 5 | 5 | 4 |
| ≥5~6 | 5 | 4 | 6 | 5 | 7 | 6 | 6 | 5 |
| ≥6~8 | 6 | 5 | 7 | 6 | 8 | 7 | 7 | 6 |
| >8 | 7 | 6 | 8 | 7 | 9 | 8 | 8 | 7 |

注:冲非金属材料(皮革、纸板、石棉板等)时,搭边值应乘以 1.5~2。有侧刃的搭边值 $a'=0.75a$。

表 2-18　最小工艺搭边值(单行排列)

mm

| 材料厚度 t | 圆形件:圆角 r>2t | | 矩形件:L≤50 | | 矩形件:L≤50 或圆角:r≤2t | |
|---|---|---|---|---|---|---|
| | a | a₁ | a | a₁ | a | a₁ |
| 0.25 以下 | 1.8 | 2.0 | 2.2 | 2.5 | 2.8 | 3.0 |
| 0.25~0.5 | 1.2 | 1.5 | 1.8 | 2.0 | 2.2 | 2.5 |
| 0.5~0.8 | 1.0 | 1.2 | 1.5 | 1.8 | 1.8 | 2.0 |
| 0.8~1.2 | 0.8 | 1.0 | 1.2 | 1.5 | 1.5 | 1.8 |
| 1.2~1.6 | 1.0 | 1.2 | 1.5 | 1.8 | 2.5 | 2.0 |
| 1.6~2.0 | 1.2 | 1.5 | 1.8 | 2.5 | 2.0 | 2.2 |
| 2.0~2.5 | 1.5 | 2.0 | 2.0 | 2.2 | 2.2 | 2.5 |
| 2.5~3.0 | 1.8 | 2.2 | 2.2 | 2.5 | 2.5 | 2.8 |
| 3.0~3.5 | 2.2 | 2.5 | 2.2 | 2.8 | 2.8 | 3.2 |
| 3.5~4.0 | 2.5 | 2.8 | 2.5 | 3.2 | 3.2 | 3.5 |
| 4.0~5.0 | 3.0 | 3.5 | 3.5 | 4.0 | 4.0 | 4.5 |

注:表列搭边值适用于低碳钢,对于其他材料,应将表中数值乘以下列系数:①中等硬度的钢:0.9;②软黄铜、纯铝:1.2;③硬钢:0.8;④铝:1.3~1.4;⑤硬黄铜:1~1.1;⑥非金属:1.5~2;⑦硬铝:1~1.2。

## 2.4.3　条料宽度和材料利用率

### 1. 条料宽度

排样方案和搭边值确定后,即可确定条料或带料的宽度。在确定条料宽度时,必须考虑模具的结构中是否采用侧压装置和侧刃,根据不同结构分别进行计算。

(1) 有侧压装置时条料的宽度

有侧压装置时条料的宽度见图 2-13、图 2-14。

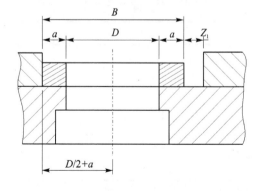

图 2-13　有侧压冲裁图

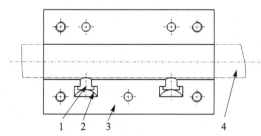

1—侧压板;2—簧片;3—导料板;4—条料

图 2-14　簧片式侧压板

条料宽度：

$$B = (D + 2a + \Delta)_{-\Delta}^{0} \tag{2.2}$$

式中：$B$——条料宽度的基本尺寸；

　　$D$——垂直送料方向的零件尺寸；

　　$a$——侧搭边值（mm）；

　　$\Delta$——条料宽度的单向（负向）公差，见表 2-19。

表 2-19　条料宽度偏差 $\Delta(1)$

mm

| 材料厚度 $t$　　　　条料宽度偏差 $\Delta$　条料宽度 $B$ | ~1 | >1~2 | >2~3 | >3~5 |
|---|---|---|---|---|
| ~50 | -0.4 | -0.5 | -0.7 | -0.9 |
| >50~100 | -0.5 | -0.6 | -0.8 | -1.0 |
| >100~150 | -0.6 | -0.7 | -0.9 | -1.1 |
| >150~220 | -0.7 | -0.8 | -1.0 | -1.2 |
| >220~300 | -0.8 | -0.9 | -1.1 | -1.3 |

注：表中数值系龙门剪床下料。

（2）无侧压装置时条料的宽度

无侧压装置时条料的宽度见图 2-15。

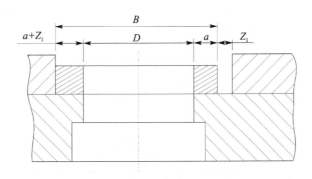

图 2-15　无侧压冲裁

条料宽度：

$$B = [D + 2(a + \Delta) + Z_1]_{-\Delta}^{0} \tag{2.3}$$

式中：$B$——条料宽度的基本尺寸；

　　$D$——垂直送料方向的零件尺寸；

　　$a$——侧搭边值（mm）；

　　$\Delta$——条料宽度的单向（负向）公差，见表 2-19、表 2-20；

　　$Z_1$——条料与导料板间的间隙，见表 2-21。

表 2－20　条料宽度偏差 $\Delta(2)$

mm

| 材料厚度 $t$<br>条料宽度偏差 $\Delta$<br>条料宽度 $B$ | ～0.5 | ＞0.5～1 | ＞1～2 |
|---|---|---|---|
| ～20 | －0.05 | －0.08 | －0.10 |
| ＞20～30 | －0.08 | －0.10 | －0.15 |
| ＞30～50 | －0.10 | －0.15 | －0.20 |

表 2－21　送料最小间隙 $Z_1$

mm

| 方　式<br>$Z_1$<br>$t$ | 无侧压装置 | | | 有侧压装置 | |
|---|---|---|---|---|---|
| | $B<100$ | $B>100～200$ | $B>200～300$ | $B<100$ | $B>100$ |
| ～0.5 | 0.5 | 0.5 | 1 | 5 | 8 |
| ＞0.5～1 | 0.5 | 0.5 | 1 | 5 | 8 |
| ＞1～2 | 0.5 | 1 | 1 | 5 | 8 |
| ＞2～3 | 0.5 | 1 | 1 | 5 | 8 |
| ＞3～4 | 0.5 | 1 | 1 | 5 | 8 |
| ＞4～5 | 0.5 | 1 | 1 | 5 | 8 |

（3）采用侧刃时条料的宽度

采用侧刃时条料的宽度见图 2－16。

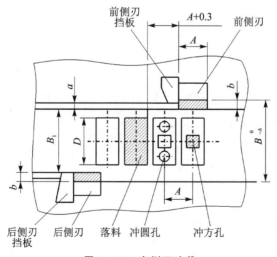

图 2－16　有侧刃冲裁

条料宽度 $B$ 可由下式计算：

$$B =(B_1 + nb)_{-\Delta}^{0} =(D + 2a + nb)_{-\Delta}^{0} \tag{2.4}$$

式中:$D$——制件垂直于送料方向的基本尺寸;

　　　$n$——侧刃数;

　　　$b$——侧刃裁切宽度;

　　　$\Delta$——条料宽度的单向(负向)公差,见表 2-19、表 2-20;

　　　$a$——侧搭边值。

**2. 材料利用率**

材料利用率是指冲裁件的实际面积与所用板料面积的百分比,它是衡量合理利用材料的经济性指标。材料利用率分为一个步距内的材料利用率和一张板料(或带料、条料)上总的材料利用率。

(1) 一个步距内的材料利用率

一个步距内的材料利用率(如图 2-17 所示)$\eta$ 可由下式计算:

$$\eta = \frac{A_1}{BS} \times 100\% \tag{2.5}$$

式中:$A_1$——冲裁件面积($\text{mm}^2$);

　　　$B$——条料宽度(mm);

　　　$S$——送料步距(mm)。

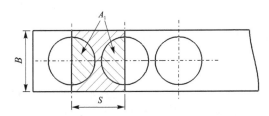

**图 2-17　一个步距内的材料利用率**

(2) 一张板料(或带料、条料)上总的材料利用率

一张板料(或带料、条料)上总的材料利用率(如图 2-18 所示)$\eta_{总}$ 可由下式计算:

$$\eta_{总} = \frac{A_0}{A} \times 100\% = \frac{nA_1}{BL} \times 100\% \tag{2.6}$$

式中:$A_0$——冲裁件总面积($\text{mm}^2$);

　　　$A$——板料面积($\text{mm}^2$);

　　　$A_1$——冲裁件面积($\text{mm}^2$);

　　　$B$——板料宽度(mm);

　　　$L$——板料长度(mm)。

从板料利用率公式可以看出,减少废料面积,可以提高材料利用率。废料可分为工艺废料和结构废料,如图 2-19 所示。

搭边和余料属于工艺性废料,是与排样方式和冲压方式有关而产生的废料;而由于工件的结构形状特点而产生的废料则属于结构废料,结构废料一般不能改变。所以,设计合理的排样方案是减少工艺废料、提高材料利用率的有效手段。

**3. 减少工艺废料的措施**

① 设计合理的排样方案;

② 选择合适的板料规格和合理的裁板法（减少料头、料尾和边余料）；

③ 利用废料加工小零件等。

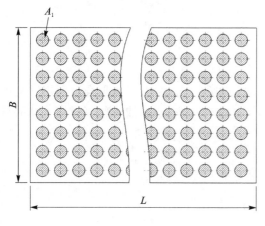

图 2-18　板料上总的材料利用率

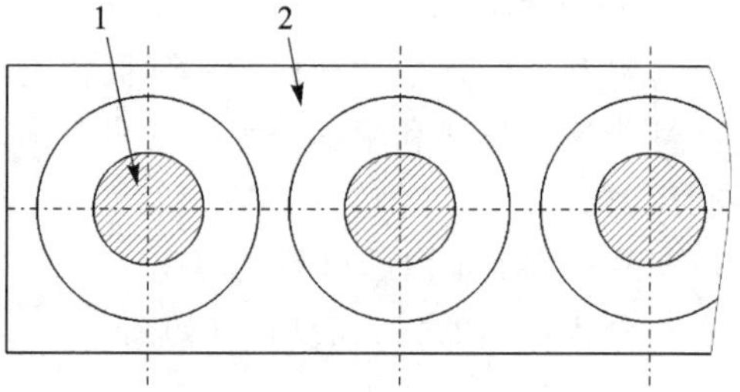

1—结构废料；2—工艺废料

图 2-19　废料分类

**4. 利用结构废料的措施**

① 当材料和厚度相同时，在尺寸允许的情况下，较小尺寸的冲裁件可在较大尺寸冲裁件的废料中冲制出来；

② 在使用条件许可的情况下，也可以通过改变零件的结构形状来提高材料利用率。

## 2.4.4　排样图

一张完整的排样图应标注条料宽度尺寸 $B_{-\Delta}^{0}$、条料长度 $L$、端距 $l$、步距 $S$、工件间搭边 $a$ 和侧搭边 $a_1$，并且习惯上以剖面线表示冲压位置，如图 2-20 所示。

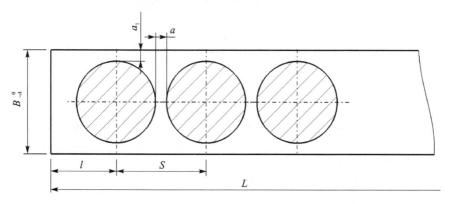

图 2-20　排样图

# 2.5　冲裁变形过程

冲裁是分离工序，工件受力时必然从弹、塑性变形开始，以断裂告终。冲裁变形过程可分为三个阶段：弹性变形阶段、塑性变形阶段和断裂阶段。

第一阶段：弹性变形阶段，如图 2-21(a) 所示。凸模下降与材料接触，板料就受到凸、凹模压力而产生弹性变形。由于力矩 $M$ 的存在，材料在产生弹性压缩的同时略有弯曲而从模具上挠起。随着凸模的压入,材料在刃口部分所受的应力逐渐增大,当凸模压入深度达到 $h_1$ 时,材料内应力达到弹性极限,此过程为材料的弹性变形阶段。

第二阶段:塑性变形阶段(如图 2-21(b)所示)。随着凸模继续压入,压力随之增加,材料内的应力达到屈服点(内应力状态满足屈服条件时),产生塑性变形。随着塑性变形程度的增大,材料内部的拉应力和弯矩也随之增大,变形区材料硬化加剧,当压入深度达到 $h_2$ 时,刃口附近材料的应力值达到最大值,此为塑性变形阶段。

第三阶段:断裂阶段(如图 2-21(c)所示)。凸模压入材料深度达到 $h_3$ 时,首先在静水压力最低的凹模刃口侧壁达到破坏应力并先出现裂纹,继而在凸模刃口侧面出现裂纹。裂纹出现沿最大剪应力方向朝着材料内层扩展,当凸、凹模刃口处的裂纹相遇重合时,材料便被切断分离。若间隙过大或过小,则在上、下两裂纹之间出现第三条裂纹并导致材料断裂。

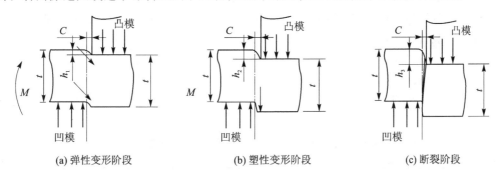

(a) 弹性变形阶段　　　　　(b) 塑性变形阶段　　　　　(c) 断裂阶段

**图 2-21　冲裁变形过程**

冲裁变形的三个阶段,可以在剪切曲线图 2-22 中得到验证,其中板料厚度为 4.8 mm。

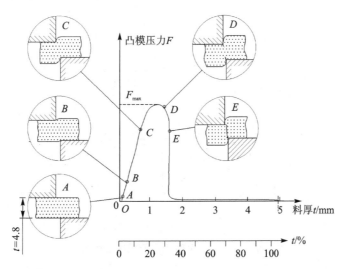

A—压平材料之应力;OC—弹性区域;B—材料弹性变形之应力;

CD—塑性区域;C—屈服应力;E—整个厚板被切断;D—材料最大强度

**图 2-22　凸模压力与冲裁过程**

板料切断后,冲裁件与孔断面的形状如图 2-23 所示。现将切断面各部分加以说明。

图 2-23 中的口塌角约为 5%$t$($t$ 为板料厚度)。它是凸模压入材料时,刃口附近的材料

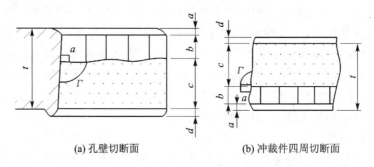

(a) 孔壁切断面　　　　　(b) 冲裁件四周切断面

**图 2－23　冲裁时孔壁和冲裁件切断面**

被牵连拉入变形的结果;$b$ 为光亮带,约为 $t/3$,其表面光滑,断面质量最佳;$c$ 为剪裂带,约为 $62\%t$,表面倾斜且粗糙;$d$ 为毛刺,其高度为 $(5\%\sim10\%)t$,它是出现裂纹时形成的。

在无压边装置冲裁时,板料所受外力情况如图 2－24 所示。主要包括:

$F_p$、$F_d$——凸、凹模对板材的垂直作用力;

$F_1$、$F_2$——凸、凹模对板材的侧压力;

$\mu F_p$、$\mu F_d$——凸、凹模端面与板材间的摩擦力,其方向与间隙大小有关,但一般指向模具刃口;

$\mu F_1$、$\mu F_2$——凸、凹模侧壁与板材间的摩擦力,其中 $\mu$ 是摩擦系数。

由图 2－24 可见,板材由于受到凸、凹模端面的作用力而产生弯曲、翘起,致使模具表面的板材接触面仅局限在刃口附近的狭小区域,接触面宽度为板厚的 0.2～0.4 倍。因此,接触面之间相互作用的垂直压力分布是不均匀的,它将随着向模具刃口的逼近而急剧增大。

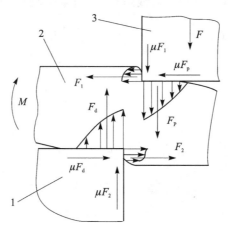

1—凹模刃口;2—板材;3—凸模刃口

**图 2－24　冲裁时作用于板材上的力**

# 2.6　冲裁间隙

冲裁间隙是指凸模与凹模刃口之间缝隙的距离。冲裁间隙是冲压工艺与模具设计中的重要参数,它直接影响冲裁件质量、模具寿命和力能的消耗。应根据实际情况和需要合理地选用。冲裁间隙有双面间隙(用 $Z$ 表示)和单面间隙(用 $C$ 表示)之分,未注明单面间隙的情况下默认为是双面间隙。

## 2.6.1　冲裁间隙对冲裁的影响

### 1. 冲裁间隙对冲裁件质量的影响

冲裁件质量是指切断面质量、尺寸精度及形状误差。冲裁切断面应平直、光洁、圆角小,即无裂纹、撕裂、夹层、毛刺等缺陷。零件表面应尽可能平整,即穹弯小;光亮带应有一定的比例,毛刺较小。冲裁件表面应尽可能平整,尺寸应保证在图纸规定的公差范围之内。影响冲裁件质量的因素有:凸、凹模间隙值大小及其分布的均匀性,模具刃口锋利状态,模具结构与制造精度、材料性质等。其中间隙值大小与分布的均匀程度是主要因素。

（1）冲裁间隙对冲裁件断面质量的影响

从冲裁的机理分析中可知,冲裁时,裂纹不一定是从两刃口同时发生的,上下裂纹是否重合与凸、凹模间隙值的大小有关。

当冲裁间隙控制在一定的合理范围内时,可使上、下裂纹与最大切应力方向重合,此时产生的切断面比较平直、光洁,毛刺很小,制件的断面质量较好(见图 2 - 25(b)),且所需冲裁力小。冲裁间隙过小或过大都将导致上、下裂纹不重合。

间隙过小时,由凹模刃口处产生的裂纹进入凸模下面的压应力区后停止发展。当凸模继续下压时,在上、下裂纹的中间部分将被二次剪切,制件断面的中部会留下撕裂面(见图 2 - 25(a)),而两头为光亮带,在端面出现挤长的毛刺,此时的毛刺虽然有所增长,但易去除,且制件穹弯小,断面垂直,故只要中间撕裂不是很深,冲裁件仍可以使用。

间隙过大时,板料所受的弯曲与拉伸均增大,拉应力增大,材料断面容易被撕裂,且裂纹在离开刃口稍远的侧面上产生,致使制件光亮带占比减小,产生较大塌角,粗糙的断裂带斜度增大,毛刺大而厚,难以去除。所以随着间隙的增大,制件断裂面的倾斜度与塌角增大,毛刺增高,使得冲裁断面质量下降(见图 2 - 25(c)),但是,只要间隙值在一定范围内变化时毛刺高度小且变化不大,则称之为毛刺稳定区。

（2）冲裁间隙对冲裁件尺寸精度的影响

冲裁件的尺寸精度是指冲裁件实际尺寸与基本尺寸的差值,差值越小,尺寸精度越高。该差值包括两方面的偏差:一是冲裁件相对于凸模或凹模的尺寸偏差,二是模具本身的制造偏差。

冲裁件相对于凸模或凹模尺寸的偏差,主要是由于冲裁过程中,材料受到拉伸、挤压、弯曲等作用而引起的变形,在工件脱模后产生的弹性恢复而造成的。偏差值可能是正的,也可能是负的。影响这一偏差值的因素有凸、凹模间隙,材料性质,工件形状与尺寸。其中,主要因素是凸、凹模间隙。

当凸、凹模间隙值较大时,材料受拉伸作用增大,冲裁完毕后因材料的弹性恢复,冲裁件尺寸向实体方向收缩,使落料件尺寸小于凹模尺寸,而冲孔件的孔径则会大于凸模尺寸;当间隙值较小时,材料的弹性恢复使落料件尺寸增大,使冲孔件的孔径变小。冲裁件的尺寸变化量的大小还与材料性能、厚度、轧制方向、冲裁件形状等因素有关。模具制造精度及模具刃口状态也会影响冲裁件质量。

（3）冲裁间隙对弯曲度的影响

在冲裁过程中，板材受到弯矩作用而产生弯曲，若变形达到弹性弯曲，冲裁件脱模后即使产生回弹，工件仍会残留有一定的弯曲度。这种弯曲程度因凸、凹模间隙的大小，材料性能及材料支撑方法而异。图 2-26 为 1.6 mm 厚的钢板上冲制 $\phi 20$ mm 的冲裁件的实验所求得的凸、凹模刃口双面间隙与冲裁件曲率半径的关系。

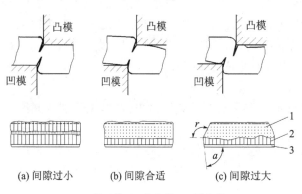

1—断面带；2—光亮带；3—圆角带

图 2-25　冲裁间隙对冲裁件断面质量的影响

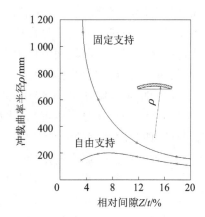

图 2-26　相对间隙与冲裁曲率半径的关系

**2. 冲裁间隙对冲裁力的影响**

增大冲裁间隙可以降低冲裁力，而小冲裁间隙则使冲裁力增大。当冲裁间隙合理时，上下裂纹重合，最大剪切力较小。减小冲裁间隙时，材料所受力矩和拉应力减小，压应力增大，材料不易产生撕裂，上下裂纹不重合又产生二次剪切，使冲裁力、冲裁功有所增大；增大冲裁间隙时，材料所受力矩与拉应力增大，材料易于剪裂分离，故最大冲裁力有所减小，如对冲裁件质量要求不高，为降低冲裁力、减少模具磨损，倾向于取偏大的冲裁间隙。

**3. 冲裁间隙对模具寿命的影响**

冲裁凸、凹模的损坏形式有磨损、崩刃和折断等。模具寿命是以冲出合格制品的冲裁次数来衡量的，可分为两次刃磨间的寿命与全部磨损后总的寿命。当凸、凹模刃口磨钝后材料内裂纹的发生点就由刃口尖端向侧面移动，所以随着刃口的磨损，毛刺高度增加。凸模刃口磨钝时，毛刺产生在落料件上；凹模刃口磨钝时，毛刺产生在所冲孔上；若凸、凹模都磨钝则制件和孔上均出现毛刺。另外刃口磨钝还将使制件尺寸精度、断面光洁度降低，冲裁能量增大。

在冲裁过程中，模具刃口处所受的压力非常大，模具刃口和板材的接触面之间出现局部附着现象而产生附着磨损，其磨损量与接触压力、相对滑动距离成正比，与材料屈服强度成反比。此种磨损被认为是模具磨损的主要形式。

当间隙过小时，接触压力（包括垂直力、侧压力、摩擦力）会增大，摩擦距离会延长，摩擦发热现象严重，导致模具磨损加剧（见图 2-27），使模具与材料之间产生粘结现象，甚至还会引起刃口产生压缩疲劳破坏，使之崩刃。当间隙过大时，板料弯曲拉伸相对增加，模具刃口端面上的正压力增大，容易产生崩刃或产生塑性变形，使磨损加剧。可见，间隙过小或过大都会导致模具寿命降低。因此，间隙值合适或适当地增大模具间隙，可使凸、凹模侧面与材料间的摩擦减小，克服间隙不均匀而产生的不利因素，从而延长模具寿命。

从图 2－27 可以看出,凹模端面磨损比凸模大,这是由于凹模端面上材料的滑动比较自由,而凸模下面的材料沿板面方向滑动受到限制的原因;凸模侧面的磨损最大,是因为凸模侧面受到卸料作用的长距离摩擦,加剧了侧壁的磨损。若采用较大间隙,可使孔径在冲裁后的回弹增大,减少卸料时与凸模侧面的摩擦,从而减少对凸模侧面的磨损。

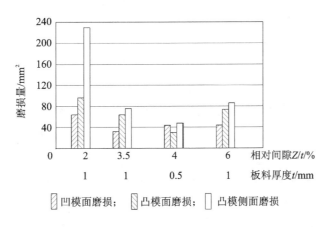

图 2－27　冲裁间隙与模具磨损量的关系

模具刃口磨损,导致刃口的钝化和间隙增加,使制件尺寸精度降低,冲裁能量增大,断面粗糙,毛刺增大。当制件要求精度不高时,采用合理大间隙,可以延长模具寿命;若采用小间隙,就必须提高模具硬度与制造精度,对冲模刃口进行充分润滑,以减少磨损。

## 2.6.2　间隙值的确定

由上小节叙述可知,冲裁间隙对冲裁件质量、冲裁力、模具寿命等都有很大的影响,所以在设计模具时应选用合理间隙值。符合这些要求的合理间隙值并不相同,只是彼此接近。因此,在生产中,通常选择一个适当的范围作为合理间隙值,这个范围的最小值称为最小合理间隙$(Z_{min})$,最大值称为最大合理间隙$(Z_{max})$。考虑到生产过程中的磨损会使间隙值变大,故设计与制造模具时,通常采用最小合理间隙值。确定合理间隙值的方法有两种,即理论确定法和查表选取法。

**1. 理论确定法**

理论确定法的主要依据是保证裂纹重合,以获得良好的冲裁断面。图 2－28 是冲裁过程中开始产生裂纹的瞬时状态。

由图 2－28 几何关系可以得出计算合理间隙的公式:

$$Z = 2(t - h_0)\tan\beta = 2t(1 - h_0/t)\tan\beta \tag{2.7}$$

式中:$t$——板料厚度(mm);

　　　$h_0/t$——产生裂纹时凸模相对压入深度(mm);

　　　$\beta$——裂纹与垂线间的夹角。

间隙值 $Z$ 与板材厚度 $t$、相对压入深度 $h_0/t$、裂纹方向角 $\beta$ 有关,而 $h_0$、$\beta$ 又与材料性质有关。表 2－22 所列为常用材料 $h_0/t$ 与 $\beta$ 的近似值。由表可知,影响间隙值的主要因素是材料性质及其厚度,表中板料越厚、越硬,$h_0/t$ 值越小,合理间隙值越大;材料越软,$h_0/t$ 值越大,合

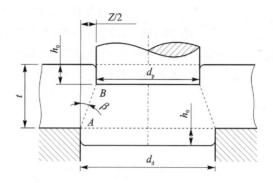

**图 2 - 28　冲裁过程中产生裂纹的瞬时状态**

理间隙值越小。

**表 2 - 22　常用材料 $h_0/t$ 与 $\beta$ 的近似值**

| 材　料 | $h_0/t$ | | | | $\beta/(°)$ |
|---|---|---|---|---|---|
| | $t<1$ mm | $t=1\sim2$ mm | $t=2\sim4$ mm | $t>4$ mm | |
| 软钢 | 75～70 | 70～65 | 65～55 | 50～40 | 5～6 |
| 中硬钢 | 65～60 | 60～55 | 55～48 | 45～35 | 4～5 |
| 硬钢 | 54～47 | 47～45 | 44～38 | 35～25 | 4 |

注:因为计算法在生产中使用不方便,故目前普遍使用查表选取法。

**2. 查表选取法**

　　间隙的选取主要与材料的种类、厚度有关,由于不同的冲压件对其断面质量和尺寸精度的要求不同,以及生产条件的差异,在实际生产中很难有统一的间隙数值。冲裁间隙值的选取应视情况的不同而分别对待,即在保证冲裁件断面质量和尺寸精度的前提下,使模具寿命最高。表 2 - 23 和表 2 - 24 列出了部分材料冲裁模初始双面间隙值。

**表 2 - 23　冲裁模较大双面间隙值 $Z=2C$**

mm

| 材料厚度 $t$ | 08,10,09Mn, Q235A,B3 | | 16Mn,Q345 | | 40,50 | | 65Mn | |
|---|---|---|---|---|---|---|---|---|
| | $Z_{min}$ | $Z_{max}$ | $Z_{min}$ | $Z_{max}$ | $Z_{min}$ | $Z_{max}$ | $Z_{min}$ | $Z_{max}$ |
| <0.5 | 极小间隙 | | | | | | | |
| 0.5 | 0.040 | 0.060 | 0.040 | 0.060 | 0.040 | 0.060 | 0.040 | 0.060 |
| 0.6 | 0.048 | 0.072 | 0.048 | 0.072 | 0.048 | 0.072 | 0.048 | 0.072 |
| 0.7 | 0.064 | 0.092 | 0.064 | 0.092 | 0.064 | 0.092 | 0.064 | 0.092 |
| 0.8 | 0.072 | 0.104 | 0.072 | 0.104 | 0.072 | 0.104 | 0.064 | 0.092 |
| 0.9 | 0.090 | 0.126 | 0.090 | 0.126 | 0.090 | 0.126 | 0.090 | 0.126 |
| 1.0 | 0.100 | 0.140 | 0.100 | 0.140 | 0.100 | 0.140 | 0.090 | 0.126 |
| 1.2 | 0.126 | 0.180 | 0.132 | 0.180 | 0.132 | 0.180 | | |
| 1.5 | 0.132 | 0.240 | 0.170 | 0.240 | 0.170 | 0.230 | | |

| 材料厚度 $t$ | 08,10,09Mn,Q235A,B3 | | 16Mn,Q345 | | 40,50 | | 65Mn | |
|---|---|---|---|---|---|---|---|---|
| | $Z_{min}$ | $Z_{max}$ | $Z_{min}$ | $Z_{max}$ | $Z_{min}$ | $Z_{max}$ | $Z_{min}$ | $Z_{max}$ |
| 1.75 | 0.220 | 0.320 | 0.220 | 0.320 | 0.220 | 0.320 | | |
| 2.0 | 0.246 | 0.360 | 0.260 | 0.380 | 0.260 | 0.380 | | |
| 2.1 | 0.260 | 0.380 | 0.280 | 0.400 | 0.280 | 0.400 | | |
| 2.5 | 0.360 | 0.500 | 0.380 | 0.540 | 0.380 | 0.540 | | |
| 2.75 | 0.400 | 0.560 | 0.420 | 0.600 | 0.420 | 0.600 | | |
| 3.0 | 0.460 | 0.640 | 0.480 | 0.660 | 0.480 | 0.660 | | |
| 3.5 | 0.540 | 0.740 | 0.580 | 0.780 | 0.580 | 0.780 | | |
| 4.0 | 0.640 | 0.880 | 0.680 | 0.920 | 0.680 | 0.920 | | |
| 4.5 | 0.720 | 1.000 | 0.680 | 0.960 | 0.780 | 1.040 | | |
| 5.5 | 0.940 | 1.280 | 0.780 | 1.100 | 0.980 | 1.320 | | |
| 6.0 | 1.080 | 1.440 | 0.840 | 1.200 | 1.140 | 1.500 | | |
| 6.5 | | | 0.940 | 1.300 | | | | |
| 8.0 | | | 1.200 | 1.680 | | | | |

### 表 2－24　冲裁模较小双面间隙值 $Z＝2C$

mm

| 材料厚度 $t$ | 软铝 | | 紫铜、黄铜、含碳 0.08%～0.2% 的软钢 | | 杜拉铝、含碳 0.3%～0.4% 的中等硬钢 | | 含碳 0.3%～0.4% 的硬钢 | |
|---|---|---|---|---|---|---|---|---|
| | $Z_{min}$ | $Z_{max}$ | $Z_{min}$ | $Z_{max}$ | $Z_{min}$ | $Z_{max}$ | $Z_{min}$ | $Z_{max}$ |
| 0.2 | 0.008 | 0.012 | 0.010 | 0.014 | 0.012 | 0.016 | 0.014 | 0.018 |
| 0.3 | 0.012 | 0.018 | 0.015 | 0.021 | 0.018 | 0.024 | 0.021 | 0.027 |
| 0.4 | 0.016 | 0.024 | 0.020 | 0.028 | 0.024 | 0.032 | 0.280 | 0.036 |
| 0.5 | 0.020 | 0.030 | 0.025 | 0.035 | 0.030 | 0.040 | 0.035 | 0.045 |
| 0.6 | 0.024 | 0.036 | 0.030 | 0.042 | 0.036 | 0.048 | 0.042 | 0.054 |
| 0.7 | 0.028 | 0.042 | 0.035 | 0.049 | 0.042 | 0.056 | 0.049 | 0.063 |
| 0.8 | 0.032 | 0.048 | 0.040 | 0.056 | 0.048 | 0.064 | 0.056 | 0.072 |
| 0.9 | 0.036 | 0.054 | 0.045 | 0.063 | 0.054 | 0.072 | 0.063 | 0.081 |
| 1.0 | 0.040 | 0.060 | 0.050 | 0.070 | 0.060 | 0.080 | 0.070 | 0.090 |
| 1.2 | 0.060 | 0.084 | 0.072 | 0.096 | 0.084 | 0.108 | 0.096 | 0.120 |
| 1.5 | 0.075 | 0.105 | 0.090 | 0.120 | 0.105 | 0.135 | 0.120 | 0.150 |
| 1.8 | 0.090 | 0.126 | 0.108 | 0.144 | 0.126 | 0.162 | 0.144 | 0.180 |
| 2.0 | 0.100 | 0.140 | 0.120 | 0.160 | 0.140 | 0.180 | 0.160 | 0.200 |
| 2.2 | 0.132 | 0.176 | 0.154 | 0.198 | 0.176 | 0.220 | 0.198 | 0.242 |
| 2.5 | 0.150 | 0.200 | 0.175 | 0.225 | 0.200 | 0.250 | 0.225 | 0.275 |
| 2.8 | 0.168 | 0.224 | 0.196 | 0.252 | 0.224 | 0.280 | 0.252 | 0.308 |
| 3.0 | 0.180 | 0.240 | 0.210 | 0.270 | 0.240 | 0.300 | 0.270 | 0.330 |
| 3.5 | 0.245 | 0.315 | 0.280 | 0.350 | 0.315 | 0.385 | 0.350 | 0.420 |
| 4.0 | 0.280 | 0.360 | 0.320 | 0.400 | 0.360 | 0.440 | 0.400 | 0.480 |

| 材料厚度 $t$ | 软 铝 | | 紫铜、黄铜、含碳 0.08%~0.2% 的软钢 | | 杜拉铝、含碳 0.3%~0.4% 的中等硬钢 | | 含碳 0.3%~0.4% 的硬钢 | |
|---|---|---|---|---|---|---|---|---|
| | $Z_{min}$ | $Z_{max}$ | $Z_{min}$ | $Z_{max}$ | $Z_{min}$ | $Z_{max}$ | $Z_{min}$ | $Z_{max}$ |
| 4.5 | 0.315 | 0.405 | 0.360 | 0.450 | 0.405 | 0.495 | 0.450 | 0.540 |
| 5.0 | 0.350 | 0.450 | 0.400 | 0.500 | 0.450 | 0.550 | 0.500 | 0.600 |
| 6.0 | 0.480 | 0.600 | 0.540 | 0.660 | 0.600 | 0.720 | 0.660 | 0.780 |
| 7.0 | 0.560 | 0.700 | 0.630 | 0.770 | 0.700 | 0.840 | 0.770 | 0.910 |
| 8.0 | 0.720 | 0.880 | 0.800 | 0.960 | 0.880 | 1.040 | 0.960 | 1.120 |
| 9.0 | 0.810 | 0.990 | 0.900 | 1.080 | 0.990 | 1.170 | 1.080 | 1.260 |
| 10.0 | 0.900 | 1.100 | 1.000 | 1.200 | 1.100 | 1.300 | 1.200 | 1.400 |

表 2 – 23、表 2 – 24 说明如下：

① $C$ 为单面间隙。初始间隙的最小值相当于间隙的公称函数值；初始间隙的最大值是考虑到凸模和凹模的制造公差所增加的数值。

② 使用过程中，由于模具工作部分的磨损，间隙将有所增加，因而间隙的使用最大数值要超过列表值。

对于断面垂直度与尺寸精度要求不高的工件，应以降低冲裁力、提高模具使用寿命为主，可以适当采用大间隙值。采用大间隙值时要注意：

① 为保证制件的平整，一定要有压料与顶件装置；

② 为防止凸模将废料带出凹模表面，应在凸模上开通气孔或装弹性顶针。

一般情况下，可选用表 2 – 25 中的间隙值。

**表 2 – 25　一般情况下的双面间隙值**

mm

| 间隙值 | 软材料 | | | 硬材料 | | |
|---|---|---|---|---|---|---|
| | $t<1$ | $t=1\sim3$ | $t=3\sim5$ | $t<1$ | $t=1\sim3$ | $t=3\sim5$ |
| $Z$ | (6%~8%)$t$ | (10%~15%)$t$ | (15%~20%)$t$ | (8%~10%)$t$ | (11%~17%)$t$ | (17%~25%)$t$ |

表 2 – 26 是原机械工业部的《冲裁间隙》指导性文件（JB/Z 271—1986）推荐的间隙比值。该文件将间隙分成三类。表中：第 Ⅰ 类适用于对断面质量与冲裁件精度均要求高的工件，但模具寿命较低；第 Ⅱ 类适用于断面质量、冲裁件精度要求一般，以及需要继续塑性变形的工件；第 Ⅲ 类适用于断面质量、冲裁件精度均要求不高的工件，但模具寿命较长。由于各类间隙值之间没有绝对的界限，因此，还必须根据冲裁件尺寸与形状、模具材料与加工方法，以及冲压方法与速度等，酌情增减间隙值，例如：

① 在同等条件下，非圆形比圆形的间隙大，冲孔间隙比落料间隙大；

② 凹模为斜壁刃口时，应比直壁刃口间隙小；

③ 高速冲压时模具容易发热，间隙值应增大，若行程次数超过 200 次/分钟，间隙值应增大 10% 左右；

④ 热冲压时，材料强度低，间隙值应比冷冲压时小；

⑤ 冲压热轧硅钢片应比冷轧硅钢片的间隙值小；

⑥ 电火花穿孔加工凹模型孔时,其间隙值应比磨削加工取小$(0.5\%\sim2\%)t$。

表 2 - 26    冲裁单面间隙比值 $\dfrac{C}{t}\times100\%$

| 材料 \ 类型 | Ⅰ | Ⅱ | Ⅲ |
|---|---|---|---|
| 低碳钢:0.8F,10F,10,20,A3,B2 | 3.0～7.0 | 7.0～10.0 | 10.0～12.5 |
| 中碳钢 45;不锈钢 1Cr18Ni9Ti,4Cr13,膨胀合金(可伐合金)4J29 | 3.5～8.0 | 8.0～11.0 | 11.0～15.0 |
| 高碳钢:T8A,T10A,65Mn | 8.0～12.0 | 12.0～15.0 | 15.0～18.0 |
| 纯铝 L2,L3,L4,L5 铝合金(软态)LF21 黄铜(软态)H62 紫铜(软态)T1,T2,T3 | 2.0～4.0 | 4.5～6.0 | 6.5～9.0 |
| 黄铜(硬态) 铅黄铜 紫铜(硬态) | 3.0～5.0 | 5.5～8.0 | 8.5～11.0 |
| 铝合金 LY12 锡磷青铜 铝青铜 铍青铜 | 3.5～6.0 | 7.0～10.0 | 11.0～13.0 |
| 镁合金 | 1.5～2.5 | — | — |
| 硅钢 | 2.5～5.0 | 5.0～9.0 | — |

注:1 本表适用于厚度为 10 mm 以下的金属材料。考虑到材料厚度对间隙比值的影响,将材料厚度分为 0.1～1.0 mm,1.2～3.0 mm,3.5～6 mm,7.0～10 mm 四档。当材料厚度为 0.1～1.0 mm 时,各类间隙比值取下限值,并以此为基数,随着材料厚度的增加,再逐档递增$(0.5\%\sim1.0\%)t$(有色金属和低碳钢取小值,中碳钢和高碳钢取大值)。

    2 凸、凹模的制造偏差和磨损均使间隙变大,故新模具应取最小间隙值。

    3 其他金属材料的间隙比值可参照表中抗剪切强度相近的材料选取。

    4 非金属材料:红纸板、胶、胶布板的间隙比值分为两类:相当于Ⅰ类时,取$(0.5\%\sim2\%)t$;相当于Ⅱ类时,取$(2\%\sim4\%)t$。纸、皮革、云母纸的间隙比值取$(0.25\%\sim0.75\%)t$。

# 2.7   冲裁工艺力的计算

计算冲裁力的目的是合理选用冲压机床和设计模具。压床的吨位必须大于计算的冲裁力,以适应冲裁的要求。冲裁工艺力的计算包括冲裁力、卸料力、推件力和顶件力的计算。

## 2.7.1   冲裁力的计算

冲裁力是指冲裁过程中的最大剪切抗力。各种形状刃口冲裁力的基本计算公式见表 2 - 27。考虑到模具刃口的磨损、凸模与凹模的间隙不均、材料性能的波动和材料厚度偏差等因素,实际所需冲裁力应比表列公式计算的值增加 30%。

表 2-27 冲裁力的计算公式

| 工序 | 简图 | 尺寸/mm | 计算公式 | 举例 |
|---|---|---|---|---|
| 在剪床上用平刃口切断 | | $t=1$<br>$b=100$<br>$\tau=440$ | $F=bt\tau$ | $F=100\times1\times440$<br>$=44\,000(\text{N})$ |
| 在剪床上用斜刃口切断 | | $t=1$<br>$\varphi=3°$<br>$\tau=440$ | $F=0.5t^2\tau\dfrac{1}{\tan\varphi}$ | $F=0.5\times12\times440\times$<br>$\dfrac{1}{0.052\,4}=4\,200(\text{N})$ |
| 用平刃口冲裁工件 | | $t=1$<br>$a=100$<br>$b=200$<br>$\tau=440$ | $F=2(a+b)t\tau$ | $F=2\times(100+200)\times$<br>$1\times440=264\,000(\text{N})$ |
| | | $t=1$<br>$d=100$<br>$\tau=440$ | $F=\pi dt\tau$ | $F=3.14\times100\times1\times440$<br>$=138\,160(\text{N})$ |
| 用单边斜刃冲模冲裁工件或冲切 | | $t=1$<br>$a=100$<br>$b=200$<br>$\tau=440$ | 当 $h>t$ 时，<br>$F=t\tau\left(a+b\dfrac{t}{h}\right)$；<br>当 $h=t$ 时，<br>$F=t\tau(a+b)$ | 当 $h=t$ 时，<br>$F=1\times440\times(100+200)$<br>$=132\,000(\text{N})$ |
| 用双边斜刃冲模冲裁工件 | | $t=1$<br>$d=100$<br>$\tau=440$<br>$h=t$ | 当 $h\,0.5t$ 时，<br>$F=2dt\tau\times$<br>$\arccos\dfrac{h-0.5t}{h}$ | $F=2\times100\times1\times440\times$<br>$\arccos\dfrac{1-0.5}{1}$<br>$=92\,107(\text{N})$ |

注：$\tau$ 为材料之抗剪强度(MPa)。双斜刃凸模和凹模的主要参数列于表 2-28 中。

表 2-28 斜刃凸模和凹模的主要参数

| 材料厚度 $t$/mm | 斜刃高度 $h$/mm | 斜刃角 $\varphi$/(°) | 平均冲裁力为平刃的百分比/% |
|---|---|---|---|
| <3 | 2t | <5 | 30~40 |
| 3~10 | t | <8 | 60~65 |

一般用平刃口模具冲裁时，按表 2-27 所列公式进行计算：

$$F_0=Lt\tau \tag{2.8}$$

式中：$F_0$——冲裁力(N)；

$L$——冲裁件周长(mm);

$t$——材料厚度(mm);

$\tau$——材料剪切强度(MPa)。

实际冲裁力采用下列公式计算:

$$F_{冲}=1.3F_0=1.3Lt\tau=Lt\sigma_b \tag{2.9}$$

式中:$\sigma_b$ 为材料抗拉强度(MPa)。

在冲裁高强度材料或厚度大、周边长的工件时,所需的冲裁力如果超过车间现有压力机的吨位,就必须采取措施降低冲裁力。一般来讲,降低冲裁力的方法有:

① 将材料加热。材料加热后,抗剪强度大大降低,从而降低冲裁力,但材料加热后会产生氧化皮,故此种方法一般只适用于厚板或工件表面质量及精度要求不高的零件。

② 在多凸模冲压中,将凸模作阶梯状布置,如图 2 - 29 所示。将凸模制成不同高度,使各凸模冲裁力最大值不同时出现,这样就能降低总的冲裁力。特别是在几个凸模直径相差悬殊、彼此距离又很近的情况下采用阶梯布置,还能避免小直径凸模由于承受材料流动的挤压力而产生折断或倾斜现象。凸模间的高度差取决于材料厚度,例如:$t<3$ mm, $h=t$; $t>3$ mm, $h=0.5t$。

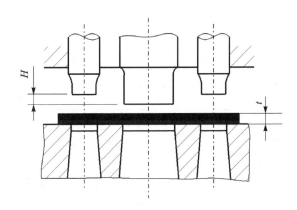

图 2 - 29　阶梯形布置的凸模(冲裁前)

③ 用斜刃口模具代替平刃口模具冲裁。用普通的平刃口模具冲裁时,整个刃口平面同时接触板料,故在冲裁大型或厚板工件时,冲裁力往往很大。若将凸模(或凹模)刃口平面制成与其轴线倾斜一个角度 $\varphi$ 的斜刃口,冲裁时刃口就不是同时切入,而是逐步冲切材料,这就等于减小了剪切断面面积 $A$,冲裁力就会大大降低。为了得到平整的工件,落料时应将凹模做成斜刃,凸模做成平口;冲孔时则应将凸模做成斜刃,凹模做成平口。设计斜刃时,还应注意将斜刃对称布置,以免冲裁时凹模承受单向侧压力而发生偏移,啃坏刃口。斜刃角 $\varphi$ 不宜过大(斜刃角 $\varphi$ 值可参见表 2 - 28)。

## 2.7.2　卸料力、推件力和顶件力

一般情况下,冲裁件从板料切下以后,径向因弹性变形而扩张,板料上的孔则沿径向发生弹性收缩。同时,冲下的零件与余料还要力图恢复弹性穹弯。这两种弹性恢复的结果,会使落料梗塞在凹模腔内,而冲裁后剩下的板料则箍紧在凸模上。把工件或废料从凸模上卸下来的力叫卸料力;而把落入凹模腔内的工件或废料顺着冲裁的方向推出的力叫推件力;逆着冲裁方

向顶出的力叫顶件力。通常多以经验公式计算：

$$F_卸 = K_卸 F_冲 \tag{2.10}$$

$$F_推 = nK_推 F_冲 \tag{2.11}$$

$$F_顶 = K_顶 F_冲 \tag{2.12}$$

式中：$F_卸$——卸料力（N）；

   $F_推$——推件力（N）；

   $F_顶$——顶件力（N）；

   $F_冲$——冲裁力（N）；

   $n$——同时卡在凹模里的工件（或废料）数目，$n=h/t$，其中 $h$ 为凹模孔口直壁高度，$t$ 为材料厚度。

卸料力、推件力和顶件力系数见表2-29。

表 2-29 卸料力、推件力和顶件力系数

| 材料厚度/mm | | $K_卸$ | $K_推$ | $K_顶$ |
|---|---|---|---|---|
| 钢 | 0.1 | 0.065~0.075 | 0.1 | 0.14 |
| | >0.1~0.5 | 0.045~0.055 | 0.063 | 0.08 |
| | >0.5~2.5 | 0.04~0.05 | 0.055 | 0.06 |
| | >2.5~6.5 | 0.03~0.04 | 0.045 | 0.05 |
| | >6.5 | 0.02~0.03 | 0.025 | 0.03 |
| 铝、铝合金 | | 0.025~0.08 | 0.3~0.07 | |
| 纯铜、黄铜 | | 0.02~0.06 | 0.03~0.09 | |

注：工件复杂且冲裁间隙又较小时，系数取大值；大间隙冲裁时，采用最小值。

冲裁时的冲压力为冲裁力、卸料力和推件力之和，这些力在选择压力机时是否考虑进去，应根据不同的模具结构区别对待。

① 采用弹性卸料装置和上出料方式的冲裁模时，总工艺力公式如下：

$$F_\Sigma = F_冲 + F_卸 + F_顶 \tag{2.13}$$

② 采用刚性卸料装置和下出料方式的冲裁模时，总工艺力公式如下：

$$F_\Sigma = F_冲 + F_推 \tag{2.14}$$

③ 采用弹性卸料装置和下出料方式的冲裁模时，总工艺力公式如下：

$$F_\Sigma = F_冲 + F_卸 + F_推 \tag{2.15}$$

选择压力机时应注意压力机的公称压力必须大于或等于各工艺力的总和，即 $F_{压力机} \geq F_\Sigma$；$F_卸$、$F_推$、$F_顶$ 并不是与 $F_冲$ 同时出现，计算总工艺力 $F_\Sigma$ 时只加与 $F_冲$ 同一瞬间出现的力即可。

## 2.7.3 模具压力中心

冲裁时的合力作用点或多工序模各工序冲压力的合力作用点，称为模具压力中心。冲压时，要求模具压力中心应与压力机滑块中心一致，避免模具在工作过程中因产生偏弯矩而发生歪斜，加速模具导向机构的不均匀，导致模具以及压力机滑块与导轨的急剧磨损，降低模具和压力机的使用寿命。所以在落料模、多凸模、冲孔模和多工位连续模等模具设计时，必须确定模具压力中心。

**1. 简单形状冲裁件压力中心的计算**

对称形状的零件压力中心,位于刃口轮廓图形的几何中心上,如图 2-30 所示;直线段的压力中心,位于直线段的中心上;等半径的圆弧段的压力中心,位于任意角 $2\alpha$ 的平分线上,且距离圆心为 $X_0$ 的点上。

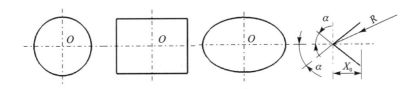

**图 2-30 简单形状的工件**

**2. 复杂形状冲裁件压力中心的计算**

可根据"合力对某轴之矩等于各分力对同轴力矩之和"的力学原理确定压力中心。其压力中心的确定过程如下:

① 选定坐标系,如图 2-31 所示;

② 计算各轮廓的长度或冲压力;

③ 计算各轮廓或冲压力中心的坐标值;

④ 根据力矩原理计算压力中心:

$$\begin{cases} X_0 = \dfrac{l_1 x_1 + l_2 x_2 + \cdots + l_n x_n}{l_1 + l_2 + \cdots + l_n} \\ Y_0 = \dfrac{l_1 y_1 + l_2 y_2 + \cdots + l_n y_n}{l_1 + l_2 + \cdots + l_n} \end{cases} \tag{2.16}$$

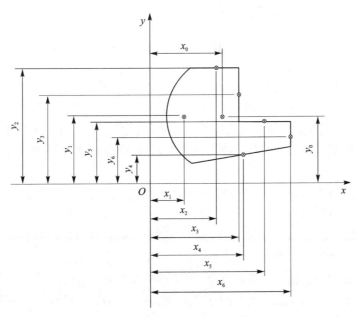

**图 2-31 复杂形状冲裁件压力中心**

### 3. 多凸模模具压力中心的计算

多凸模模具的压力中心,是将各凸模的压力中心确定后,再计算合力作用点,如图 2 - 32 所示。

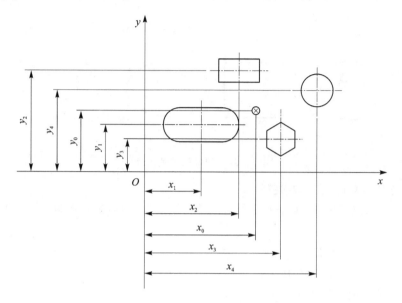

**图 2 - 32　多凸模模具的压力中心**

# 2.8　凸、凹模刃口尺寸确定

## 2.8.1　刃口尺寸确定原则

模具刃口尺寸精度是影响冲裁尺寸精度的首要因素,模具的合理间隙值也要靠模具刃口尺寸及其公差来保证。从生产实践中可以发现:

① 由于凸、凹模之间存在间隙,所以落下的料或冲出的孔都是带有锥度的,且落料件的大端尺寸等于凹模尺寸,冲孔件的小端尺寸等于凸模尺寸。

② 在测量与使用中,落料件以大端尺寸为基准,冲孔孔径以小端尺寸为基准。

③ 冲裁时,凸、凹模将与冲裁件或废料发生摩擦,凸模越磨越小,凹模越磨越大,结果间隙越用越大。

所以,在确定冲模凸模和凹模刃口尺寸时,必须遵循以下原则:

① 落料件尺寸由凹模尺寸决定,冲孔时孔的尺寸由凸模尺寸决定。因此,设计落料模时,应以凹模尺寸为基准,间隙取在凸模上,用减小凸模尺寸来保证合理间隙;设计冲孔模时,应以凸模尺寸为基准,间隙取在凹模上,用增大凹模尺寸来保证合理间隙。

② 根据冲模在使用过程中的磨损规律,凹模刃口磨损后使落料件尺寸变大,因此,设计落料模时,凹模刃口基本尺寸应取工件尺寸公差范围内的较小尺寸;凸模的磨损使冲孔件的孔径尺寸减小,故设计冲孔模时,应使凸模刃口基本尺寸取工件孔的尺寸公差范围内的较大尺寸。这样,在凸、凹模磨损到一定程度的情况下,仍能冲出合格零件。凸凹模间隙则取最小合理

间隙。

③ 确定冲模刃口制造公差时,应考虑零件精度要求以及零件精度与模具精度间的关系。在确定模具制造公差时,既要保证工件的精度要求,又要保证有合理的间隙数值。一般冲模精度较工件精度高 2～3 级。如果对刃口精度要求过高(即刃口制造公差过小),会使模具制造困难,增加成本,延长生产周期;如果对刃口精度要求过低(即刃口制造公差过大),则生产出的零件有可能不合格,或使模具的使用寿命降低。零件精度与模具制造精度的关系见表 2-30。若零件没有标注公差,则对于非圆形零件,可按照国家标准《非配合尺寸的公差数值》IT14 精度来处理,冲模则可按 IT11 精度制造;对于圆形件,一般可按 IT6～IT7 精度制造模具。

④ 冲裁模在使用过程中,磨损间隙值将越来越大,因此无论是设计冲孔模还是落料模的新模具,都必须选取最小合理间隙值,使模具具有较长的寿命。

表 2-30 零件精度与模具制造精度的关系

| 模具精度 \ 工件精度 \ 材料厚度 $t$/mm | 0.5 | 0.8 | 1.0 | 1.5 | 2 | 3 | 4 | 5 | 6 | 8 | 10 | 12 |
|---|---|---|---|---|---|---|---|---|---|---|---|---|
| IT6～7 | IT8 | IT8 | IT9 | IT10 | IT10 | — | — | — | — | — | — | — |
| IT7～8 | — | IT9 | IT10 | IT10 | IT12 | IT12 | IT12 | — | — | — | — | — |
| IT9 | — | — | — | IT12 | IT12 | IT12 | IT12 | IT12 | IT14 | IT14 | IT14 | IT14 |

## 2.8.2 刃口尺寸确定方法

由于模具加工和测量方法的不同,凹模和凸模刃口部分尺寸的计算公式与制造公差标注也不同。模具刃口尺寸确定方法基本上可分为凸模与凹模分开加工法和凸模与凹模配合加工法两类。

### 1. 凸模与凹模分开加工

一般在制造的冲裁模批量较大时采用这种方法。这种方法要求分别标注凸模和凹模刃口尺寸与制造公差($\delta_p$ 或 $\delta_凸$,$\delta_d$ 或 $\delta_凹$),这种加工方法适用于圆形或简单规则形状的冲裁件。为了保证间隙值,必须满足下列条件:

$$\delta_p + \delta_d \leqslant Z_{max} - Z_{min} \tag{2.17}$$

或取

$$\begin{cases} \delta_p = 0.4(Z_{max} - Z_{min}) \\ \delta_d = 0.6(Z_{max} - Z_{min}) \end{cases} \tag{2.18}$$

下面对冲孔和落料两种情况分别进行讨论。

(1) 冲 孔

设工件孔的尺寸为 $d^{+\Delta}_0$。根据以上原则,冲孔时首先确定凸模刃口尺寸,使凸模基本尺寸接近或等于工件孔的最大极限尺寸,再增大凹模尺寸以保证最小合理间隙 $Z_{min}$。凸模制造偏差取负偏差,凹模取正偏差。各部分分配位置见图 2-33(a)。

冲孔计算公式如下:

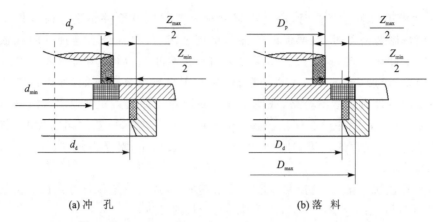

(a) 冲　孔　　　　　　　　　　(b) 落　料

▨ 凸模制造公差；　▨ 凹模制造公差；　▨ 工件公差

**图 2-33　冲孔、落料时各部分分配位置**

$$\begin{cases} d_p = (d + x\Delta)_{-\delta_p}^{0} \\ d_d = (d_p + Z_{min})_{0}^{+\delta_d} = (d + x\Delta + Z_{min})_{0}^{+\delta_d} \end{cases} \tag{2.19}$$

式中：$d$——冲孔时孔的公称直径(mm)；

$d_p$——冲孔凸模直径(mm)；

$d_d$——冲孔凹模直径(mm)；

$\delta_d$——凹模制造偏差(mm)，见表 2-31；

$\delta_p$——凸模制造偏差(mm)，见表 2-31；

$Z_{min}$——双面最小合理间隙(mm)；

$\Delta$——工件制造公差(mm)；

$d_{min}$——冲孔工件的最小极限尺寸(mm)；

$x\Delta$——磨损量。其中系数 $x$ 是为了使冲裁件的实际尺寸尽量接近冲裁件公差带的中间尺寸。$x$ 值在 0.5~1 之间，与工件制造精度有关，可查表 2-32，或按下列关系取值：工件精度 IT10 以上，$x=1$；工件精度 IT11~13，$x=0.75$；工件精度 IT14以下，$x=0.5$。

**表 2-31　规则形状(圆形、方形)冲裁凸模、凹模的极限偏差**

mm

| 基本尺寸 | 凸模偏差 $\delta_p$ | 凹模偏差 $\delta_d$ | 基本尺寸 | 凸模偏差 $\delta_p$ | 凹模偏差 $\delta_d$ |
|---|---|---|---|---|---|
| ≤18 | 0.020 | +0.020 | >180~160 | 0.030 | 0.045 |
| >18~30 | 0.020 | +0.025 | >260~360 | 0.035 | 0.050 |
| >30~80 | 0.020 | +0.030 | >360~500 | 0.040 | 0.060 |
| >80~120 | 0.025 | +0.035 | ≥500 | 0.050 | 0.070 |
| >120~180 | 0.030 | +0.045 | | | |

注：当 $|\delta_p| + |\delta_d| > 2C_{min} - 2C_{max}$ 时，图纸只在凸模或凹模一个零件上标注偏差，而另一零件则注明配合间隙。$C$ 为单面间隙。本表适用于汽车、拖拉机行业。

表 2 - 32　系数 $x$

| 材料厚度/mm | 非圆形 | | | 圆　形 | |
|---|---|---|---|---|---|
| | $x=1$ | $x=0.75$ | $x=0.5$ | $x=0.75$ | $x=0.5$ |
| | 工件公差 $\Delta$/mm | | | | |
| 1 | <0.16 | 0.17～0.35 | ≥0.36 | <0.16 | ≥0.16 |
| 1～2 | <0.20 | 0.21～0.41 | ≥0.42 | <0.20 | ≥0.20 |
| 2～4 | <0.24 | 0.25～0.49 | ≥0.50 | <0.24 | ≥0.24 |
| >4 | <0.30 | 0.31～0.59 | ≥0.60 | <0.30 | ≥0.30 |

（2）落　料

设工件尺寸为 $D_{-\Delta}^{0}$。根据上述原则，落料时首先确定凹模尺寸，使凹模公称尺寸接近或等于工件轮廓的最小极限尺寸，再减小凸模尺寸以保证最小合理间隙值 $Z_{\min}$，各部分分配位置见图 2 - 33（b）。其计算公式为

$$\begin{cases} D_{\mathrm{d}}=(D-x\Delta)_{0}^{+\delta_{\mathrm{d}}} \\ D_{\mathrm{p}}=(D_{\mathrm{d}}-Z_{\min})_{-\delta_{\mathrm{p}}}^{0}=(D-x\Delta-Z_{\min})_{-\delta_{\mathrm{p}}}^{0} \end{cases} \quad (2.20)$$

式中：$D_{\mathrm{d}}$——落料凹模尺寸（mm）；

$D_{\mathrm{p}}$——落料凸模尺寸（mm）。

（3）例　题

材料为 08（优质碳素结构钢）、料厚 3 mm 如图 2 - 34 所示的垫圈，试计算凸、凹模刃口尺寸及公差。

解：由表 2 - 23 查得 $Z_{\max}=0.64$ mm，$Z_{\min}=0.46$ mm，所以

$$Z_{\max}-Z_{\min}=0.64\ \text{mm}-0.46\ \text{mm}=0.18\ \text{mm}$$

对落料件尺寸的凸、凹模偏差值查表 2 - 31，得：$\delta_{\mathrm{d}}=+0.030$ mm，$\delta_{\mathrm{p}}=0.020$ mm，所以

$$|\delta_{\mathrm{p}}|+|\delta_{\mathrm{d}}|=0.03\ \text{mm}+0.02\ \text{mm}=0.05\ \text{mm}<Z_{\max}-Z_{\min}$$

由表 2 - 32 查得 $x=0.5$，

对冲孔尺寸的凸、凹模偏差值查表 2 - 31，得：$\delta_{\mathrm{d}}=+0.020$ mm，$\delta_{\mathrm{p}}=0.020$ mm，所以

$$|\delta_{\mathrm{p}}|+|\delta_{\mathrm{d}}|=0.02\ \text{mm}+0.02\ \text{mm}=0.04\ \text{mm}<Z_{\max}-Z_{\min}$$

由表 2 - 32 查得 $x=0.5$。

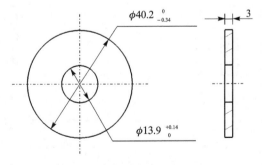

图 2 - 34　垫　圈

因此，落料部分：

$$D_{\mathrm{d}}=(D-x\Delta)_{0}^{+\delta_{\mathrm{d}}}=(40.2-0.5\times0.34)_{0}^{+0.03}\ \text{mm}=40.03_{0}^{+0.03}\ \text{mm}$$

$$D_p = (D - x\Delta - Z_{\min})_{-\delta_p}^{\ 0} = (40.2 - 0.5 \times 0.34 - 0.046)_{-0.02}^{\ 0} \text{ mm} = 39.57_{-0.02}^{\ 0} \text{ mm}$$

冲孔部分：

$$d_p = (d + x\Delta)_{-\delta_p}^{\ 0} = (13.9 + 0.5 \times 0.24)_{-0.02}^{\ 0} \text{ mm} = 14.02_{-0.02}^{\ 0} \text{ mm}$$

$$d_d = (d + x\Delta + Z_{\min})_{0}^{+\delta_d} = (13.9 + 0.5 \times 0.24 + 0.46)_{0}^{+0.02} \text{ mm} = 14.48_{0}^{+0.02} \text{ mm}$$

**2. 凸模与凹模配合加工**

（1）配合加工方法

配合加工便于获得最小合理间隙值，降低对模具加工设备的精度要求。对于复杂形状或薄材料的工件，为了保证凸、凹模间一定的间隙值，必须采用配合加工的方法。此方法是先做出凸模或凹模中的一件作为基准件，然后以加工好的凸模或凹模基准件为标准去加工另外一件与之配合的刃口，使它们之间达到最小合理间隙值。因此，只需在基准件上标注尺寸和公差，另一配合件只标注基本尺寸，并注明"凸模尺寸按凹模实际尺寸配做，保证间隙××"（落料时）；或"凹模尺寸按凸模实际尺寸配做，保证间隙××"（冲孔时）。这样 $\delta_p$ 和 $\delta_d$ 就不再受间隙限制。根据经验一般可取 $\delta = \Delta/4$。配合加工方法，不仅容易保证凸、凹模间隙很小，而且还可放大基准件的制造公差，使其公差大小不再受凸、凹模间隙值的限制，制造更加容易，故目前一般工厂都采用此种方法。由于一些形状复杂的冲裁件，各部分尺寸的性质不同，凸、凹模刃口的磨损规律也不相同，所以基准件的刃口尺寸需要按不同的计算方法确定。

图 2-35(a)所示为一落料件，应以凹模为基准件。凹模磨损情况可分为三类：

第一类是凹模磨损后尺寸增大，见图 2-35(a)中 A 类；

第二类是凹模磨损后尺寸变小，见图 2-35(a)中 B 类；

第三类是凹模磨损后没有增减的尺寸，见图 3-35(a)中 C 类。

同样，对于图 2-35(b)中的冲孔尺寸，也可因凸模磨损情况不同分为 A、B、C 三类尺寸。故对于形状复杂的落料件或冲孔件，其基准件的刃口尺寸均可按表 2-33 中公式计算。

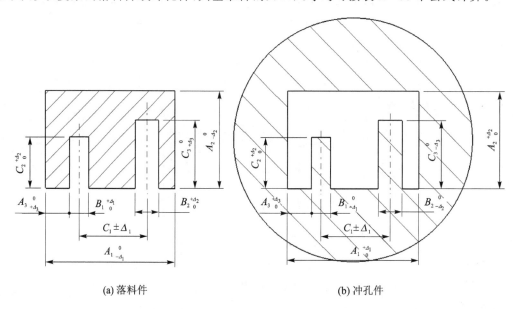

(a) 落料件          (b) 冲孔件

**图 2-35  落料件与冲孔件尺寸**

表 2-33　配合加工法凸、凹模尺寸及其公差的计算公式

| 工件性质 | 工件尺寸 | | 凸模尺寸 | 凹模尺寸 |
|---|---|---|---|---|
| 落料 | $A_{-\Delta}^{0}$ | | 按凹模尺寸配制，其双面间隙为 $Z_{min} \sim Z_{max}$ | $A_d = (A - x\Delta)_{0}^{+0.25\Delta}$ |
| | $B_{0}^{+\Delta}$ | | | $B_d = (B + x\Delta)_{-0.25\Delta}^{0}$ |
| | $C$ | $C_{0}^{+\Delta}$ | | $C_d = (C + 0.5\Delta) \pm 0.125\Delta$ |
| | | $C_{-\Delta}^{0}$ | | $C_d = (C - 0.5\Delta) \pm 0.125\Delta$ |
| | | $C \pm \Delta'$ | | $C_d = C \pm 0.125\Delta$ |
| 冲孔 | $A_{-\Delta}^{0}$ | | $A_p = (A - x\Delta)_{0}^{+0.25\Delta}$ | 按凸模尺寸配制，其双面间隙为 $Z_{min} \sim Z_{max}$ |
| | $B_{0}^{+\Delta}$ | | $B_p = (B + x\Delta)_{-0.25\Delta}^{0}$ | |
| | $C$ | $C_{0}^{+\Delta}$ | $C_p = (C + 0.5\Delta) \pm 0.125\Delta$ | |
| | | $C_{-\Delta}^{0}$ | $C_p = (C - 0.5\Delta) \pm 0.125\Delta$ | |
| | | $C \pm \Delta'$ | $C_p = C \pm 0.125\Delta$ | |

表 2-33 说明如下：

① $A_p$、$B_p$、$C_p$——凸模刃口尺寸(mm)；

② $A_d$、$B_d$、$C_d$——凹模刃口尺寸(mm)；

③ $A$、$B$、$C$——工件基本尺寸(mm)；

④ $\Delta$——工件公差(mm)；

⑤ $\Delta'$——工件偏差，当工件对称时，$\Delta' = \dfrac{1}{2}\Delta$；

⑥ 计算工作尺寸前，必须将制件尺寸转换为标准形式，例如：

A 类尺寸：　　　　$10_{+0.05}^{+0.2} \Rightarrow 10.2_{-0.15}^{0}$，　　　　$12 \pm 0.1 \Rightarrow 12.1_{-0.2}^{0}$

B 类尺寸：　　　　$6_{-0.15}^{-0.05} \Rightarrow 5.85_{0}^{+0.1}$，　　　　$18_{+0.1}^{+0.2} \Rightarrow 18.1_{0}^{+0.1}$

C 类尺寸：　　　　$12_{0}^{+0.15} \Rightarrow 12.075 \pm 0.75$，　　　　$20_{-0.1}^{0} \Rightarrow 19.95 \pm 0.05$

（2）例　题

冲制变压器铁芯片零件，材料为 D42 硅钢片，料厚为 $(0.35 + 0.04)$ mm，如图 2-36 所示，试确定落料凸、凹模刃口尺寸及制造公差。

**解：** 根据零件形状，凹模磨损后其尺寸变化有三种情况。

第一类尺寸：凹模磨损后尺寸增大的是图 2-36 中的 $A_1$、$A_2$、$A_3$、$A_4$。

由表 2-32 查得

$$x_1 = x_2 = 0.75 \text{ mm}, \quad x_3 = 0.5 \text{ mm}$$

由表 2-33 中公式得

$$A_{1d} = (40 - 0.75 \times 0.34)^{+\frac{0.34}{4}} \text{ mm} = 39.75_{0}^{+0.09} \text{ mm}$$

$$A_{2d} = (10 - 0.75 \times 0.3)^{+\frac{0.34}{4}} \text{ mm} = 9.5_{0}^{+0.07} \text{ mm}$$

尺寸 $A_3$ 为 $30 \pm 0.34$，化为 $30.34_{-0.68}^{0}$。

$$A_{3d} = (30.34 - 0.5 \times 0.68)^{+\frac{0.68}{4}} \text{ mm} = 30_{0}^{+0.17} \text{ mm}$$

$A_4$ 在确定 $A_1$、$A_2$ 与 $B$ 的尺寸之后即可确定。

第二类尺寸:凹模磨损后尺寸减小的是图 2-36 中的 $B$。

查表 2-32 可得 $x=0.75$。

由表 2-33 中公式可得

$$B=(10+0.75 \times 0.2)_{-\frac{0.2}{4}}^{0} \text{mm} = 10.15_{-0.05}^{0} \text{mm}$$

第三类尺寸:磨损后尺寸没有增减的是图 2-36 中的 $C$,为正偏差。

$$C_{\mathrm{d}}=\left[\left(25+\frac{1}{2} \times 0.28\right) \pm \frac{0.28}{8}\right] \text{mm} = (25.14 \pm 0.035) \text{mm}$$

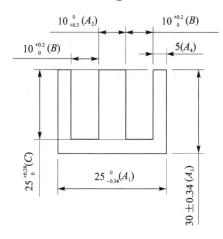

图 2-36 变压器铁芯片零件图

# 2.9 冲裁模零件设计

我国国家标准化管理委员会对冷冲模已制定了国家标准,代号为 GB/T 2851—1900。标准包括:冷冲模模架及其技术条件;冷冲模零件及其技术条件;冷冲模典型组合及其技术条件。采用这些标准和标准件,可简化模具设计,缩短设计和制造周期,提高模具品质,降低模具成本。

设计模具时应尽量选用已标准化的零件,非标准化的零件可参考标准零件设计。

设计和选用冲模零件时,应充分考虑到各类零件的工作条件、装配关系、维修、制造等方面的要求,使冲模零件有良好的工作性能,足够的使用寿命,并使加工、装配容易,成本低廉。冲模的零部件分类见图 2-37。

一般来说,冲模都是由固定部分和活动部分组成的。固定部分用压板、螺栓紧固在压力机的工作台上;活动部分固定在压力机的滑块上。通常紧固部分为下模,活动部分为上模。上模随着压力机滑块做上、下往复运动,从而进行冲压工作。

任何一副冲模都是由多个零件组成的,它可以由几十个甚至上百个零件组成。但无论冲模的零件的复杂程度如何,都可以根据其作用分为以下几类:

(1)工作零件

工作零件是直接使被加工材料产生变形、分离的零件,如凸模、凹模、凸凹模等。

(2)定位零件

定位零件的作用是使毛坯或半成品在模具上能够正确定位,即控制条料的送进方向和保

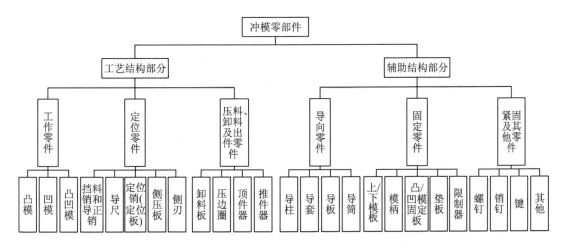

**图 2 - 37　冲模零部件分类**

证送进距离,确保条料在冲模中的正确位置。根据毛坯形状、尺寸以及模具结构形式,可以选用不同的定位方法。常见的定位零件有挡料销、导正销、定位钉、定位板和侧刃等。

（3）压料、卸料及出件零件

压料、卸料及出件零件包括卸料板、顶件板、推件板、压边圈等。这类零件是保证在冲压完毕后,将工件或废料从模具中排出,使得下次冲压得以顺利进行。而拉深模中压边圈的主要作用是防止板料毛坯发生失稳起皱。

（4）导向零件

导向零件的作用是保证上模和下模相对运动的精确导向,使凸模和凹模之间保持均匀的间隙,提高冲压件的品质。如导板、导柱、导套、导筒都属于这类零件。

（5）固定零件

固定零件包括上模座、下模座、模柄、凸/凹模固定板、垫板、限位器、螺钉、销钉等。这些固定零件,已有国家标准,设计时可按标准选用。这类零件的作用是使上述四类零件固定和连接在一起,构成整体,保证各个零件的相互位置,并使冲模能安装在压力机上。

当然,并非所有的冲模都具备上述的五种零件。比如在试制或小批量生产时,为了缩短试制周期和降低成本,可以把冲模简化成只有工作零件、卸料零件和几个固定零件的简易模具;而在大批量生产时,为了确保工件品质和模具寿命并提高劳动生产率,冲模上除了包括上述五类零件外还附加有自动送、出料装置。

## 2.9.1　工作零件

**1. 凸模设计**

（1）凸模的结构形式与固定方法

大型凸模可采用镶拼结构,中小型凸模常采用整体式结构。

常见的圆形凸模结构及固定方法如图 2 - 38(a)所示。为了增加凸模的刚度和强度,一般将凸模做成阶梯形,用凸模固定板将其固定。台阶处圆滑过渡,避免应力集中,小端是工作部分,其尺寸和公差根据工件尺寸和加工方法来确定。中间台阶与凸模固定板之间采取过渡配合(H7/m6)。最大的台阶是用台肩保证凸模在卸料时不被拉出。这种凸模一般用于凸模直

径 $d=8\sim30$ mm。

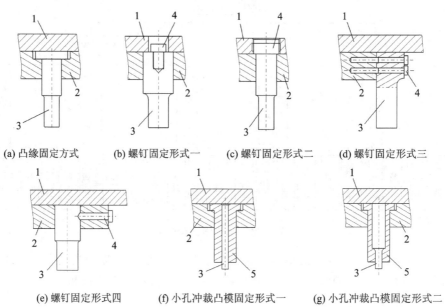

(a) 凸缘固定方式　　(b) 螺钉固定形式一　　(c) 螺钉固定形式二　　(d) 螺钉固定形式三

(e) 螺钉固定形式四　　(f) 小孔冲裁凸模固定形式一　　(g) 小孔冲裁凸模固定形式二

1—垫板或凸模座;2—凸模座;3—凸模;4—螺钉;5—凸模套

**图 2-38　常见的圆形凸模结构及固定方法**

小凸模容易损坏,可将其做成快换式的结构形式。其结构和固定方法如图 2-38(d)、(e)所示。为了便于更换,凸模的固定部分采用间隙极小的间隙配合(H7/f6)。在厚板上冲小孔时,细小的凸模受力较大,容易折断。为了提高凸模的抗纵向弯曲力,可将小凸模装在护套里,然后再将护套固定在凸模固定板上,这种凸模称为护套式凸模,其结构如图 2-38(f)、(g)所示。

较大尺寸的圆形凸模可以采用镶拼式结构,如图 2-39 所示。镶块采用工具钢制造并进行热处理。同时,为了减小凸模的磨削面积,将其中心部分挖成空心。镶块镶嵌在凸模固定板上,中间用一个螺钉紧固,然后再将凸模固定板用螺钉和销钉紧固在模座上。

冲大孔或落料大件时所用的凸模,也可以采用图 2-40 所示的结构。它采用窝孔定位,窝孔与模座或凸模之间采用过渡配合,再用 3～4 个螺钉紧固。为了减小磨削加工面积,凸模外圆的非工作部分要车得小一些,端面要加工成凹坑形式。

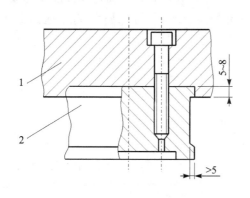

1—凸模固定座;2—凸模镶块

**图 2-39　镶拼式凸模**

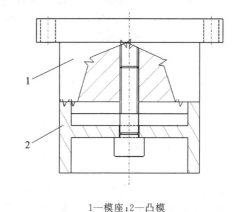

1—模座;2—凸模

**图 2-40　大圆凸模**

还有一种薄刃口组合圆凸模,如图 2-41 所示。它由刃口部分和本体部分组成,二者之间采用螺钉或其他连接方式紧固。刃口部分所用材料与一般凸模相同;本体部分用普通材料,如 Q235、45 钢等,可不进行热处理。

对于非圆凸模,为了便于加工和装配,通常将其固定部分做成圆柱形(见图 2-42)或长方形(见图 2-43)。如果非圆凸模的固定部分采用圆柱形,则应设计有防止转动的结构(如图 2-44 所示的止动销),或采用止动面。

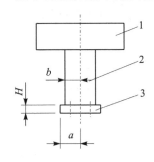

1—凸模固定板;2—凸模本体;3—薄刃口凸模

图 2-41　薄刃口组合圆凸模

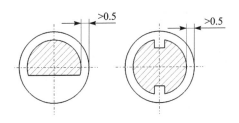

图 2-42　非圆凸模的圆柱形固定

具有复杂外形的凸模应设计成直通式(见图 2-45),以便于成形磨削或线切割加工。如果其凸模断面足够大则可采用图 2-46 所示的固定方式。

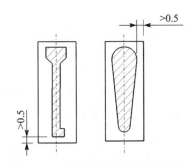

图 2-43　非圆凸模的长方形固定

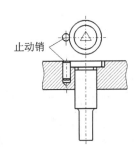

图 2-44　防止凸模转动的止动销

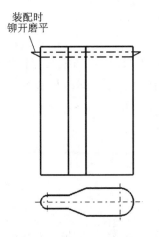

图 2-45　直通式凸模

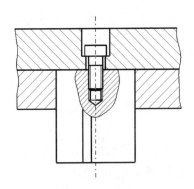

图 2-46　断面足够大的直通式凸模

较小凸模、冲多孔凸模或冲薄板凸模除用机械固定外,还可采用环氧树脂粘结固定或低熔点合金固定(见图 2-47)。这两种固定方法不如机械固定法的紧固强度高,但可使模具制造和装配大为简化,其方法是在固定板与凸模连接处留有空槽;装配时,将凸模与凹模的间隙调整好后,在空槽中灌注低熔点合金或环氧树脂,冷却后即可将凸模固定住。

凸模与固定孔的间隙为 0.3~0.5 mm。低熔点合金常用配方见表 2-34,按配方 1 制成的合金,其抗拉强度为 90 MPa,抗压强度为 110 MPa,冷胀率为 0.2%,密度为 9.04 $g/cm^3$。按配方 2 制成的合金与按配方 1 制成的合金性能相近。低熔点合金固定法和环氧树脂粘结固定法也可用于凹模、导柱、导套等的固定。

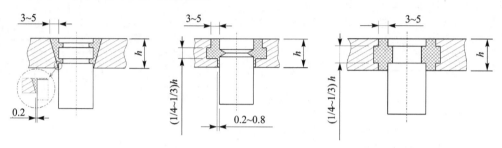

图 2-47  环氧树脂粘结固定

表 2-34  低熔点合金常用配方

| 配　方 | 合金元素质量分数/% | | | | 合金熔点/℃ | 浇注温度/℃ |
|---|---|---|---|---|---|---|
| | Bi | Pb | Sn | Sb | | |
| 1 | 48 | 28.5 | 14.5 | 9 | 120 | 150~200 |
| 2 | 45 | 35 | 15 | 5 | 100 | 120~150 |

另外,装配凸模的固定方法有很多,一般安装凸模时需要注意下列问题:

① 异形凸模要有防转动的措施;

② 有导向装置的凸模稳定性能好,可利用卸料板对凸模导向,但要注意它们的配合尺寸;

③ 冲小孔时,必须考虑凸模的导向和保护;

④ 快速装换凸模机构可靠性好。

(2) 凸模长度的确定

凸模长度已趋于标准化,一般不需要计算,但选用非标准尺寸时,凸模长度根据模具的具体结构来确定。采用固定卸料板和导尺的模具结构(见图 2-48),其凸模长度用下列公式计算:

$$L = h_1 + h_2 + h_3 + h \qquad (2.21)$$

式中:$L$——凸模长度(mm);

　　$h_1$——凸模固定板厚度(mm);

　　$h_2$——卸料板厚度(mm);

　　$h_3$——导板厚度(mm);

　　$h$——附加长度(mm),主要考虑凸模进入凹模的深度(0.5~1 mm)、凸模总的修磨量(10~15 mm)及模具闭合状态下卸料板到凸模固定板之间的安全距离(15~

20 mm)等因素。

(3) 凸模的强度校核和刚度校核

一般情况下,凸模的强度是足够的,不需要进行强度校核。但对于特别细长的凸模或冲压厚而硬的材料的小凸模,有可能因受到的压应力超过模具材料的许用压应力而损坏,如果凸模结构的长径比$(l/d)>10$,则会因受压失稳而折断。因此在设计或选用细长凸模时,必须进行凸模抗压强度和抗弯刚度的校验。

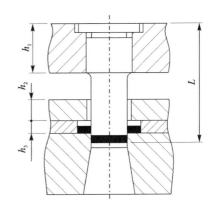

**图 2 - 48　凸模长度的确定**

1) 凸模抗压强度的校核

冲裁时,应使凸模最小断面所承受的压应力 $\sigma_c$ 小于或等于凸模材料所允许的压应力 $[\sigma_c]$(许用压应力),即

$$\sigma_c = \frac{F_\Sigma}{A_{min}} \leqslant [\sigma_c] \tag{2.22}$$

对于圆形冲裁凸模,由上式可得

$$d_{min} \geqslant \frac{4t\tau}{[\sigma_c]} \tag{2.23}$$

对于其他各种非圆形断面冲裁凸模,有

$$A_{min} \geqslant \frac{F_\Sigma}{[\sigma_c]} \tag{2.24}$$

式中:$\sigma_c$——凸模刃口端面承受的压应力(MPa);

　　$d_{min}$——凸模最小许用直径(mm);

　　$t$——材料厚度(mm);

　　$\tau$——材料抗剪强度(MPa);

　　$F_\Sigma$——作用在凸模端面上的总冲压力(N);

　　$A_{min}$——非圆形凸模刃口最狭窄处截面积(mm$^2$);

　　$[\sigma_c]$——凸模材料的许用压应力(MPa)。它的大小取决于材料种类、热处理和凸模的
　　　　　　　结构与工作条件。比如:碳素工具钢淬火之后的许用压应力一般为淬火前的
　　　　　　　1.5~3.0 倍。

普通冲裁,模具钢(T8A、T10A、Cr12MoV、GCr15 等)的许用压应力,当淬火硬度为 HRC 58~62 时,可取 $[\sigma_c] = 1\,000 \sim 1\,600$ MPa。

2) 凸模抗纵向弯曲能力的校核

根据模具结构特点,凸模可分为无导向装置的凸模和有导向装置的凸模。为了使凸模在冲裁时不致发生纵向弯曲失稳,凸模的自由长度必须受到限制,见图 2 - 49。

无导向装置的凸模:

$$L_{max} \leqslant (30 \sim 95) \frac{d^2}{\sqrt{F}} \tag{2.25}$$

其他各种断面的凸模:

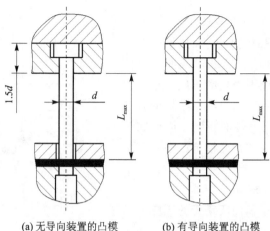

(a) 无导向装置的凸模　　　　(b) 有导向装置的凸模

**图 2 - 49　无导向和有导向装置的凸模**

$$L_{max} \leqslant (135 \sim 425)\sqrt{\frac{I}{F}} \qquad (2.26)$$

有导向装置的凸模：

$$L_{max} \leqslant (85 \sim 270)\frac{d^2}{\sqrt{F}} \qquad (2.27)$$

其他各种断面的凸模：

$$L_{max} \leqslant (380 \sim 1\,200)\sqrt{\frac{I}{F}} \qquad (2.28)$$

式中：$L_{max}$——凸模不失稳弯曲的最大自由长度(mm)；

$d$——凸模的最小直径(mm)；

$F$——冲裁力(N)；

$I$——凸模最小断面的惯性矩($mm^4$)，直径为 $d$ 的圆凸模，$I = \frac{\pi d^2}{64}$。

**2. 凹模设计**

(1) 凹模结构类型

1) 整体式凹模

常见的凹模结构有整体式凹模和镶拼式凹模两种类型。

整体式凹模是指冲裁型腔内含于内部的凹模，如图 2 - 50 所示。整体式凹模结构，其俯视外形按毛坯和工件形状可做成矩形或圆形等规则形状，用螺钉和销钉直接固定在模座上。中小型圆形冲裁件所需凹模一般多采用圆形，以便于加工，其余多采用矩形凹模。矩形凹模有利于确定型腔加工及凹模装配的基准，中型矩形毛坯也容易制备。整体式凹模的特点是制作简单，工作部分与非工作部分为一整体，全部由优质钢制造，使用时，若局部损坏则需要整体更换。因此，整体式凹模只适用于冲制中、小型工件。

2) 镶拼式凹模

当冲压件形状复杂、局部薄弱、型腔过小或过大时，凹模不便于加工，有时还需要考虑节约制模材料或方便维修模具，因此将凹模型腔用若干拼块(镶块)组合起来形成镶拼式凹模。镶拼式组合结构模具的优点是容易制造,可以节约模具钢,但模具装配比较困难。镶拼式凹模的结构形式分为平面式、嵌入式、压入式和斜楔式几种。

①平面式镶拼。图 2-51 所示镶拼将凹模分成若干拼块,直接用螺钉连接,销钉紧固在固定板(或模座)平面上,称为平面式。该结构主要适用于大型冲压模具。

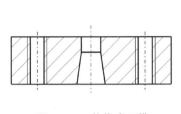

图 2-50　整体式凹模

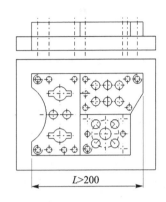

图 2-51　平面式镶拼

②嵌入式镶拼。如图 2-52 所示,将凹模按一定形状分成若干块,然后将其嵌入两边或四周有凸台的固定板内,再用螺钉连接、销钉紧固。这种镶拼方式的侧向承载能力较强,该结构适用于冲压长槽或压筋工作。

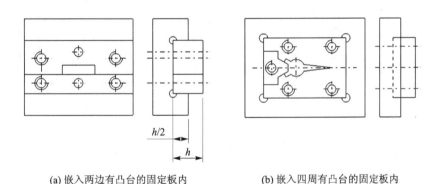

(a) 嵌入两边有凸台的固定板内　　　　(b) 嵌入四周有凸台的固定板内

图 2-52　嵌入式镶拼

③压入式镶拼。如图 2-53 所示,将拼块以过盈配合压入固定板孔内,适用于形状复杂的小型冲模以及拼块较小不宜用螺钉连接、销钉紧固的情况。把难以加工的窄槽分割成若干薄板,压配在一起组成的凹模再压入固定板的孔内。

④斜楔式镶拼。斜楔式镶拼采用斜楔紧固拼块。这种结构装拆、调整较方便,尤其是当凹模因磨损间隙增大时,可将其中一块拼合面磨去少许,使其恢复正常间隙。

在设计镶拼式凹模时,应注意各拼块形状要便于机械加工和热处理,容易维修、更换和调整,要考虑镶块定位和固定,防止相对移动等问题。镶拼结构凹模及常见固定方法如图 2-54 所示。

镶拼结构设计原则如下：

① 便于机械加工和热处理,减少钳工工作量,减少热处理变形。

- 尽量将形状复杂的内形分割后变为外形加工,以便于进行机械加工,拼块断面也可以做得均匀,同时减小热处理变形,提高模具制造精度。
- 有对称轴线的应沿对称轴线分割,圆形件应尽量沿径向分割,以便于磨削加工和装配紧固。
- 沿尖角分割时,拼块角度应不小于90°,以便于机械加工,防止开裂。
- 圆弧一般应单独做成一块,当需要以圆弧为分割线做拼块时,拼接线应设置在离切点

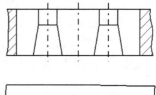
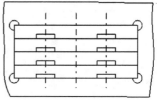

**图 2-53　压入式镶拼**

4～7 mm的直线处;大弧线可以分为几块,接缝应沿径向线;长直线轮廓也可以分成几块,且拼接线要与刃口垂直。拼合面不宜过长,以减少磨削工作量,一般取12～15 mm。

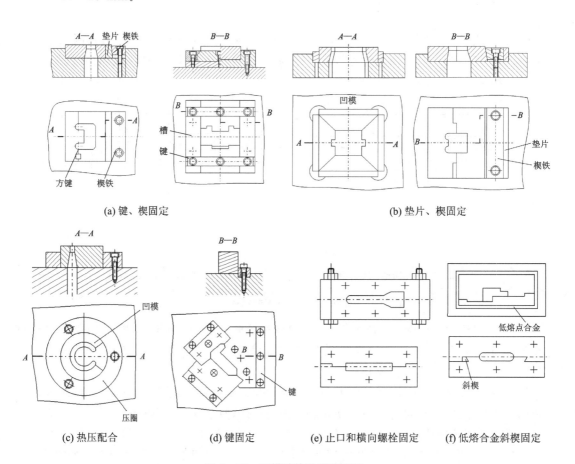

**图 2-54　凹模镶块及固定方法**

② 便于维修更换与调整：
- 比较薄弱或易磨损的局部凸出或凹进部分，应单独做成一块。
- 如果凹模中心距精度要求较高，拼块之间则可以通过增减垫片或磨削拼合面的方法调整间隙或中心矩。

③ 满足冲裁工艺要求：
- 设计拼块时接缝应尽量避免与冲切口轮廓线成锐角，否则易崩刃。
- 若凸模和凹模均采用镶拼式结构，凸模、凹模拼块的接缝处应错开不小于 3～5 mm，否则容易产生冲切毛刺。
- 大型或厚料冲裁件的镶拼模，为减小冲裁力，可将凸模（冲孔时）或凹模（落料时）做成波浪形斜刃，如图 2-55 所示。斜刃要对称，分块线一般取在波浪的高点或低点，最好每块取一个或半个波形，以便于加工制造。

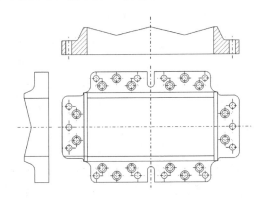

图 2-55　斜刃冲裁模的镶拼结构

④ 镶块或拼块的固定可以采用热套、锥套、框套、螺钉销钉紧固以及低熔点合金和环氧树脂粘结等方法。采用螺钉销钉固定应注意螺钉销钉的加工精度和布置方法，销钉应淬火磨光，销孔热处理后应研磨，有时为了避免销孔热处理变形，可以采用加软钢套的方法。每块镶块应以两个销钉定位，螺钉布置应接近刃口，而销钉则应远离刃口，二者参差排列。而框套螺钉紧固法多用于中、小型镶块，螺钉通过框套将镶块拉紧或顶紧，使镶块紧密配合，见图 2-56。

图 2-57 为用于对合镶块模的斜楔紧固方式。

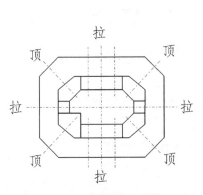

图 2-56　框套螺钉紧固镶块

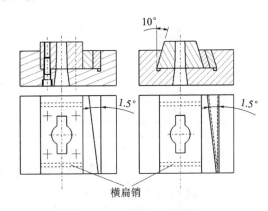

图 2-57　用斜楔紧固镶块

图 2-58 所示结构为直接以螺钉连接、销钉紧固，一般用于大、中型镶块模。图 2-58(a) 为只靠螺钉连接、销钉紧固，用于冲压料厚 $t<1.5$ mm 的零件；图 2-58(b) 增加了止推键，用于冲压料厚 $t=1.5\sim2.5$ mm 的零件；图 2-58(c) 采用窝槽形式，用于冲压料厚 $t>2.5$ mm 的零件。因为随着料厚的增加，可能导致水平推力的增大。

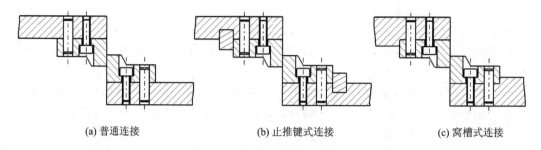

(a) 普通连接　　　　　　(b) 止推键式连接　　　　　　(c) 窝槽式连接

**图 2-58　用螺钉和销钉紧固镶块**

镶拼式组合凹模具有下列优点：每个拼块可以单独磨削，刃口尺寸和模具间隙可以得到精确控制；冲模制造精度高，使用寿命长；分块后可消除应力集中，断面均匀，减少或消除热处理内应力、变形与开裂；便于维修与更换损坏部分，减少模具制造与维修费用，节约模具钢；凹模分块后，可采用小设备加工大模具。缺点是拼块尺寸精度要求高，加工工艺复杂；镶拼结构的装配和调整也比整体结构复杂。

冲小孔凹模采用镶嵌筒状凹模。为使废料顺利落下，漏料孔采用阶梯扩大。筒状凹模的安装采用螺钉或键连接，或用凸沿压接，必须对其定位止转。小孔筒状凹模的结构和安装方法如图 2-59 所示。将凹模用螺钉连接和销钉固定时，为了保证具备足够的强度，螺钉孔与销钉孔之间、螺钉孔或销钉孔与凹模刃口边之间的距离一般大于两倍孔径值，其最小许用值可参考表 2-35。

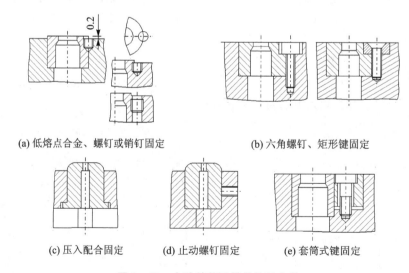

(a) 低熔点合金、螺钉或销钉固定　　　　　　(b) 六角螺钉、矩形键固定

(c) 压入配合固定　　　(d) 止动螺钉固定　　　(e) 套筒式键固定

**图 2-59　小孔筒状凹模结构及安装**

（2）凹模型孔结构类型

常用凹模型孔类型如图 2-60 所示。

表 2 - 35　螺钉孔与销钉孔之间及至刃口边的最小距离

mm

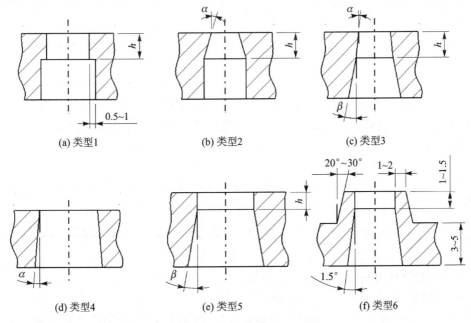

| 螺钉孔 | | M6 | M8 | M10 | M12 | M16 | M20 | M24 |
|---|---|---|---|---|---|---|---|---|
| A | 淬火 | 10 | 12 | 14 | 16 | 20 | 25 | 30 |
| | 不淬火 | 8 | 10 | 11 | 13 | 16 | 20 | 25 |
| B | 淬火 | 12 | 14 | 17 | 19 | 24 | 28 | 35 |
| C | 淬火 | 5 | | | | | | |
| | 不淬火 | 3 | | | | | | |
| 销钉孔 | | $\phi4$ | $\phi6$ | $\phi8$ | $\phi10$ | $\phi12$ | $\phi16$ | $\phi20$ |
| D | 淬火 | 7 | 9 | 11 | 12 | 15 | 16 | 20 |
| | 不淬火 | 4 | 6 | 7 | 8 | 10 | 13 | 16 |

　　图 2 - 60 中(a)、(e)为直壁式刃口凹模,其特点是刃口强度高,制造方便,且刃磨后型孔工作部分尺寸基本保持不变,对冲裁间隙无明显影响,适合于冲裁形状复杂、精度要求高以及厚度较大的工件。但每次冲压后,型孔内易积存工件或废料,所以就增大了凹模的胀力、推件力和孔壁的磨损。如果刃口周边有突变的尖角或窄悬臂伸出,那么因应力集中的缘故就有可能在角部产生胀裂,对凹模和凸模的强度均带来不利的影响。同时,由于摩擦力的增加对孔壁的磨损深度也有所增大,故磨损后修磨量大,致使凹模的总寿命缩短。此外,凹模磨损后孔口可

图 2 - 60　凹模型孔类型

能形成倒锥,使冲出的工件或废料反跳到凹模表面上,造成操作困难。直筒型孔口凹模适用于冲裁精度较高、厚度较大的工件;对于上顶出工件或废料的模具,也采用此种孔口形式。图(a)一般用于复合模或上出件冲裁模加工圆形或矩形工件;图(e)多用于下出件模具加工复杂形状工件。

图 2-60 中(b)、(c)、(d)为斜壁式。此类型凹模孔刃口锐利,孔内不易积存工件或废料,孔壁所受的胀力、摩擦力相对较小,所以凹模的磨损及每次的修磨量小,模具使用寿命相对延长,但其刃口强度较低,且修磨后刃口尺寸略有增大(当 $\alpha = 30°$ 时,刃磨 0.1 mm,尺寸增加 1.7 $\mu m$)。故一般适用于形状简单、料厚较薄、精度要求不高的下出工件。图(c)适用于形状较为复杂的冲裁件;图(d)常用于冲裁薄料和凹模厚度较小的工件。图(f)为凸台式凹模,适合冲切软而薄的金属或非金属材料,即材料一般不淬火或淬火强度不高(HRC 35~38)。可以通过用手锤敲打凸台斜面来调整模具间隙,直到试冲出满意的冲压件为止。

凹模孔型的刃口直壁高度 $h$、锥角 $\alpha$、后角 $\beta$ 均与冲裁板料厚度有关。通常 $\alpha = 15' \sim 30'$,$\beta = 2° \sim 3°$,$h = 4 \sim 10$ mm。具体数值见表 2-36。

(3) 整体式凹模外形尺寸的确定

凹模的外形尺寸是指凹模的厚度 $H$、长度 $A$、宽度 $B$(盒形凹模)或厚度 $H$ 与外径 $D$(圆形凹模)。长度与宽度的选择直接与厚度有关,同时也是选择模架外形尺寸的依据。凹模的厚度直接关系到模具的使用。厚度过小,影响凹模的强度和刚度;厚度过大,会使模具的体积和闭合高度增大,从而增加模具的质量,造成不必要的浪费。

表 2-36　凹模型孔参数

| 材料厚度 | 主要参数 | | | 备　注 |
|---|---|---|---|---|
| $t$/mm | $h$/mm | $\alpha$/(') | $\beta$/(°) | |
| <0.5 | 4 | 15 | 2 | $\alpha$、$\beta$ 值仅适用于钳工加工。电火花加工时,$\alpha = 4' \sim 20'$,复合模取小值;$\beta = 30' \sim 50'$。带斜度装置的线切割时,$\beta = 1° \sim 1.5°$ |
| ≥0.5~1 | 5 | | | |
| ≥1.0~2.5 | 6 | | | |
| ≥2.5~6.0 | 8 | 30 | 3 | |
| >6.0 | | | | |

工作时,凹模刃口周边承受冲裁力和弯曲力矩的作用,在刃壁上承受分布不均匀的挤压力作用。因凹模实际受力情况十分复杂,生产中都是按照经验公式,并结合设计者实际经验来确定凹模的外形尺寸。

1) 厚度尺寸

凹模应保证有足够的强度和刚度。其形状和尺寸已趋于标准化,一般可根据冲压件形状和尺寸选用,但在设计非标准尺寸凹模时,需要确定凹模外形和尺寸。冲压时,凹模受力状态比较复杂,目前还不能用理论方法精确计算。生产中,凹模理论厚度 $H$ 可按下列经验公式计算:

$$H = 0.25 \sqrt[6]{LP^2} \quad (\text{mm}) \tag{2.29}$$

式中:$L$——冲裁轮廓周长(mm),$L<50$,按 50 计;$L>500$,按 500 计。

　　　　$P$——冲裁力(N)。

凹模实际厚度应在理论厚度基础上增加修磨量,但用于 160 kN 以下冲床上的小型凹模,凹模的实际厚度一般小于 25 mm;大、中型凹模厚度一般也不超过 50 mm。使用时,凹模背面应采用平板支撑,当厚度超过上述数值时,可采用较厚平板加固。

2) 长、宽尺寸

刃口轮廓线到凹模边缘的尺寸见图 2 - 61。

轮廓为平滑曲线时,$W_1 \geqslant 1.2H$;轮廓为直线时,$W_2 \geqslant 1.5H$;有尖角或复杂情况时,$W_3 \geqslant 2H$。其中,$H$ 为凹模理论厚度,$W$ 尺寸取决于型腔侧壁挤压应力(约为被冲材料剪切应力的 40%)。上述尺寸用于凹模边界为自由状态。当凹模边界有预应力时,$W$ 值可适当减小。图中两型孔之间最小壁厚一般不小于 5 mm。

3) 螺钉孔到凹模外缘的尺寸

如图 2 - 62 所示,标准尺寸 $a = (1.7 \sim 2.0)d$,最小允许尺寸见表 2 - 37。

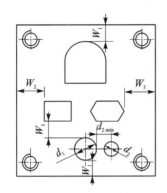

图 2 - 61　凹模腔到外缘尺寸

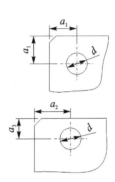

图 2 - 62　螺孔到凹模外缘尺寸

表 2 - 37　最小允许尺寸

| 模具材料状况 | 等距时 | 螺孔距外缘不等距时 | |
|---|---|---|---|
| | $a_1$ | $a_2$ | $a_3$ |
| 未经热处理 | 1.13d | 1.5d | 1d |
| 淬火硬化 | 1.25d | 1.5d | 1.13d |

(4) 紧固孔尺寸

1) 螺钉规格

凹模厚度与螺钉规格见表 2 - 38。

表 2 - 38　凹模厚度与螺钉规格

| 凹模厚度/mm | <13 | ≥13~19 | ≥19~25 | ≥25~32 | >32 |
|---|---|---|---|---|---|
| 使用紧固螺栓 | M4,M5 | M5,M6 | M6,M8 | M8,M10 | M10,M12 |

选择螺钉规格要考虑凹模大小和厚度。一般来讲,螺钉最少旋入量为其直径的 1.5~2 倍或者板厚的 50%。

2) 螺孔到凹模型孔及圆柱销孔尺寸

螺孔到凹模型孔及圆柱销孔尺寸见图 2 - 63。标准尺寸,$F > 2d$;最小允许尺寸见表 2 - 39。

**表 2 - 39　最小允许尺寸(与平滑轮廓接近)**

| 模具材料状况 | 最小尺寸 $F_{\min}$ |
|---|---|
| 未经热处理 | $1d$ |
| 淬火硬化 | $1.3d$ |

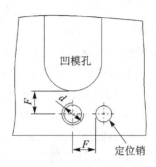

**图 2 - 63　螺孔到凹模孔、销孔尺寸**

3)螺孔间距

按凹模厚度,螺孔间距见表 2 - 40。

**表 2 - 40　按凹模厚度螺孔间距**

mm

| 使用螺栓 | 最小距离 | 最大距离 | 凹模厚度 |
|---|---|---|---|
| M5 | 15 | 50 | 10～18 |
| M6 | 25 | 70 | 15～25 |
| M8 | 40 | 90 | 22～32 |
| M10 | 60 | 115 | 27～38 |
| M12 | 80 | 150 | 35 以上 |

注:此尺寸用于固定凹模固定板、拼模等。

(5)凹模的强度校核

凹模的强度校核主要是校核其厚度 $H$。凹模在冲裁力作用下会产生弯曲,如果凹模厚度不够,就会产生较大的弯曲变形甚至断裂。凹模强度校核计算公式见表 2 - 41。

**表 2 - 41　凹模强度校核计算公式**

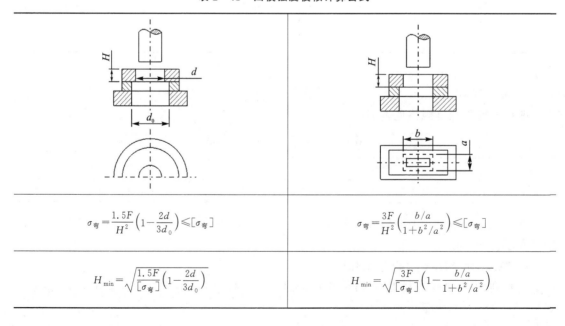

$$\sigma_{弯}=\frac{1.5F}{H^2}\left(1-\frac{2d}{3d_0}\right)\leqslant[\sigma_{弯}]$$

$$\sigma_{弯}=\frac{3F}{H^2}\left(\frac{b/a}{1+b^2/a^2}\right)\leqslant[\sigma_{弯}]$$

$$H_{\min}=\sqrt{\frac{1.5F}{[\sigma_{弯}]}\left(1-\frac{2d}{3d_0}\right)}$$

$$H_{\min}=\sqrt{\frac{3F}{[\sigma_{弯}]}\left(1-\frac{b/a}{1+b^2/a^2}\right)}$$

表 2-41 中符号说明：

$F$——冲裁力(N)；

$\sigma_弯$——弯曲应力的计算值(MPa)；

$[\sigma_弯]$——许用弯曲应力(MPa)，对于淬火硬度 HRC 58~62 的 T8A、T10A、Cr12MoV 和 GCr15，取 300~500 MPa；

$H$——凹模厚度(mm)；

$H_{min}$——凹模最小厚度(mm)；

$d$——凹模直径(mm)；

$d_0$——下模座孔的直径(mm)；

$a$、$b$——下模座长方孔长、宽(mm)。

### 3. 凸凹模

复合模中的凸凹模内外缘刃口均匀，内外缘之间的壁厚取决于冲裁件的尺寸，它不像一般凹模那样可以将外缘轮廓尺寸扩大，所以从强度考虑，壁厚受最小值限制。凸凹模的最小壁厚受到冲模结构的影响。当凸凹模装于上模时，内孔不积存废料，胀力小，最小壁厚可以小些；对于凸凹模放在下模部分的倒装式复合模，刃口孔内由于积存废料，增加了胀力，其最小壁厚可以大些。凸凹模的最小壁厚值，一般按经验数据确定。积存废料时凸凹模最小壁厚 $a$ 和最小直径 $D$ 可参考表 2-42 选用。

表 2-42　凸凹模最小壁厚

mm

| 材料厚度 $t$ | 0.4 | 0.5 | 0.6 | 0.7 | 0.8 | 0.9 | 1.0 | 1.2 | 1.5 | 1.75 | 2.0 |
|---|---|---|---|---|---|---|---|---|---|---|---|
| 最小壁厚 $a$ | 1.4 | 1.6 | 1.8 | 2.0 | 2.3 | 2.5 | 2.7 | 3.2 | 3.8 | 4.0 | 4.9 |
| 最小直径 $D$ | 15 | | | | 18 | | | | 21 | | |
| 材料厚度 $t$ | 2.1 | 2.5 | 2.75 | 3.0 | 3.5 | 4.0 | 4.5 | 5.0 | 5.5 | | |
| 最小壁厚 $a$ | 5.0 | 5.8 | 6.3 | 6.7 | 7.8 | 8.5 | 9.3 | 10.0 | 12.0 | | |
| 最小直径 $D$ | 25 | | 28 | | 32 | | 35 | 40 | 45 | | |

顺装复合模，刃口孔内不积存废料，凸凹模最小壁厚可以小一些；冲制黑色金属和硬质材料，约为工件料厚的 1.5 倍，但不小于 0.7 mm；冲制有色金属和软材料，约等于工件的厚度，但不小于 0.5 mm。

## 2.9.2　定位零件

冲模定位零件的作用是使毛坯正确送进冲模的工作零件中的正确位置，以保证冲出合格工件。毛坯在模具中的定位有送进导向(与送料方向垂直方向上的定位)和挡料(送料方向上的定位，用来控制送料的进距)两方面内容。

### 1. 送进导向方式

常见的送进导向方式有导销式与导料板式。导料板(也称为导尺)的作用是保证条料的送料方向。常用于带弹压卸料板或固定卸料板的单工序模和级进模。常用导料板的结构形式如图 2-64 所示。大多数模具，特别是冲薄料时，都用两块导料板导向，这样送料比较准确。

导料板的长度 $L$ 一般大于或等于凹模长度。其厚度 $H$ 根据制件料厚和挡料销的高度而定，一般取 4~14 mm，导料板的间距需根据料宽及条料的定位方式来确定。

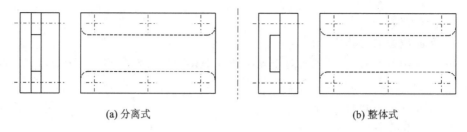

(a) 分离式             (b) 整体式

图 2－64 导料板结构形式

导料板的厚度 $H$ 与条料的厚度 $t$、挡料销的高度 $h$ 及导料方式有关,具体数值可参考表 2－43 选取。

表 2－43 导料板的厚度

| $t/mm$ | $h/mm$ | $H/mm$ | |
|---|---|---|---|
| | | 固定挡料销 | 自动挡料销或侧刃 |
| 0.3～2.0 | 3 | 6～8 | 4～6 |
| 2.0～3.0 | 4 | 8～10 | 6～8 |
| 3.0～4.0 | 4 | 10～12 | 6～10 |
| 4.0～6.0 | 5 | 12～15 | 8～10 |
| 6.0～10.0 | 8 | 15～25 | 10～15 |

冲裁时,板料的送进导向方式还可通过采用导料销来保证条料正确的送料方向。使用过程中,在条料的同一侧装设两个固定导料销,同时为了保证条料在首次或末次冲裁的正确送进方向,另设有一活动挡料销。只要保持条料沿导料销一侧送进,即可保证条料正确的送进方向,工作状态如图 2－65 所示,导料销可以安装在凹模上。导料销结构简单,制造容易,多用于简单模或复合模。采用导料销导料时,条料宽度可按有侧压装置的公式计算。

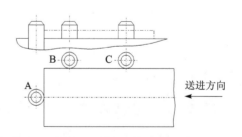

A—挡料销;B、C—导料销

图 2－65 挡料销、导料销工作位置示意图

如果条料宽度尺寸公差较大,为节省板料和保证冲压件的品质,应该在进料方向的一侧装侧压装置,迫使条料始终紧靠另一侧导料板送进。图 2－66 所示为几种常用的侧压装置的结构形式。

带有簧片式的侧压导料板可以消除由于条料宽度误差所造成工件尺寸精度的降低。当板厚小于 0.3 mm 或自动送料时,不宜采用有侧压导料板。条料沿导料板送进以保证送进方向,导料板与导板(卸料板)可以分开制造,也可以制成整体式的。整体式导料板多用于条料宽度

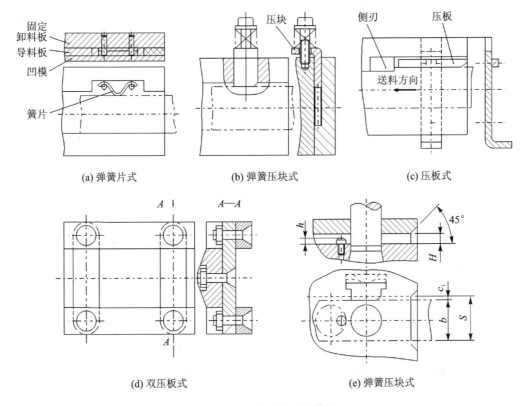

图 2-66　常用的侧压装置

60 mm 的小型模具。导料板导料适用于简单模和级进模。为使条料顺利通过,导料板间距离应该等于条料的最大宽度加上双边间隙值。无侧压装置时条料的宽度和导料板间距离按无侧压装置的公式计算。

　　簧片和簧片压块式侧压结构简单,侧压力小,常用于料厚 1 mm 以下的薄料,簧片的数量视具体的情况而定。簧片压块式侧压力较大,适用于冲裁厚料,一般设置 2～3 个。压块式侧压力大且均匀,它的装置位置一般只限于在进料口,如果冲裁工位多,则在末端起不到侧压作用;双压板式能保证条料的中心位置不变,不受条料宽度公差影响,常用于无废料排样,但其结构较为复杂。料厚小于 0.3 mm 或自动送料时,不宜采用侧压装置。

　　有侧压装置时,见图 2-66(e),导料板间的距离 $S$ 按下式确定:

$$S = b + c_1 \qquad (2.30)$$

式中:$c_1$ 为有侧压时导尺与最宽条料之间的单面最小间隙。根据有无侧压装置而不同,其值可参考表 2-44。

**2. 挡料方式**

　　常见的限定条料送进距离的方式有:限定条料送进距离的挡料销定距,用挡料销钉抵挡搭边或工件轮廓;限定条料送进距离的侧刃定距,用侧刃在条料侧边冲切各种形状缺口。

　　(1) 挡料销定距

　　挡料销包括固定挡料销、活动挡料销、临时挡料销、自动挡料销,作用是限定条料的送进距离,并起定位作用。

表 2 – 44    侧压板高度 $H$、$h$ 及间隙值 $c_1$

mm

| 条料宽度 / 条料厚度 | $c_1$ | | | | | | $H$ | | | | $h$ |
|---|---|---|---|---|---|---|---|---|---|---|---|
| | 不带侧压 | | | | | 带侧压 | 用挡料销挡料 | | 侧刃、自动挡料 | | |
| | 50 | 50~100 | 100~150 | 150~220 | 220~300 | | <200 | >200 | <200 | >200 | |
| <1 | 0.1 | 0.1 | 0.2 | 0.2 | 0.3 | 0.5 | 4 | 6 | 3 | 4 | 2 |
| 1~2 | 0.2 | 0.2 | 0.3 | 0.3 | 0.4 | 0.2 | 6 | 8 | 4 | 6 | 3 |
| 2~3 | 0.4 | 0.4 | 0.5 | 0.5 | 0.6 | | 8 | 10 | 6 | | |
| 3~4 | 0.6 | 0.6 | 0.7 | 0.7 | 0.8 | 0.3 | 10 | 12 | 8 | 8 | 4 |
| 4~6 | | | | | | | 12 | 14 | 10 | 10 | |

固定挡料销分圆形和钩形两种,如图 2 – 67 所示,一般装在凹模上。圆形挡料销结构简单,制造容易,但销孔离凹模刃口太近,会削弱凹模强度;钩形挡料销销孔远离刃口,不会削弱凹模强度,为防止形状不对称的钩头发生转动需加定向销,从而增加了结构复杂性和制造加工量。固定挡料销适用于手工送料的简单模或连续模。

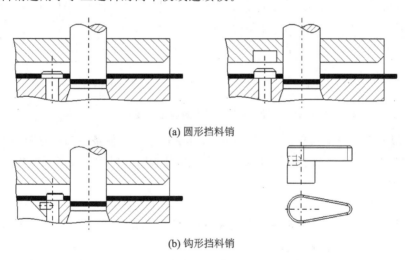

(a) 圆形挡料销

(b) 钩形挡料销

图 2 – 67    固定挡料销

活动挡料销的后端有弹簧或弹簧片,挡料销能自由伸缩,如图 2 – 68 所示。其中图 2 – 68(c)是回带式活动挡料销,在其送进方向带有斜面,送料时,条料的搭边触碰到该斜面,使活动挡料销向上抬起越过条料的搭边,然后将条料回拉,挡料销便抵住搭边而定位。每次送料都要先送后拉,做方向相反的两个动作。回带式挡料销通常用在连续模中。

临时挡料销又称始用挡料销,在级进模中应用较多。级进模有多个工位,在前几个工位需用临时挡料销。在条料第一次冲裁送进前,预先用手将临时挡料销按入,使其端部突出导料板,挡住条料而限定送进距离。第一次冲裁后,弹簧将临时挡料销退出,在以后的各次冲裁中不再使用,如图 2 – 69 所示。

自动挡料销送料时无需将条料抬起或后拉,只需在冲裁后将条料向前推进便能自动挡料,故能满足连续送料的冲压需要,如图 2 – 70 所示。

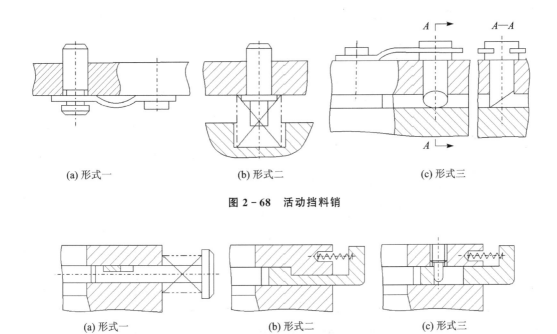

(a) 形式一　　　　　　(b) 形式二　　　　　　(c) 形式三

**图 2 - 68　活动挡料销**

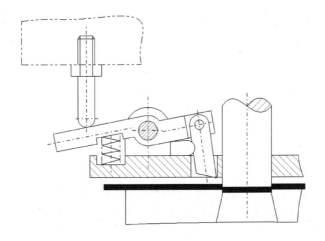

(a) 形式一　　　　　　(b) 形式二　　　　　　(c) 形式三

**图 2 - 69　临时挡料销**

**图 2 - 70　自动挡料销**

（2）侧刃定距

侧刃定距是通过在条料侧边冲切各种形状缺口而达到限定条料送进距离的目的。根据断面形状不同,可将常用侧刃分成三种类型,如图 2 - 71 所示。

长方形侧刃如图 2 - 71(a)所示,制造和使用都很简单,但当刃口尖角磨损后,在条料侧边形成的毛刺会影响送进和定位。为了解决这一问题,在生产中常采用图 2 - 71(b)所示的成形侧刃,这种侧刃的尖角磨损后,产生的毛刺存在于条料的缺口内,不会影响条料的送进和定位。但是,此时必须增大切边的宽度,因而造成原材料过多消耗。图 2 - 71(c)所示的尖角形侧刃需与弹簧挡销配合使用,先在条料边缘冲出一个尖角缺口,当条料送进至该缺口处,反向回拉

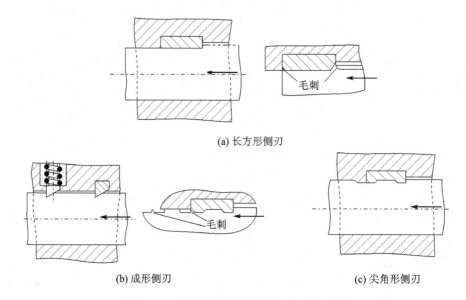

(a) 长方形侧刃

(b) 成形侧刃　　　　　　　　　(c) 尖角形侧刃

**图 2-71　侧刃的形式及磨损后形成的毛刺**

条料至弹簧挡销卡住缺口而定距。尖角形侧刃定距废料少,但操作较麻烦,生产效率低。

　　侧刃的固定可以采用图 2-72 所示的几种方法,其中铆固法用得最多。如图所示,侧刃的工作端部通常做成台阶形,冲裁时凸出部分先进入凹模导向,可避免侧压力损坏侧刃。只有当被冲材料很薄时,才采用无台阶的平端面侧刃。侧刃的数量可以是一个或者两个。两个侧刃可以布置在同一侧,也可以在两侧对角布置,对角布置能够保证料尾的充分利用。

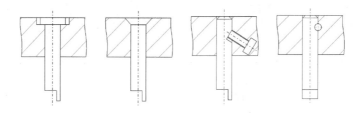

**图 2-72　侧刃固定的几种方法**

　　图 2-73 为侧刃、条料宽度与导料板间距离的尺寸关系示意图。

　　侧刃的长度设为 $S_0'$,即

$$S_0' = S_0 + (0.05 \sim 0.1)\,\text{mm} \tag{2.31}$$

式中:$S_0$——送料进距,$S_0 = D + a_1$;

　　　　$D$——工件沿送料方向的尺寸;

　　　　$a_1$——搭边值。

　　侧刃宽度值 $m = 6 \sim 10\,\text{mm}$;条料宽度和尺寸之间距离见 2.4.3 小节。

　　采用侧刃定距,步距的公称尺寸应比侧刃的公称尺寸小 0.05～0.1 mm。侧刃定距准确可靠,生产效率高,但会增大总冲裁力和增加材料消耗。一般用于连续模冲制窄长形工件(步距小于 6～8 mm)或薄料(厚度 0.5 mm 以下)冲裁。

　　(3) 导正销

　　导正销多用于连续模以获得冲裁件内孔与外缘的相对位置精度。导正销装在落料凸模的

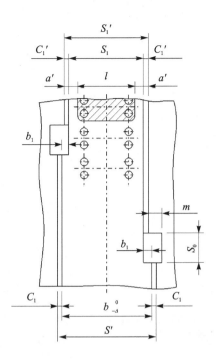

图 2-73 有侧刃冲裁的尺寸关系示意图

工作端面上,在落料前先插入已冲好的孔中,确定内孔与外形的相对位置,然后落料。导正销的精确定位可以消除送料和导向所造成的误差。

　　导正销的几种结构形式如图 2-74 所示,根据孔的尺寸选用。导正销的工作部分由导入和定位两部分组成。导入部分一般为圆弧或圆锥形;定位部分为圆柱面,其高度可取 $0.8 \sim$ 1.2 倍的料厚。考虑到冲孔后孔径缩小,为使导正销顺利地进入孔中,圆柱直径取间歇配合 h6 或 h9。

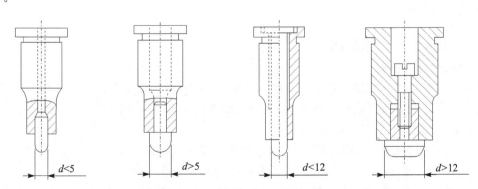

图 2-74 导正销的几种结构形式

　　连续模采用固定挡料销(粗定位)和导正销(精定位)定距时,挡料销只做初步定位,而导正销将条料导正到精确位置。这种方法操作方便,冲裁板料厚度一般不小于 0.3 mm,但是固定挡料销会削弱凹模的强度。

　　所以,设计带有挡料销的连续模时,挡料销的安装位置,应保证导正销在导正条料的过程

中,条料有被拉回少许或推进少许的可能,如图 2 - 75 所示。故挡料销与导正销之间的距离 $e$ 应满足如下关系式:

① 如图 2 - 75(a)所示,挡料销位置 $e$ 的公式如下:

$$e = S - \frac{D}{2} + \frac{d}{2} + 0.1 \tag{2.32}$$

② 如图 2 - 75(b)所示,挡料销位置 $e$ 的公式如下:

$$e = S + \frac{D}{2} - \frac{d}{2} - 0.1 \tag{2.33}$$

式中:$S$——步距(mm);

$D$——落料凸模直径(mm);

$d$——挡料销直径(mm)。

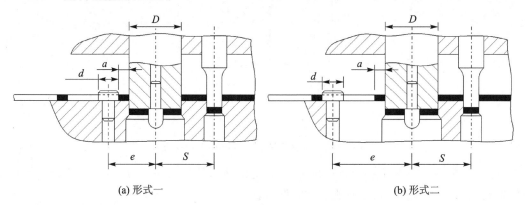

(a) 形式一      (b) 形式二

**图 2 - 75　挡料销与导正销的位置关系**

一般来讲,以下几种情况不宜采用导正销:

① 冲裁条料厚度小于 0.5 mm 时,导正销插入孔内易使孔边弯曲;

② 冲孔直径过小;

③ 落料凸模尺寸较小。

上述后两种情况会减弱凸模强度,可改用侧刃定位。

### 3. 定位板和定位销

定位板和定位销一般用于对单个毛坯的定位。这种定位根据定位面形状可分为外轮廓定位和内轮廓定位。定位板或定位销与毛坯定位面的配合可取 H9/h9 的间隙配合。

设计定位板与定位销时,应注意以下几点:

① 工件外形简单时,应以外形定位,外形复杂时考虑以内孔定位;

② 定位要可靠,放置毛坯和取出工件要方便,并确保操作安全;

③ 对于形状不对称的工件,定位板要有明确的方向性(如图 2 - 76 所示),以防止出现废品或由于操作不当而引起事故;

④ 若工件需要经过几道冲压工序完成,各套冲模应尽可能利用工件上同一个定位基准,以避免累积误差。

定位板应有两个销钉固定以防止移动。定位板或定位销与毛坯间的配合一般按 H9/f9 配合。定位板与定位销工作部分高度 $h$ 值可按表 2 - 45 选取。

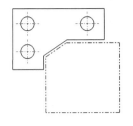

图 2-76　定位板的方向

表 2-45　定位板或定位销工作部分高度 $h$

| 材料厚度 $t$/mm | $<1$ | $\geqslant 1\sim 3$ | $\geqslant 3\sim 5$ |
|---|---|---|---|
| $h$/mm | $t+2$ | $t+1$ | $t$ |

## 2.9.3　压料、卸料及出件零件

### 1. 卸料装置

卸料装置的主要作用是把板料从凸模上卸下,有时也可作压料用以防止板料变形。一般有刚性卸料装置、弹压卸料装置和废料切刀等形式,如图 2-77、图 2-78 所示。

刚性卸料装置主要指刚性卸料板(固定卸料板),一般安装在凹模和导料板上。它结构简单,卸料力大,可用于冲裁料厚大于 0.5 mm、平面度要求不高的工件的冲裁模中,如图 2-77(a)所示。卸料板有时还可兼作凸模的导板,其上的孔与凸模相对应的部位配合加工。弹性卸料装置如图 2-77(b)所示,一般由卸料板、弹性元件(弹簧和橡皮)和卸料螺钉组成。为了防止细长凸模纵向失稳弯折,可采用有导向的弹性卸料板。除了卸料板对凸模的导向外,模具本身还采用导柱、导套等导向装置进行导向。

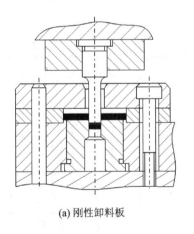

(a) 刚性卸料板

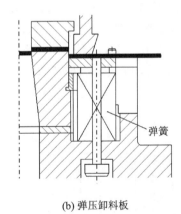

弹簧

(b) 弹压卸料板

图 2-77　卸料板的形式

卸料板与凸模之间的单面间隙:对于仅起卸料作用的固定卸料板,取 0.1~0.5 mm(薄料取小值,厚料取大值);对于无导向的弹性卸料板,取 0.1~0.2 mm;对于带导向凸模的弹性卸料板,它和凸模的单面间隙应小于凸模之间的单面间隙,通常按 H7/h6 配合加工。

卸料板外形尺寸与凹模外形尺寸一致。卸料板厚度与卸件尺寸及卸料力有关,一般为

$$H = (0.8 \sim 1.0)H_{凹} \tag{2.34}$$

式中:$H$——卸料板厚度(mm);

$H_{凹}$——凹模厚度(mm)。

当大型零件冲裁或成形件切边时,凹模下压废料于切刀的刀刃上,将废料切断,一般用于修边时的卸料,如图2-78所示。废料切刀的夹角 $\alpha$ 一般为 $78°\sim80°$,其刃口应比废料宽一些,刃口比模具刃口低,其 $h$ 值为材料厚度的 $2.5\sim4$ 倍,且不小于 $2$ mm。图2-78(a)用于小型模具和切断薄废料,图2-78(b)适用于大型模具和切断厚废料。

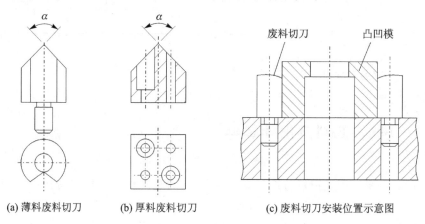

(a) 薄料废料切刀    (b) 厚料废料切刀    (c) 废料切刀安装位置示意图

图2-78　废料切刀

### 2. 推件装置与顶件装置

（1）推件器和顶件器的结构

推件器装在上模内,由推杆、推板、推销和推件器组成。图2-79所示为倒装复合模(凸凹模在下模)中的推件器,上模向上时,推杆撞击推板,经推销推出推件块,从而推出工件。其推件是靠压力机中滑块内的横梁作用,推件力大且可靠。

顶件器装在下模内,所使用的弹性缓冲器可用气垫或氮气弹簧装于下模座的下方。顶件装置除了能推出工件外,还可压平工件。这种装置还可用于卸料。图2-80所示为顺装复合模(凸凹模在上模)中的顶件器,由顶件块、顶杆和弹顶装置组成,留在凹模内的工件靠顶件器顶出。

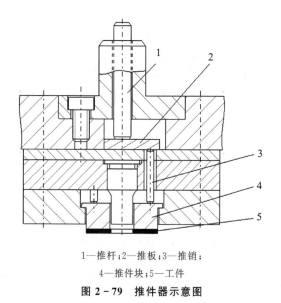

1—推杆;2—推板;3—推销;
4—推件块;5—工件

图2-79　推件器示意图

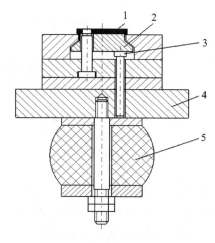

1—工件;2—顶件块;3—顶杆;
4—下模座;5—弹顶装置

图2-80　顶件器示意图

（2）推件块或顶件块与凸、凹模的配合

① 冲裁件的内形尺寸较小，外形尺寸较简单时，推件块（顶件块）外形与凹模为间隙配合 H8/f8，推件块（顶件块）内形与凸模为非配合关系（外导向）。

② 冲裁件的内形尺寸较大，外形相对复杂时，推件块（顶件块）内形与凸模为间隙配合 H8/f8，推件块（顶件块）外形与凹模为非配合关系（内导向）。

（3）推板的形式

推杆的长度应高出压力机滑块模柄孔 5～10 mm；推件器要高出凹模刃口平面 0.5～1 mm；为了使推件力均衡分布，推销要分布均匀、长短一致。推板一般装在上模的孔内，其厚度与工件尺寸、推件力有关。对于中小型件，一般取 5～10 mm。

推板的形状及推杆的布置应使推件力分布对称、平衡，能够平稳地将工件（或废料）推出，同时又不会削弱模柄及上模座的强度。常见推板的形式如图 2-81 所示。

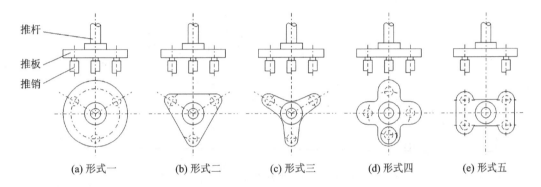

图 2-81　常见推板的形式

### 3. 压边圈

冲裁模不用压边圈。在设计拉深模时采用压边圈可以防止拉深件凸缘部分起皱，如图 2-82 所示。其中图（a）为安装在双动压力机上的拉深模，即凸模装在内滑块上，压边圈装在外滑块上；图（b）为安装在单动压力机上的拉深模。倒装结构可利用压力机的气垫或在其下面装弹顶器，具有较大的压边力和压边行程。

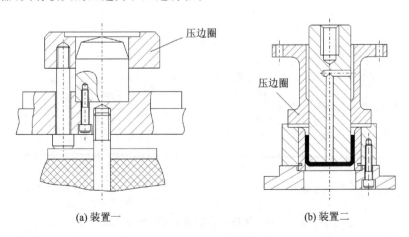

图 2-82　压边装置

### 4. 弹性元件

（1）普通弹性元件

弹性元件主要用于卸料、压料或推件。模具用的普通弹簧形式很多,可分为圆钢丝螺旋弹簧、方钢丝螺旋弹簧和碟形弹簧等。圆钢丝螺旋弹簧制造方便,应用最广。方钢丝(或矩形钢丝)螺旋弹簧所产生的压力比圆钢丝螺旋弹簧大得多,主要应用于卸料力或压料力较大的模具。

碟形弹簧的组装如图 2-83 所示。图(a)为单片组装的碟形弹簧,图(b)为多片组装的碟形弹簧。多片组装的比单片组装的弹簧弹力要大得多,但是弹簧压缩量较小。碟形片材料为 65Mn、60Si2Mn 等弹簧钢,一般用冲压方法制成。

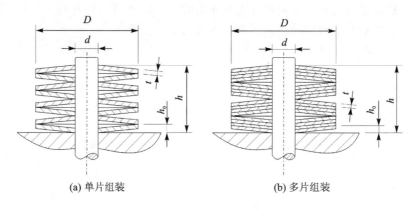

(a) 单片组装          (b) 多片组装

**图 2-83　碟形弹簧的组装**

碟形弹簧在模具上的布置方式如图 2-84 所示。

在中、小型工厂中,冲模的弹性元件还广泛使用橡皮。其优点是价格低廉,使用方便,但是当橡皮和油接触时容易被腐蚀损坏。近年来又有使用聚氨酯橡胶作弹性元件的,它比橡皮的压力大,寿命也长,但价格较高。

碟形弹簧、各种螺旋弹簧和橡皮等弹性元件的计算和选用,可参考有关标准及机械零件设计资料。

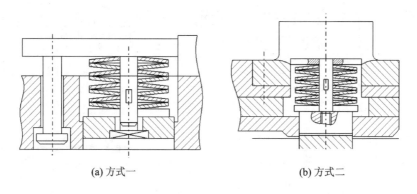

(a) 方式一          (b) 方式二

**图 2-84　碟形弹簧在模具上的布置方式**

（2）氮气弹簧

一般来讲,小型压力机不配置气垫;大型压力机的气垫采用低压空气,使用过程中要求有独立的压缩空气气源供应系统与之配套,结构比较庞大且调整压力既不方便也不精确,模具在压力机上的位置需要相对固定,不具有灵活性。

氮气弹簧是一种具有弹性功能的部件,也称其为氮气缸或氮缸。其工作原理是将高压氮气密封在固定的容器内,外力通过柱塞杆对容器内的氮气进行压缩,外力去除后,靠高压氮气膨胀来获得一定的弹簧力。模具专用氮气弹簧是一种以高压氮气为工作介质的新型弹性组合件,它的特点是:体积小,弹力大,行程长,工作平稳,制造精密,使用寿命长（100 万次）,弹力曲线平缓以及不需要预紧等。它可以完成金属弹簧、橡胶和气垫等常规弹性组合件难以完成的工作,有效地简化模具结构,便于模具的设计与制造、安装与调整,延长模具使用寿命,确保产品质量稳定,还可以将其设计成一种氮气弹簧系统,作为模具的一部分参与工作,便于实现压力恒定和延时动作,是一种具有柔性性能的新一代的最理想的弹性部件。氮气弹簧的构造如图 2 - 85 所示。

另外,氮气弹簧在不同程度上克服了其他弹簧、橡胶和气垫的缺点。常见弹性元件的特性曲线如图 2 - 86 所示。

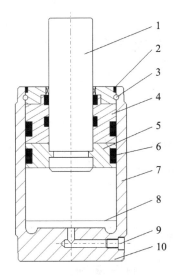

1—柱塞或活柱杆;2—端面防尘密封;3—钢丝圈;
4—上内套;5—支撑环;6—运动密封圈;7—缸体;
8—内控容积;9—螺塞;10—缸底

**图 2 - 85　氮气弹簧构造示意图**

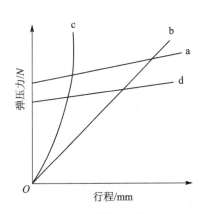

a—氮气弹簧;b—弹簧;c—橡胶;d—气垫

**图 2 - 86　常见弹性元件特性曲线**

氮气弹簧在冲裁、弯曲、拉深、成形、整形等模具中均有应用,其结构简图如图 2 - 87 所示。它大大简化了模具设计,缩短了模具制造周期,保证冲压件的品质稳定,也使模具的使用寿命延长。目前国内外已经相当广泛地使用氮气弹簧技术。

有关氮气弹簧等弹性元件的计算和选用,可参考有关标准手册等资料。

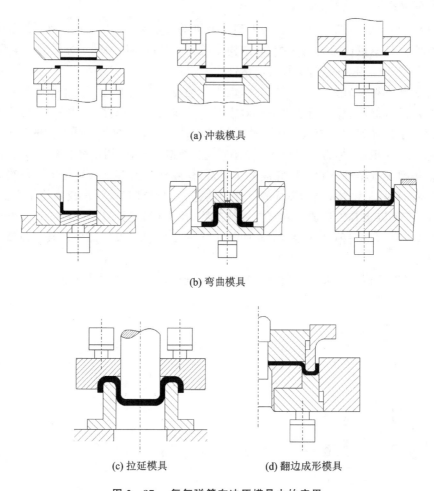

(a) 冲裁模具

(b) 弯曲模具

(c) 拉延模具　　　　(d) 翻边成形模具

图 2-87　氮气弹簧在冲压模具中的应用

## 2.9.4　导向零件

常用的导向零件有导板、滑动式导柱导套和滚珠式导柱导套。

### 1. 导　板

导板起凸模导向作用,适用于冲制形状简单、尺寸不大、材料厚度大于 0.5 mm 的工件。导板的导向孔按凸模断面形状加工,凸模与导板之间采用间隙配合,间隙小于凸、凹模间隙。模具工作时,凸模始终在导板型孔内不脱离导板,从而起到导向作用。为了使导向可靠,导板必须有足够的厚度,一般取等于或稍小于凹模厚度。导板的平面尺寸与凹模平面尺寸相同。当采用特别细的凸模冲孔时,为了保护凸模不易折断,应增加凸模保护套,如图 2-88 所示,以确保凸模在整个工作过程中不致弯曲折断。

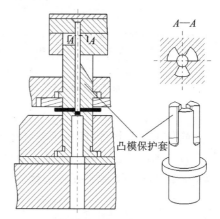

凸模保护套

图 2-88　凸模保护套

**2. 导柱、导套**

冲压件的形状复杂时,导板孔加工困难。为了避免热处理变形,通常不进行热处理,所以其耐磨性差,实际上很难达到和保持稳定的导向精度。对于生产批量大,要求模具寿命长,工件精度较高的冲压模,一般应采用导柱、导套来保证上、下模的精确导向。导柱、导套的结构形式有滑动和滚珠两种。

常见的导柱、导套的布置形式有后侧布置、中间两侧布置、对角布置和四角布置,如图 2-89 所示。

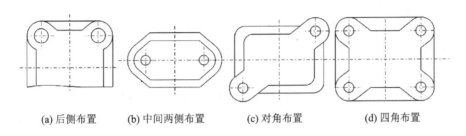

(a) 后侧布置　　(b) 中间两侧布置　　(c) 对角布置　　(d) 四角布置

**图 2-89　常见导柱、导套的布置形式**

后侧布置的后侧导柱模座,两个导柱安装在后侧,开敞性好,可以从三个方向送料,操作方便,容易实现机械化、自动化生产,但是冲压时导柱、导套受力不平衡,容易产生偏心距而使模具倾斜,影响导向精度,导向要求不太严格且冲压偏移力不大时广泛采用这种布置方式,大型冲模不宜采用此种形式。

中间两侧布置的中间导柱模座,受力平衡,但开敞性较差只能沿一个方向送料,适用于横向送料和由单个毛坯冲制的较精密的冲压件或用于弯曲模和拉深模。

对角布置的对角导柱模座,两导柱安装在对角线上,使用时可以两个方向送料,操作较为方便。由于导柱装在模具中心对称位置,受力平衡,冲压时可防止由偏心距所引起的模具歪斜。

四角布置的四导柱模座,受力最均匀,导向精度高,导向性能最好。但结构复杂,适用于冲制比较精密的冲压件。采用中间两侧布置和对角布置时,两个导柱的直径一般取不相等的值,以避免装错方向时损坏凸、凹模刃口。

(1) 滑动式导柱导套

滑动式的导柱、导套都是圆柱形。其加工方便,容易装配,是模具行业中应用最广的导向装置。

图 2-90 所示为最常用的滑动式导柱导套结构形式。导柱的直径一般在 16～60 mm 之间,长度 $L$ 在 90～320 mm 之间。按标准选用,$L$ 应保证上模座在最低位置(模具闭合状态)时,导柱上端面与上模座顶面距离不小于 10～15 mm,而下模座底面与导柱面的距离 $s = 2$～5 mm。导柱的下部与下模座导柱孔采用过盈配合,导套的外径与上模座导套孔采用过盈配合,导套的长度 $L_1$ 须保证在冲压开始时导柱一定要进入导套 10 mm 以上。

导柱与导套之间采用间隙配合,根据冲压工序性质、冲压件的精度及材料厚度的不同,其配合间隙大小也稍有不同。例如:对于冲裁模,导柱与导套的配合可根据凸、凹模间隙选择,凸、凹模间隙小于 0.3 mm 时,采用 H6/h5 配合;凸、凹模间隙大于 0.3 mm 时,采用 H7/h6 配合;对于拉深模,拉深厚度为 4～8 mm 的金属板材时,采用 H7/f7 配合。

（2）滚珠式导柱导套

滚珠式导柱导套是一种无间隙、精度高、寿命较长的导向装置，适用于高速冲模、精密冲裁模以及硬质合金模具的冲压工作。

图 2-91 所示为常见的滚珠式导柱导套的结构形式。导套与上模座导套孔采用过盈配合，导柱与下模座导柱孔为过盈配合，滚珠置于滚珠夹持圈内，与导柱和导套接触，并有微量过盈。设计时，滚珠与导柱、导套之间应保持 0.01～0.02 mm 的过盈量。为保证均匀接触，滚珠尺寸必须严格控制。滚珠直径一般取 3～5 mm。对于高精度模具，滚珠精度取 IT5，一般精度的模具取 IT6。滚珠排列对称，分布均匀，与中心线倾斜角一般取 5°～10°，使每个滚珠在上、下运动时都有其各自的滚道。滚珠夹持圈的长度 $L$，应保证上模上升到上死点时，仍有 2～3 圈滚珠与导柱、导套配合起导向作用。导套长度为

$$L_1 = L + (5 \sim 10)\,\text{mm} \tag{2.35}$$

导柱、导套的规格有国家标准，设计时应尽可能按照标准去选取。

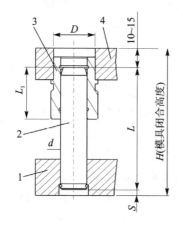

1—下模座；2—导柱；3—导套；4—上模座

**图 2-90　滑动式导柱导套结构形式**

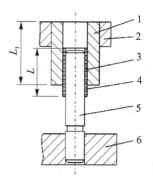

1—导套；2—上模座；3—滚珠；
4—滚珠护套；5—导柱；6—下模座

**图 2-91　滚珠式导柱导套结构形式**

## 2.9.5　固定零件

冲模的固定零件包括：模柄，上、下模座，凸、凹模固定板，垫板等。

**1. 模　柄**

模柄的作用是将模具的上模座固定在压力机的滑块上。常用的模柄结构形式如图 2-92 所示。

① 带螺纹的旋入式模柄，如图 2-92(a) 所示。通过螺纹与上模座连接，为防止松动，拧入防转螺钉紧固。这种结构的模柄，装卸方便，垂直精度较差，多用于有导柱的中、小型冲模。

② 带台阶的压入式模柄，如图 2-92(b) 所示。它与模座安装孔的配合采用 H7/m6 过渡配合，并加用销钉以防止转动，可以保证较高的同轴度和垂直度。加防转销钉防止模柄转动，适用于各种中、小型模具，是生产中最常见的模柄。

③ 凸缘式模柄，如图 2-92(c) 所示。用 3～4 个螺钉固定在上模座的窝孔内，模柄的凸缘与上模座的沉孔采用 H7/js6 过渡配合，多用于较大的模具。

④ 浮动模柄，如图 2-92(d)所示。它由模柄 1、球面垫块 2 和接头 3 等零件组成。这种结构通过球面垫块可以消除压力机滑块导向精度不足所造成的导向误差。适用于需精确导向且导向装置在工作中始终不脱开的精密冲模，如硬质合金模、精冲模等。

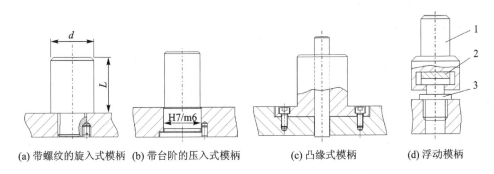

(a) 带螺纹的旋入式模柄　(b) 带台阶的压入式模柄　　(c) 凸缘式模柄　　　(d) 浮动模柄

1—模柄；2—垫块；3—接头

**图 2-92　常用模柄的结构形式**

除上述结构形式外，在小型简单冲模中，有时将模柄与上模座（或凸模）做成整体式。模柄的安装直径 $d$ 和长度 $L$（见图 2-92(a)）应与压力机滑块上的模柄孔相适应，即模柄的长度不得大于压力机滑块内模柄的深度，模柄直径应与模柄孔一致。另外，模柄的轴心线相对上模座上平面的垂直度误差在全长范围内不大于 0.05 mm。

**2. 模　座**

上模座是上模最上面的板状零件，工作时紧贴压力机滑块，并通过模柄或者直接与压力机滑块固定。

下模座是下模底面的板状零件，工作时直接固定在压力机工作台面或垫板上。

模座分为带导柱和不带导柱两种，根据生产规模和产品要求确定是否采用带导柱的模座。带导柱标准模座的常用形式及导柱布置方式如图 2-89 所示。

上、下模座上不仅要安装冲模的全部零件，而且要承受和传递冲压力。因此，模座应具有足够的强度和刚度。如果刚度不足，工作时会产生较大的弹性变形，导致模具零件迅速磨损或破坏致使冲模寿命显著降低。

通常把上、下模座与导向装置总称为模架，而无导向装置中的一套上、下模座称为模座。模具设计时，通常是按标准选用模架或模座。进行模座设计时，圆形模座的外径应比圆形凹模直径大 30～70 mm；矩形模座的长度应比凹模长度大 40～70 mm，而宽度取凹模宽度相同或稍大。另外，下模座的轮廓尺寸还应比压力机工作台漏料孔每边至少大 40～50 mm。模座厚度可参照凹模厚度估算，通常为凹模厚度的 1～1.5 倍。

上、下模座的导柱、导套安装孔通常采用组合加工，以保证上、下模座孔距的一致。模座大多是铸铁或铸钢件，其结构应满足铸造工艺要求。另外，大型模座上还应设置起重孔或起吊装置，以便于模具起吊、运输。

上、下模座已有国家标准，除特殊类型外，尽可能按标准选取。导柱、导套和上下模座装配后组成模架，国内已有部分标准化模架。

**3. 固定板与垫板**

将凸模或镶块按照一定相对位置压入固定后，作为一个整体安装在上模座或下模座上的板件,分别称为凸模固定板或凹模固定板。固定板根据外形不同可分为圆形和矩形两种,平面尺寸应与相应的整体凹模尺寸一致,凸模固定板的厚度应至少取其凸模设计长度的 2/5;凹模固定板的厚度通常至少按凹模镶块厚度 $H$ 的 2/3 选用。

凸模和一般钢质凹模镶块与固定板选用 H7/n6 或 H7/m6 配合。压入固定后应将底面与固定板一起磨平。细小凸模与固定板应取 H7/h6 配合。固定板应选用 A3 或 A5 钢制造,压装配合面的表面粗糙度 $Ra$ 应达 1.6~0.8 $\mu m$。

垫板主要用来分散凸模传递的压力,防止模座受过大的压力而损坏。当凸模尾端传递的压强大于模座材料的许用压应力(一般铸铁取 100 MPa,铸钢取 120 MPa)时,为了防止凸模尾端损坏模座(或选用压入式模柄的上模座为避免模柄受到直接的冲击作用)在上模座和凸模固定板之间一定要安装淬硬磨平的垫板(这里必须注意的是,计算凸模传递的单位压力时,应取凸模承受的总冲压力,不能仅取冲裁力)。

另外,是否需用垫板,也可按下式校核:

$$P = F_z A \tag{2.36}$$

式中:$P$——凸模头部端面对模座的单位面积压力;

$F_z$——凸模承受的总压力;

$A$——凸模头部端面支承面积。

计算出的结果大于模座材料的许用压应力时,需要在工作零件与模座之间加一块淬硬的垫板。

一般冲裁模使用的垫板,厚度可在 4~12 mm 内按照标准选用,外形尺寸应与凸模固定板相同。为了便于模具装配,销钉通孔直径可以比销钉直径大 0.3~0.5 mm。垫板材料可选用 45 号钢,淬火硬度 HRC 43~48;或选用 T7A、T8A,淬火硬度 HRC 54~58。

## 2.9.6 紧固及其他零件

### 1. 螺钉与销钉

螺钉是用于紧固模具的传统零件,主要承受拉应力,一般按经验选用。对于中、小型模具,螺钉的尺寸可根据凹模厚度参考表 2-46 选用。

表 2-46 螺钉的选用

| 凹模厚/mm | ≤13 | >13~19 | >19~25 | >25~32 | >32 |
|---|---|---|---|---|---|
| 螺钉规格/mm | M4,M5 | M5,M6 | M6,M8 | M8,M10 | M10,M12 |

螺钉的数量由被紧固零件的外形尺寸及其受力大小而决定,一般采用 6 个,特殊情况下可采用 4 个。螺钉的布置应对称,且保证所紧固的零件受力均衡。冲模上的螺钉通常用圆柱头内六角螺钉(GB/T 70—1985)。这种螺钉紧固牢靠,且螺钉头埋在凹模内,使模具结构紧凑,外形美观。

螺钉拧入最小深度:采用钢时,与螺纹直径相等;采用铁时,为螺纹直径的 1.5 倍。

先进的模具压紧方法采用与压力机联锁且具有可监控性能的液压压紧装置。其夹紧力均匀稳定,可满足压紧厚度在相当广阔的范围内变化,有益于提高模具寿命和保证冲压件的品质。换模时间迅速,只需按动开关按钮即可实现对模具的夹紧与松脱。

销钉起定位作用,防止零件之间发生错移,销钉本身承受切应力。销钉一般用两个,多用圆柱销（GB/T 119—1986）与零件上的销孔，采用过渡配合，其直径与螺钉上的螺纹直径相同。若零件受到的错移力大时，可选用较大的销钉；但若零件采用窝座定位，则可以不用销钉。

销钉的最小配合长度是销钉直径的 2 倍。

**2. 键**

为防止凸模、凹模承受侧向力，用两个螺钉及两个销钉将键与连接件紧固。有关标准件可以查阅相关手册。

# 2.10　冲裁模的典型结构

冲裁模种类繁多，结构各异。根据完成工序数量和工序组合形式不同，可将冲裁模分为单工序模、复合模和连续模（又称级进模）3 种。

## 2.10.1　单工序模

压力机一次工作行程中只能完成一个冲压工序的模具称为单工序模，也叫简单模。单工序冲裁模包括落料模和冲孔模。常见单工序冲裁模有以下几种形式：无导向简单冲裁模、导板式简单冲裁模和导柱式冲裁模。

**1. 无导向简单冲裁模**

模具的上部分为活动部分，由模柄、上模座、凸模组成，通过模柄安装在压力机滑块上；下部分为固定部分，由导板、凹模、下模座组成，通过下模座安装在压力机工作台面上。模具的上、下模没有直接导向关系。

无导向简单冲裁模的特点是上、下模无导向，结构简单，重量较轻，尺寸较小，模具制造简单，成本低，但是模具依靠压力机滑块导向，使用时安装调整麻烦，模具使用寿命较低，冲裁间隙由冲床滑块的导向精度决定，冲裁件精度差，操作也不安全。

无导向简单冲裁模适用于精度要求不高、形状简单、小批量或试制冲裁件的生产。

**2. 导板式简单冲裁模**

图 2-93 为导板式简单冲裁模，其结构与无导向简单冲裁模相类似。上部分主要由模柄、上模座、垫板、凸模固定板、凸模组成，下部分主要由下模座、凹模、导料板、导板、活动挡料销、托料板组成。这种模具的特点是模具上、下两部分依靠凸模与导板的动配合导向；导板兼作卸料板；凸模与导板间选用 H7/h6 的间隙配合，且该间隙小于冲裁间隙；工作时凸模不脱离导板，以保证模具的导向精度。一般来讲，凸模刃磨时也不应脱离导板；要求使用的设备行程不大于导板的厚度（可使用行程较小且可以调整的偏心式压力机）。

导板式简单冲裁模的工作过程是条料沿托料板、导料板自右向左送进，搭边越过活动挡料销后，再反向回拉条料，使挡料销的后端面抵住条料搭边而定位，此时凸模下行，完成冲裁。由于挡料销对第一次冲裁起不到定位作用，所以模具设计了临时挡料销，在冲裁条料上第一个冲裁件之前用手压式临时挡料销限定条料的位置，在以后的各次冲裁过程中，临时挡料销被弹簧弹出，不再起挡料作用。因此，该临时挡料销又叫初始挡料销。

与无导向简单冲裁模相比，导板模精度高，寿命长，安装容易，操作安全，但制造比较复杂，一般适用于生产形状简单、尺寸不大的冲裁件。

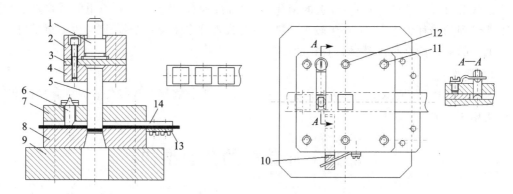

1—模柄；2—上模座；3—垫板；4—凸模固定板；5—凸模；6—活动挡料销；7—导板；8—凹模；
9—下模座；10—初始挡料销；11—螺钉；12—销钉；13—托料板；14—导料板

图2-93 导板式简单冲裁模

### 3. 导柱式冲裁模

用导板导向并不十分可靠，尤其是对于形状复杂的工件，按凸模配作形状复杂的导板孔形困难很大，而且，由于受到热处理变形的限制，导板常是不经淬火处理的，影响其使用寿命和导向效果。因此，在大批量生产中广泛采用导柱式冲裁模。

导柱式冲裁模的上、下模依靠导柱、导套的滑动配合导向，比导板导向可靠性高，精度高，安装使用方便，间隙容易保证，但是导柱会增大模具轮廓尺寸，使模具略显笨重，制造工艺复杂，成本高。如图2-94所示，该模具为弹性卸料下出件落料模，由可沿导柱滑动的上模和工作时需要固定的下模两部分组成。上模以上模座为基体，由安装在其上的导套、模柄、止动销钉、垫板、凸模固定板、凸模、弹压卸料板、螺钉、销钉、橡胶垫（也可用弹簧）等元件组成，下模以下模座为基体，由导柱、凹模、导料板、挡料销、螺钉、销钉等元件组成。

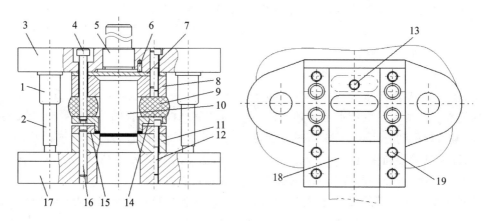

1—导套；2—导柱；3—上模座；4—卸料螺钉；5—模柄；6—止动销钉；7—垫板；
8—凸模固定板；9—橡胶垫；10—凸模；11—凹模；12—螺钉；13—挡料销；
14—弹压卸料板；15—导料板；16—销钉；17—下模座；18—托料板；19—圆柱销

图2-94 导柱式冲裁模

上模通过模柄安装在压力滑块的固定孔内，可随滑块上下运动。下模通过下模座用压板螺栓固定在压力机台面上。工作时将裁好的条料沿导料板送至挡料销处定位，开动压力机后上模沿导柱随滑块向下运动,待弹压卸料板将条料压紧后,凸模和凹模对条料进行冲裁,使工件与条料分离。冲出的工件从凹模内部的漏料孔落下。冲裁完毕上模上升时,在橡胶垫的弹性力作用下,弹压卸料板将条料从凸模上卸下。由于模具采用弹压卸料结构,坯料在被上、下模压紧的状态下完成分离,所以,冲裁件变形小,平整度高。此类结构广泛应用于冲裁材料厚度较小,且有平面度要求的金属件和易于分层的非金属件。

冲孔模的结构与落料模相似,但冲孔模有其自身的特点,特别是冲小孔模具,必须考虑凸模的强度和刚度,以及快速更换凸模的结构。另外,在已成形零件侧壁上冲孔时,需要设计凸模水平运动方向的转换机构。

## 2.10.2　复合模

压力机一次工作行程中,在模具同一部位同时完成数道冲压工序的模具,称为复合模。复合模属于多工序模,其特点是:结构紧凑,减少了冲压工序,生产率高,制件精度高,特别是工件内孔与外形的相对位置容易保证;但模具结构复杂,受凸凹模最小壁厚限制,对模具零件精度以及模具装配精度要求较高。

用于冲裁的复合模通常是指落料与冲孔同时完成的冲裁模。图 2-95 是复合模工作部分结构示意图,图示模具的下模部分装有落料凹模和冲孔凸模,上模部分装有凸凹模(该零件的外形作为落料凸模,内孔作为冲孔凹模)。复合模有倒装和顺装两种结构形式:凸凹模安装在下模的复合模称为倒装复合模;凸凹模安装在上模的复合模称为顺装复合模。前者常用于工件平整度要求不高、凸凹模强度足够时,操作较为方便。

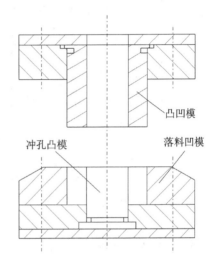

图 2-95　复合模工作部分结构示意图

### 1. 倒装复合模

图 2-96 是倒装复合模,凸凹模安装在下模。倒装复合模一般采用刚性推件装置把卡在凹模中的制件推出。刚性推件装置由打料杆、打料块、推销组成。废料直接由凸模从凸凹模内孔推出。凸凹模洞口若采用直刃,则模内有积存废料,胀力较大,当凸凹模壁厚较薄时,可能导致胀裂。倒装复合模的凸凹模最小壁厚,可查阅有关设计资料。

采用刚性推件的倒装复合模,条料不是处于被压紧状态下冲裁,因而制件的平整度不高。适宜厚度大于 0.3 mm 的板料。若在上模内设置弹性元件,采用弹性推件,则可冲较软且料厚在 0.3 mm 以下平直度较高的冲裁件。

### 2. 顺装复合模

顺装复合模结构的特点是冲孔废料可从凸凹模中推出,型孔内不会积存过多废料,从而凸凹模胀裂力小,故最小壁厚值可以相对倒装复合模的最小壁厚小一些。

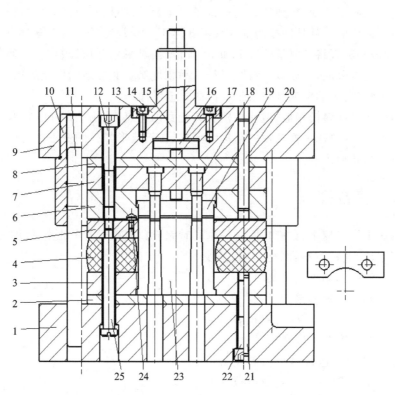

1—下模座;2—下垫板;3—凸凹模固定板;4—橡胶;5—卸料板;6—凹模;7—凸模固定板;8—上垫板;
9—上模座;10—导套;11—导柱;12、13、22—螺钉;14—模柄;15—打杆;16—打料板(或打料块);17—推销;
18—冲孔凸模;19—推件块;20、21—定位销;23—凸凹模;24—挡料销;25—卸料螺钉

**图 2-96　倒装复合模**

## 2.10.3　连续模

连续模又称为级进模、跳步模,是指压力机在一次行程中,在模具几个不同的位置上同时完成多道冲压工序的冲模,如图 2-97 所示。整个制件的成形是在级进过程中逐步完成的。

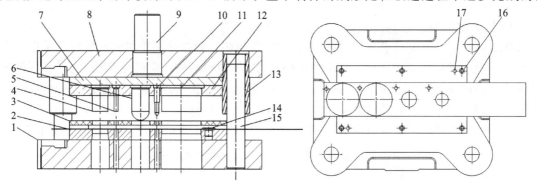

1—下模座;2—凹模;3—固定卸料板;4—冲孔凸模;5—工艺孔凸模;6—翻边凸模;
7—垫板;8—上模座;9—模柄;10—导正销;11—落料凸模;12—凸模固定板;
13—导套;14—固定挡料销;15—导柱;16—螺钉;17—销钉

**图 2-97　连续模**

级进成形是属于工序集中的工艺方法,可使切边、切口、切槽、冲孔、塑性成形、落料等多种工序在一副模具上完成。

由于用连续模冲压时,冲裁件是依次在几个不同位置上逐步成形的,因此要控制冲裁件的孔与外形的相对位置精度就必须严格控制送料步距。

# 习　题

1. 简述冲压模具的分类。
2. 简述对冲压模的使用要求。
3. 简述冲压模设计要点。
4. 画简图说明排样方法。
5. 简述影响搭边值的因素有哪些。
6. 简述冲裁间隙对冲裁件质量的影响。
7. 简述确定凸、凹模刃口尺寸的原则和方法。
8. 画简图说明倒装复合模的结构。

# 第3章　飞机钣金零件常用冲压模具设计

冲压模具主要用于金属及非金属板料的压力加工。其加工方式可分为分离工序和成形工序两大类。常见的冲压成形工艺有冲裁、弯曲、拉深、翻边、旋压、胀形、起伏、缩口、扩口等。

冲裁模具在各领域中应用广泛,在本书第2章中已有讲述;本章主要针对飞机制造中常用的冲压成形及其模具进行分析。

## 3.1　弯　曲

弯曲是使材料产生塑性变形,将其弯成有一定形状和角度工件的成形方法,是板料冲压加工中常见的加工工序之一。弯曲模是使板料产生塑性变形、形成有一定角度形状零件的模具。弯曲工序可以用模具在普通压力机上进行,也可以在专用弯曲机或弯曲设备上进行。

弯曲成形过程可分为三个阶段:

① 弹性弯曲。在变形初始阶段板料变形程度较小,板料变形区应力最大的内、外表面材料并未产生屈服,变形区内材料仅为弹性变形。

② 弹-塑性弯曲。随着变形的增大,坯料变形区内、外表面材料首先屈服,进入塑性变形状态;随着变形的进一步增大,塑性变形由表面向中心逐渐扩展。

③ 纯塑性弯曲。变形到一定程度,整个变形区的材料完全处于塑性变形状态。

弯曲的切向应力均是外层为拉,内层为压。由于从内层到外层切向应力由压连续变为拉,所以内、外层之间必然存在切向应力为零的"应力中性层"。

从弯曲件变形区的横断面来看,对于窄板(宽度与厚度之比 $b/t < 3$)弯曲,其横断面由矩形变成了扇形,而对于宽板($b/t > 3$)弯曲,其横断面形状几乎保持不变(仍为矩形)。这是由于板料的相对宽度直接影响板料沿着宽度方向的应变,进而影响应力。

### 3.1.1　弯曲件的工艺性

弯曲件的种类繁多,结构形状各异。弯曲成形主要问题是回弹和弯曲半径。回弹是在弯曲过程中,由于材料存在着弹性变形,当外加弯矩卸除后,板料产生弹性恢复的现象,直接影响弯曲件的形状准确度;弯曲半径是表示板料弯曲的变形程度,如果取的过小,有可能使弯曲件产生开裂。因此,在满足使用要求的前提下,应充分考虑弯曲成形的工艺性。

**1. 弯曲件的对称性**

弯曲件的形状应尽可能保持左右对称、宽度相同。如图3-1所示,相应部位的圆角半径应左右相等,即 $r_1 = r_2$,$r_3 = r_4$ 时,可以保证弯曲件毛坯不易产生侧向滑动。

**2. 弯曲件的直边高度**

如图3-2(a)所示,弯曲件直边高度不宜过小,否则会因弯边高度不足而影响弯曲质量或难以弯曲成形。弯曲直角时,直边最小弯边高度一般取 $h_{\min} \geqslant 2t$;当弯曲直边带有斜缺口时(见图3-2(b)),直边的最小高度为

$$h_{\min} = (2 \sim 4)t \quad \text{或} \quad h_{\min} = (1.5t + r) \quad (3.1)$$

若 $h < h_{\min}$，则需预先压槽，或者采用增加直边高度待弯曲成形后再切掉多余部分的方法。

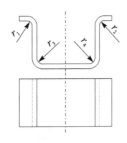

**图 3-1　弯曲件的对称性**

### 3. 最小弯曲半径

在坯料外表面纤维不发生破坏的前提下，工件能够弯成的内表面最小圆角半径，称为最小弯曲半径 $r_{\min}$，相应地，$r_{\min}/t$ 称为最小相对弯曲半径。当弯曲件相对弯曲半径 $b/t$ 过小时，弯曲件会因外层材料纤维的拉伸变形量超过材料所允许成形极限而出现裂纹或折断，致使弯曲件报废。因此，板料弯曲存

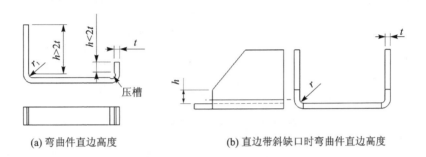

(a) 弯曲件直边高度　　　　　　(b) 直边带斜缺口时弯曲件直边高度

**图 3-2　弯曲件的直边高度**

在最小弯曲半径允许值，最小弯曲半径越小的材料，承受弯曲变形的性能越好。影响最小弯曲半径的因素如下：

（1）材料的力学性能

材料的塑性越好，其塑性指标（伸长率 $\delta$）越高，最小弯曲半径也越小。

（2）材料的纤维方向与折弯线方向的关系

轧制的板料是各向异性的，顺着纤维方向的塑性指标高于垂直于纤维方向的塑性指标。因此，当弯曲折弯线垂直于板料纤维方向时，$r_{\min}/t$ 值小于折弯线平行于纤维方向时的 $r_{\min}/t$ 值，见图 3-3(a)、(b)。在弯制 $r/t$ 值较小的工件时，应尽量使折弯线垂直于板料的纤维方向，从而提高变形程度，避免外层纤维被拉裂。多向弯曲的工件，可使折弯线与板料纤维方向成一定角度，见图 3-3(c)。

（3）板料的表面质量与坯料断面质量

如果坯料表面有划伤、裂纹或坯料侧面（剪切或冲裁断面）有毛刺、裂口及冷作硬化等缺陷，那么弯曲时易于产生开裂。所以，表面质量和断面质量较差的板料的最小相对弯曲半径 $r_{\min}/t$ 的值较大，如图 3-4 所示。对于厚板弯曲，为了防止弯裂，最好将有冲裁毛刺的一面放在弯曲内侧，如图 3-5 所示。

（4）弯曲件的宽度

弯曲件的相对宽度 $b/t$ 不同，变形区的应力状态也不同。在相对弯曲半径相同的条件下，板料的相对宽度 $b/t$ 越大，其应变强度就越大。弯曲件的宽度对最小弯曲半径的影响可参见图 3-4。从图中可以看出，当 $b/t$ 较小时，其对 $r_{\min}/t$ 的影响比较明显；但当 $b/t > 10$ 时，其影响又变小。

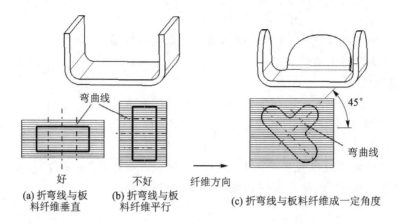

图 3 - 3 折弯线与板料纤维方向的关系

（5）弯曲中心角的大小

理论上，板料弯曲变形仅局限于其弯曲圆角部分，直边部分不参与变形，且变形程度只与 $r/t$ 有关，与弯曲中心角的大小无关。但在实际弯曲过程中，由于金属纤维之间的相互牵制，靠近圆角的直边部分也参与了变形，因而扩大了变形区的范围，这对圆角外表面受拉的状态有缓解作用，有利于降低最小弯曲半径的数值。在较小中心角的弯曲时，其变形区小，因此，圆角中段的变形程度也得以降低，相对应的 $r/t$ 值也可小些。由图 3 - 6 所示曲线可知，当 $\alpha < 70°$ 时，影响比较显著；当 $\alpha > 70°$ 时，弯曲角的影响变弱。

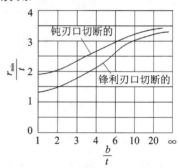

图 3 - 4 坯料断面质量和相对宽度对最小弯曲半径的影响

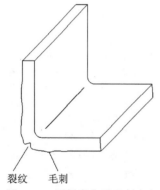

图 3 - 5 厚板弯曲时毛刺方向

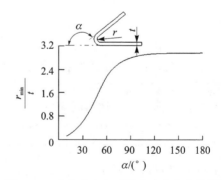

图 3 - 6 弯曲中心角对最小弯曲半径的影响

（6）板料的厚度

一般来讲，板料厚度越大，最小弯曲半径也越大。这主要是因为变形区内切向应变在厚度方向上按线性规律变化，表面上最大，中性层上为零。当板料厚度较小时，切向应变变化的梯度较大，其数值很快地由最大值衰减为零。与切向变形最大的外表面相邻近的金属层，可以起到阻止表面金属产生局部不稳定塑性变形的作用。所以，在这种情况下能得到较大的变形和较小的最小弯曲半径，如图 3 - 7 所示。

**4. 弯曲回弹**

弯曲过程是弹性变形与塑性变形兼而有之的变形过程。弯曲工件从模具中取出后,由于弹性变形的恢复,使得工件的弯角和弯曲半径发生变化,从而弯曲工件的形状与模具的形状不完全一致,这种现象称为弯曲回弹,如图 3-8 所示。回弹会影响弯曲工件的精度,因此,在设计弯曲模具工作部分尺寸时,必须考虑材料的回弹。回弹的大小通常可以用角度回弹量 $\Delta\alpha$(即弯角的变化值)和曲率回弹 $\Delta\rho$ 来表示。

当回弹值以回弹角来表示时,有

$$\Delta\alpha = \alpha_0 - \alpha \qquad\qquad (3.2)$$

式中:$\Delta\alpha$——回弹角,即角度回弹量;

$\quad\alpha$——模具的角度;

$\quad\alpha_0$——弯曲后工件的实际角度。

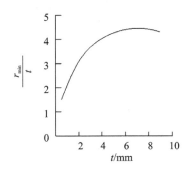

图 3-7　板料厚度对最小弯曲半径的影响

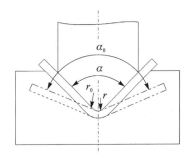

图 3-8　弯曲时的回弹

影响回弹的主要因素有:

① 材料的力学性能。回弹量与材料的屈服强度成正比,与弹性模量值成反比。

② 弯曲角。弯曲角越大,表示变形区域越大,回弹角也就越大,但弯曲角对曲率半径的回弹量没有影响。

③ 相对弯曲半径 $r/t$。其他条件相同时,角度回弹量随着相对弯曲半径值的增大而增大,而曲率回弹量随着其增加而减小。

④ 弯曲力。让压力机的压力超过弯曲变形所需的力,即采用带一定校正成分的弯曲方法成形时,可以改变弯曲变形区的应力状态和应变性质,从而减小回弹量。

⑤ 弯曲工件的形状。一般弯制 U 形工件比弯制 V 形工件时的回弹量要小。

⑥ 摩擦。毛坯表面与模具表面之间的摩擦可以改变毛坯各部分的应力状态。一般情况下,摩擦可以增大弯曲变形区的拉应力,使零件形状更接近于模具的形状。但是,拉弯时摩擦的影响通常是不利的。

⑦ 板厚偏差。毛坯厚度偏差的变化使实际工作间隙产生变化,从而影响回弹值。

影响回弹角的因素很多,在理论上准确计算回弹角是十分困难的,通常在模具设计时先按经验数据(图表或表格)来选用,经试冲后再对模具工作部分加以修正。具体参数和计算参见《冲压手册》,也可以采用有限元的方法通过计算机软件来计算。

**5. 其他工艺性要求**

工件边缘需要进行局部弯曲时,在弯曲部位的交接处为了防止由于应力集中而产生的撕裂或畸变,应预先冲一个止裂孔或止裂槽,或将弯曲线位移一定距离,如图3-9所示。

在弯曲区附近有缺口的冲压件,若弯曲前冲出缺口,则弯曲时会出现"叉口"现象。可在缺口处留连接带,弯曲后再冲出缺口,如图3-10(a)所示。为使坯料在弯曲时准确定位,在零件许可的条件下,可以添加定位工艺孔,如图3-10(b)所示。

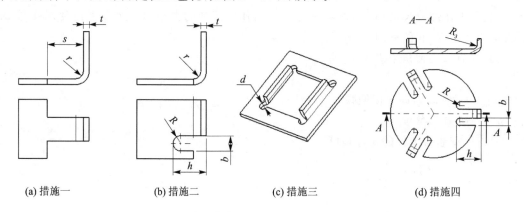

(a)措施一        (b)措施二        (c)措施三        (d)措施四

图3-9    防止弯曲边交接处应力集中的几种措施

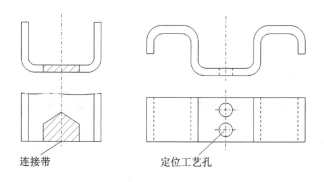

连接带                    定位工艺孔

图3-10    连接带与定位工艺孔

### 6. 弯曲件的精度

弯曲件的精度主要是指其形状和尺寸的准确性与稳定性,它与板料的力学性能、厚度、成形模具的结构和模具精度、工序的数量与先后顺序以及工件本身的形状尺寸等因素有关。一般而言,弯曲件外形尺寸所能达到的精度,根据板料厚度和压弯件直边尺寸长度的不同,可分为IT12~IT16级,薄料和短边取小值,厚料和长边取大值。

弯曲件长度的自由公差与角度自由公差所能达到的精度,见表3-1和表3-2。

对较高精度要求的弯曲件,可增加整形、校平工序以提高精度。

表3-1    弯曲件长度的自由公差

mm

| 长度尺寸 | | >3~6 | >6~18 | >18~50 | >50~120 | >120~260 | >260~500 |
|---|---|---|---|---|---|---|---|
| 材料厚度 | ≤2 | ±0.3 | ±0.4 | ±0.6 | ±0.8 | ±1.0 | ±1.5 |
| | >2~4 | ±0.4 | ±0.6 | ±0.8 | ±1.2 | ±1.5 | ±2.0 |
| | ≥4 | — | ±0.8 | ±1.0 | ±1.5 | ±2.0 | ±2.5 |

表 3 - 2　弯曲件角度的自由公差

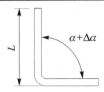

| $L$/mm | ≤6 | >6～10 | >10～18 | >18～30 | >30～50 | >50～80 | >80～120 | >120～180 | >180～260 | >260～500 |
|---|---|---|---|---|---|---|---|---|---|---|
| $\Delta\alpha$ | ±3° | ±2°30′ | ±2° | ±1°30′ | ±1°15′ | ±1° | ±50′ | ±40′ | ±30′ | ±25′ |

## 3.1.2　弯曲件的工艺计算

**1. 弯曲件展开长度的计算**

由于钣金零件变形前后体积不变,所以应变中性层是确定弯曲件毛坯计算尺寸的依据。在变形程度不大的情况下(大圆角半径弯曲或弯曲角度较小时),应变中性层位于板厚的中间。随着变形程度的增大,中性层位置也将发生改变。

当变形量增大时,应力中性层和应变中性层会发生内移,而且应力中性层的位移量大于应变中性层的位移量。位移的结果是使外层拉伸区大于内层压缩区,板料外层的变薄量大于内层的增厚量,因而引起了板料厚度的变薄,毛坯总体长度增加。

对宽板弯曲,设应变中性层曲率半径为 $\rho$,由弯曲前后体积不变条件可以推出如下公式:

$$\rho = \left(r + \frac{\eta}{2}t\right)\eta \tag{3.3}$$

式中:$\eta$——板厚变薄系数,板料弯曲后与弯曲前的厚度之比,可由《冲压手册》查得;

$r$——弯曲件内圆角半径(mm);

$t$——板料弯曲前的厚度(mm)。

也可用下列简化公式计算应变中性层弯曲半径:

$$\rho = r + xt \tag{3.4}$$

式中:$x$——中性层位移系数,可由《冲压手册》查得。

随着三维 CAD 软件在企业中的广泛应用,目前已普遍使用 CATIA、PROE、UG 等软件的钣金模块直接对毛坯进行展开计算,其效率和准确度比人工计算要高很多。

钣金零件的毛坯展开方法及计算在钣金成形工艺中已有介绍,本书对钣金毛坯尺寸计算不再进行详细讲述。

**2. 弯曲力的计算**

弯曲力是指工件完成预定弯曲时需要压力机所施加的压力。在模具设计及压力机选择时必须首先确定弯曲变形所需的弯曲力。弯曲力的大小与材料品种、材料厚度、弯曲几何参数以及弯曲凸、凹模间隙等因素有关。理论上很难精确地计算出弯曲力。而在生产中,通常采用经验公式或经过简化的理论公式计算,具体见表 3 - 3。

计算时,一般根据弯曲方式将弯曲力分为以下几种:

① V 形自由弯曲力;

② V 形接触弯曲力;

③ U 形自由弯曲力;

④ U 形接触弯曲力；

⑤ 校正弯曲的校形力。

在数字化钣金零件制造中，根据数模的各项参数，弯曲力计算的精准度比一般工程计算要高很多。

表 3-3　计算弯曲力的经验公式

| 弯曲方式 | 简　图 | 经验公式 | 备　注 |
|---|---|---|---|
| V 形自由弯曲 | | $F = \dfrac{Cbt^2\sigma_b}{2L} = Kbt\sigma_b$ | $F$—弯曲力；<br>$C$—系数；<br>$b$—弯曲件宽度；<br>$t$—材料厚度；<br>$\sigma_b$—抗拉强度；<br>$2L$——支点间距离；<br>$K$——系数，$K \approx \left(1+\dfrac{2t}{L}\right)\dfrac{t}{2L}$ |
| V 形接触弯曲 | | $F = 0.6\,\dfrac{Cbt^2\sigma_b}{r_p+t}$ | $C$—系数，取 $C=1\sim1.3$；<br>$r_p$—凸模圆角半径（弯曲半径） |
| U 形自由弯曲 | | $F = Kbt\sigma_b$ | $K$——系数，$K=0.3\sim0.6$；<br>$b$—弯曲件宽度；<br>$t$—材料厚度；<br>$\sigma_b$—抗拉强度 |
| U 形接触弯曲 | | $F = 0.7\,\dfrac{Cbt^2\sigma_b}{r_p+t}$ | $t$—材料厚度；<br>$\sigma_b$—抗拉强度；<br>$C$—系数；<br>$b$—弯曲件宽度；<br>$r_p$—凸模圆角半径（弯曲半径） |
| 校正弯曲的校形 | | $F_{校} = Sq$ | $S$—校正部分投影面积；<br>$q$——校正所需的单位压力，见表 3-4 |

表 3-4　校正弯曲时的单位压力值

MPa

| 材　料 | 材料厚度 $t$/mm | | 材　料 | 材料厚度 $t$/mm | |
|---|---|---|---|---|---|
| | <3 | ≥3~10 | | <3 | ≥3~10 |
| 铝 | 30~40 | 50~60 | 25~35 钢 | 100~120 | 120~150 |
| 黄铜 | 60~80 | 80~100 | 钛合金 | 160~200 | 180~260 |
| 10、15、20 钢 | 80~100 | 100~120 | | | |

### 3.1.3　弯曲模的设计

**1. 凸模圆角半径**

一般情况下,凸模圆角半径 $r_p$ 等于或略小于弯曲件内侧的圆角半径 $r$,但不能小于材料允许最小弯曲半径。如果 $r<r_{min}$,则应取 $r_p>r_{min}$,然后增加一次整形工序。使整形模 $r_p=r$。当工件圆角半径较大($r/t>10$),而且精度要求较高时,应考虑回弹因素的影响,将凸模圆角半径根据回弹角的大小作适当调整,以补偿弯曲的回弹量。

**2. 凹模圆角半径**

凹模圆角半径 $r_d$ 并不直接影响工件的尺寸,但 $r_d$ 太小会在弯曲时使材料表面擦伤或出现压痕,$r_d$ 太大会增加凹模深度。对于一般弯曲件,$r_d$ 可以在一定范围内选取,通常可以根据材料的厚度选取:

$$r_d=(3\sim6)t,\quad t<2\text{ mm} \tag{3.5}$$

$$r_d=(2\sim3)t,\quad t<2\sim4\text{ mm} \tag{3.6}$$

$$r_d=2t,\quad t>4\text{ mm} \tag{3.7}$$

凹模两边的圆角半径应当一致,否则在弯曲时会使毛坯发生偏移。

凹模的圆角半径可查表 3-5。

**3. 凹模的深度**

凹模深度要适当。若过小,毛坯两边自由部分太多,弯曲件弹性恢复大,不平直;若过大,会导致凹模高度增大,消耗模具钢材多,且需要压力机有较大的工作行程。凹模深度值可由表 3-5 查得。

对于厚板的弯曲,凹模入口处可制成一定倒角形式(见图 3-11),其过渡处的圆角分别为

$$\begin{cases} r_{d1}=(0.5\sim2)t \\ r_{d2}=(2\sim4)t \end{cases} \tag{3.8}$$

**表 3-5　凹模圆角半径与凹模深度的对应关系**

mm

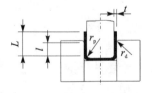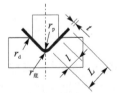

| $t$ | $\sim0.5$ | | $>0.5\sim2.0$ | | $>2.0\sim4.0$ | | $>4.0\sim7.0$ | |
|---|---|---|---|---|---|---|---|---|
| $L$ | $l$ | $r_d$ | $l$ | $r_d$ | $l$ | $r_d$ | $l$ | $r_d$ |
| 10 | 6 | 3 | 10 | 3 | 10 | 4 | — | — |
| 20 | 8 | 3 | 12 | 4 | 15 | 5 | 20 | 8 |
| 35 | 12 | 4 | 15 | 5 | 20 | 6 | 25 | 8 |
| 50 | 15 | 5 | 20 | 6 | 25 | 8 | 30 | 10 |
| 75 | 20 | 6 | 25 | 8 | 30 | 10 | 35 | 12 |
| 100 | — | — | 30 | 10 | 35 | 12 | 40 | 15 |
| 150 | — | — | 35 | 12 | 40 | 15 | 50 | 20 |
| 200 | — | — | 45 | 15 | 55 | 20 | 65 | 25 |

**4. 凸、凹模间隙**

V 形件弯曲模的凸、凹模间隙值采用板料厚度的名义尺寸。实际弯曲时,间隙可通过调整压力机闭合高度来控制。对 U 形件弯曲,必须选择适当的凸、凹模间隙。间隙的大小对于工件质量和弯曲力有很大的影响:间隙过大会导致制件精度低;间隙过小则会使弯曲力增大,制件的直边变薄,同时降低模具的寿命。U 形件弯曲模的凸、凹模合理单边间隙可按下式计算:

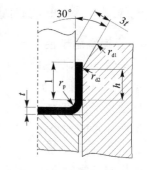

图 3-11　厚板弯曲时的凹模形式

$$c = t + \Delta + Kt \qquad (3.9)$$

式中:$c$——弯曲凸、凹模单边间隙;

　　　$t$——材料厚度;

　　　$\Delta$——材料厚度正偏差;

　　　$K$——根据弯曲件高度 $h$ 和弯曲宽度 $b$ 而决定的系数,见表 3-6。

表 3-6　系数 $K$ 的值

| 弯曲件高度 $h$/mm | 材料厚度 $t$/mm | | | | | | | | |
|---|---|---|---|---|---|---|---|---|---|
| | <0.5 | 0.6~2 | 2.1~4 | 4.1~5 | <0.5 | 0.6~2 | 2.1~4 | 4.1~7.5 | 7.6~12 |
| | $b \leqslant 2h$ | | | | $b > 2h$ | | | | |
| 10 | 0.05 | 0.05 | 0.04 | — | 0.10 | 0.10 | 0.08 | — | — |
| 20 | 0.05 | 0.05 | 0.04 | 0.03 | 0.10 | 0.10 | 0.08 | 0.06 | 0.06 |
| 35 | 0.07 | 0.05 | 0.04 | 0.03 | 0.15 | 0.10 | 0.08 | 0.06 | 0.06 |
| 50 | 0.10 | 0.07 | 0.05 | 0.04 | 0.20 | 0.15 | 0.10 | 0.10 | 0.08 |
| 75 | 0.10 | 0.07 | 0.05 | 0.04 | 0.20 | 0.15 | 0.10 | 0.10 | 0.08 |
| 100 | — | 0.07 | 0.05 | 0.05 | 0.20 | 0.15 | 0.10 | 0.10 | 0.08 |
| 150 | — | 0.10 | 0.07 | 0.07 | 0.20 | 0.20 | 0.15 | 0.10 | 0.10 |
| 200 | — | 0.10 | 0.07 | 0.07 | 0.20 | 0.20 | 0.15 | 0.15 | 0.10 |

# 3.2　拉　深

拉深是利用拉深模和设备将板料或空心件毛坯冲压成各种空心零件的一种加工方法,是冲压生产中应用最广泛的工序之一。采用拉深工艺可以制成圆筒形、阶梯形、球形、锥形、抛物线形、盒形和其他不规则形状的薄壁回转体零件。拉深工艺在汽车、飞机、拖拉机、仪表、电子、轻工业等工业生产中占有相当重要的地位。

图 3-12 所示为圆筒形件的拉深过程。直径为 $D$、厚度为 $t$ 的圆形毛坯经过拉深模拉深,得到具有外径为 $d$、高度为 $h$ 的无凸缘圆筒形工件。

在拉深过程中,坯料的中心部分成为筒形件的底部,基本不变形,是不变形区;坯料的凸缘部分(即 $D - d$ 的环形部

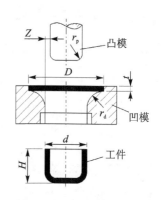

图 3-12　拉深变形过程

分)是主要变形区。拉深过程实质上就是将坯料的凸缘部分材料逐渐转移到筒壁的过程。在材料转移过程中,凸缘部分材料由于拉深力的作用,径向产生拉应力 $\sigma_1$,切向产生压应力 $\sigma_3$。在 $\sigma_1$ 和 $\sigma_3$ 的共同作用下,凸缘部分材料产生塑性变形,其"多余的三角形"材料沿径向伸长,切向压缩,且不断被拉入凹模中变为筒壁,成为圆筒形空心件。

圆筒形件拉深的变形程度,通常以筒形件直径 $d$ 与坯料直径 $D$ 的比值来表示,即

$$m = d/D \tag{3.10}$$

式中:$m$ 为拉深系数。$m$ 越小,拉深变形程度越大;相反,$m$ 越大,拉深变形程度就越小。

## 3.2.1 拉深件的工艺性

### 1. 对拉深件的工艺要求

(1) 拉深件的形状与尺寸要求

① 拉深件应尽量简单、对称,避免急剧的外形变化,并能一次拉深成形。

② 拉深件壁厚公差或变薄量不应超出拉深工艺壁厚变化规律。据统计,不变薄拉深工艺的筒壁最大增厚量为 $(0.2\sim0.3)t$,最大变薄量为 $(0.1\sim0.18)t$,$t$ 为板料厚度。

③ 当零件一次拉深的变形程度过大时,为避免拉裂,需采用多次拉深。此时,在保证必要的表面质量前提下,应允许其内、外表面存在拉深过程中产生的痕迹。

④ 在保证装配要求的前提下,应允许拉深件侧壁带有一定的斜度。

⑤ 当拉深件的底部或凸缘上有孔时,孔边缘到侧壁的距离应满足 $a \geqslant R + 0.5t$(或 $r + 0.5t$),如图 3-13(a)所示。

⑥ 在拉深件的图纸中应明确标明要保证外形尺寸还是内形尺寸,且不能要求同时保证内、外形尺寸。带台阶的拉深件,其高度尺寸标注最好以拉深件底部为基准,如图 3-13(b)所示。若以口部为基准,高度尺寸不易保证。

(2) 拉深件的圆角

拉深件的圆角大小应合适,圆角半径加大有利于拉深成形和减少拉深次数。

① 拉深件底与侧壁间的圆角半径 $r$(见图 3-13(a)),应取 $r \geqslant t$($t$ 为料厚,mm),为使拉深顺利进行,一般取 $r \geqslant (3\sim5)t$,并应满足 $r_p \geqslant t$,$r_d \geqslant 2t$;一般取 $r_p = (3\sim5)t$,$r_d = (5\sim10)t$。若 $r_p$(或 $r_d$)$\geqslant (0.1\sim0.3)t$ 时,可增加整形工序。

② 拉深件凸缘与侧壁间的圆角半径 $R$(见图 3-13(a)),应取 $R \geqslant 2t$。为了使拉深顺利进行,一般取 $R \geqslant (4\sim8)t$。

(3) 拉深精度要求

一般情况下,拉深件的尺寸精度应在 IT13 级以下,不宜高于 IT11 级。对于精度要求高的拉深件,应在拉深后增加整形工序,以提高其精度。由于材料各向异性的影响,拉深件的口部或凸缘外缘一般是不整齐的,会出现"凸耳"现象,需要增加切边工序。

### 2. 一次拉深成形的条件

圆筒形拉深件,能一次拉深成形的条件是 $H \leqslant (0.5\sim0.7)d$;带凸缘的圆筒形拉深件,能一次拉深成形的条件为 $d/D \geqslant 0.4$($d$ 为圆筒形部分的中径,$D$ 为拉深件毛坯直径)。

### 3. 拉深件的材料

用于拉深件的材料,要具有较好的塑性,屈强比 $\sigma_s/\sigma_b$ 小,板厚方向性系数 $r$ 大,板平面方向性系数 $\Delta r$ 小。

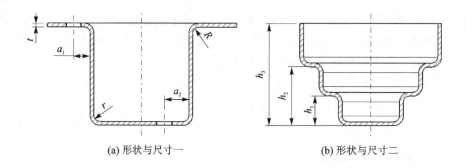

(a) 形状与尺寸一          (b) 形状与尺寸二

**图 3 - 13　拉深件的形状与尺寸**

屈强比 $\sigma_s/\sigma_b$ 越小,一次拉深允许的极限变形程度就越大,拉深的性能就越好。例如,低碳钢的屈强比 $\sigma_s/\sigma_b$ 约为 0.57,其一次拉深的最小拉深系数 $m$ 为 $0.48\sim0.50$;65Mn 钢的 $\sigma_s/\sigma_b$ 约为 0.63,其一次拉深的最小拉深系数 $m$ 为 $0.68\sim0.70$。所以,有关材料标准规定,拉深用的钢板,其屈强比应不大于 0.66。

板厚方向性系数 $r$ 和板平面方向性系数 $\Delta r$ 反映了材料的各向异性性能。当 $r$ 较大或 $\Delta r$ 较小时,材料宽度的变形比厚度方向的变形容易,板平面方向性能差异较小,拉深过程中材料不易变薄或拉裂,因而有利于拉深成形。

## 3.2.2　拉深件毛坯的确定

### 1. 毛坯料形状和尺寸确定的原则

（1）形状相似性原则

拉深件的坯料形状一般与拉深件的截面轮廓形状近似相同,即当拉深件的截面轮廓是圆形、方形或矩形时,相应坯料的形状应分别为圆形、近似方形或近似矩形。另外,坯料周边应光滑过渡,确保拉深后得到等高侧壁或等宽凸缘。

（2）表面积相等原则

对于不变薄拉深,虽然在拉深过程中板料的厚度有增厚也有变薄,但实践证明,拉深件的平均厚度与坯料厚度相差不大。由于塑性变形前后体积不变,可以按坯料面积等于拉深件表面积的原则确定坯料尺寸;对于变薄拉深,则可按等体积法进行计算。

应该指出,对于变形复杂的拉深件,采用理论计算方法所确定的坯料尺寸并不是绝对精确值,得到的只是近似值。实际生产中,对于形状复杂的拉深件,通常是先做好拉深模,并以理论计算方法初步确定的坯料进行反复试模修正,直至得到的工件符合要求时,再将符合实际的坯料形状和尺寸作为制造下料所用落料模的依据。

由于金属板料具有板平面方向性,而且还受模具几何形状等因素的影响,制成的拉深件口部一般不整齐,尤其是深拉深件。因此,在多数情况下还需采取加大工序件高度或凸缘宽度的办法,拉深成形后再增加切边工序(切边余量可查表获得),以此来保证拉深件的成形质量。当零件的相对高度 $H/d$ 很小,且高度尺寸精度要求不高时,也可以省去切边工序。

### 2. 简单旋转体拉深件坯料尺寸的确定

旋转体拉深件坯料的形状是圆形,所以坯料尺寸的计算主要是确定坯料直径。对于简单旋转体拉深件,可首先将拉深件划分为若干个简单而又便于计算的几何体,并分别求出各简单几何体的表面积,再把各简单几何体的表面积相加即为拉深件的总表面积,然后根据表面积相等原则进行计算即可求出坯料直径。当然,也可以通过 CATIA 和 PROE 等 CAD 软件中的钣金模块进行计算,尤其对于复杂的拉深零件,这种方法更为方便快捷。

### 3.2.3　拉深件拉深工序的计算

**1. 拉深系数**

圆筒形拉深件的变形程度一般用拉深系数 $m$ 表示。由于拉深零件的高度与其直径的比值不同,有些零件可以用一次拉深工序制成;而有些高度大的零件,则需进行多次拉深工序才能制成。在设计冲压工艺过程与确定拉深工序的数目时,通常也用拉深系数作为计算的依据。从广义上讲,圆筒形拉深件的拉深系数 $m$ 是以每次拉深后的圆筒直径与拉深前的坯料(或工序件)直径之比表示,见图 3-14。

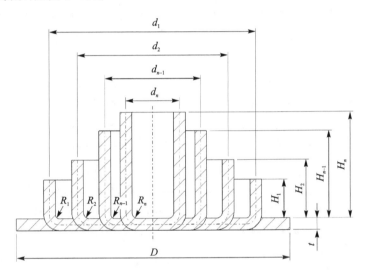

**图 3-14　圆筒形件的多次拉深**

第一次拉深系数:

$$m_1 = \frac{d_1}{D}$$

第二次拉深系数:

$$m_2 = \frac{d_2}{d_1}$$

……

第 $n$ 次拉深系数:

$$m_n = \frac{d_n}{d_{n-1}} \tag{3.11}$$

总拉深系数 $m_{总}$ 表示从坯料直径 $D$ 拉深至 $d_n$ 的总变形程度,即

$$m_{总} = \frac{d_n}{D} = \frac{d_1}{D} \frac{d_2}{d_1} \frac{d_3}{d_2} \cdots \frac{d_{n-1}}{d_{n-2}} \frac{d_n}{d_{n-1}} = m_1 m_2 m_3 \cdots m_{n-1} m_n \tag{3.12}$$

拉深变形程度对凸缘区的径向拉应力和切向压应力以及对筒壁传力区拉应力的影响极大,为了防止在拉深过程中产生起皱和拉裂等缺陷,应减小拉深变形程度(即增大拉深系数),从而减小切向压应力和径向拉应力,以减小起皱和破裂的可能性。

图 3-15 为同一材料、同一厚度的坯料,在凸、凹模尺寸相同的模具上用逐步加大坯料直径(即逐步减小拉深系数)的方法进行试验的情况。其中,图(a)表示在无压料装置情况下进行拉深,当坯料尺寸较小时(即拉深系数较大时),拉深能够顺利进行;随着坯料直径的增加,拉深系数随之减小,当减小到一定数值(如 $m=0.75$)时,出现起皱现象。如果增加压料装置(见图(b))就可以防止起皱。此时,进一步加大坯料直径、减少拉深系数,拉深还可以顺利进行。但是,当坯料直径加大到一定数值、拉深系数减少到一定数值($m=0.50$)后,筒壁会出现拉裂现象,拉深过程被迫中断。

因此,为了保证拉深工艺的顺利进行,就必须使拉深系数大于一定数值(即为在一定条件下的极限拉深系数,用符号"$[m]$"表示)。如果小于这一数值,会使拉深件起皱、拉裂或严重变薄而超差。另外,在多次拉深过程中,由于材料的加工硬化使得变形抗力不断增大,所以,在首次拉深之后各次拉深的极限拉深系数必须逐次递增,即 $[m_1]<[m_2]<[m_3]<\cdots<[m_n]$。

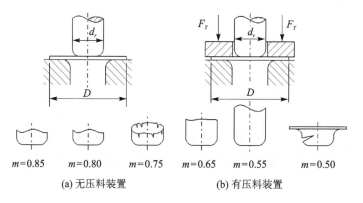

(a) 无压料装置        (b) 有压料装置

**图 3-15 拉深试验**

需要指出的是,在实际生产中,并不是所有情况下都要采用极限拉深系数。为了提高工艺稳定性和零件质量,必须采用稍大于极限值的拉深系数。

**2. 圆筒形件的拉深次数与工序尺寸的确定**

(1) 无凸缘圆筒形拉深件

1) 拉深次数的确定

如果拉深件的拉深系数 $m$ 大于第一次极限拉深系数 $[m_1]$,即 $m>[m_1]$,则该拉深件只需一次拉深工序就可制成;否则就要进行多次拉深。需要多次拉深时,其拉深次数可按以下方法确定:

① 推算法。先根据 $t/D$ 和是否有压料装置等条件,通过查表确定 $m_1,m_2,m_3,\cdots,m_n$,然后依据圆筒件和平板毛坯尺寸,从第一道工序开始依次算出各次拉深工序件直径,即 $d_1=[m_1]D,d_2=[m_2]d_1,\cdots,d_n=[m_n]d_{n-1}$,直到 $d_n\leqslant d$。也就是说,当计算所得直径 $d_n$ 稍小于或等于拉深件所要求的直径 $d$ 时,计算的次数即为拉深的次数。

② 查表法。圆筒形件的拉深次数还可从各种实用的表格中查取。

2）各次工序件的直径

多次拉深时，必须计算出各次拉深的工序件尺寸，并以此作为设计模具及选择压力机的依据。当拉深次数确定之后，先从表中查出各次拉深的极限拉深系数，然后再加以调整。调整的原则是：

- 保证 $m_1 m_2 \cdots m_n = d/D$；
- 使 $m_1 \leqslant [m_1], m_2 \leqslant [m_2], \cdots, m_n \leqslant [m_n]$，且 $m_1 < m_2 < \cdots < m_n$。

根据调整后的各次拉深系数，可计算各次工序件直径如下：

$$d_1 = m_1 D$$
$$d_2 = [m_2] d_1$$
$$\vdots$$
$$d_n = [m_n] d_{n-1}$$

3）各次工序件的圆角半径

工序件的圆角半径 $r$ 等于相应拉深凸模圆角半径 $r_p$，即 $r = r_p$。但当料厚 $t \geqslant 1$ 时，应按中线尺寸计算，这时 $r = r_p + t/2$。

4）各次工序件的高度

当各工序件的直径与圆角半径确定之后，可根据圆筒形件坯料尺寸计算公式推导出各次工序件高度。计算公式如下：

$$
\left\{
\begin{aligned}
H_1 &= 0.25\left(\frac{D^2}{d_1} - d_1\right) + 0.43\frac{r_1}{d_1}(d_1 + 0.32r_1) \\
H_2 &= 0.25\left(\frac{D^2}{d_2} - d_2\right) + 0.43\frac{r_2}{d_2}(d_2 + 0.32r_2) \\
&\vdots \\
H_n &= 0.25\left(\frac{D^2}{d_n} - d_n\right) + 0.43\frac{r_n}{d_n}(d_n + 0.32r_n)
\end{aligned}
\right.
\tag{3.13}
$$

式中：$H_1, H_2, \cdots, H_n$——各次工序件的高度（mm）；

$d_1, d_2, \cdots, d_n$——各次工序件的直径（mm）；

$r_1, r_2, \cdots, r_n$——各次工序件的底部圆角半径（mm）；

$D$——坯料直径（mm）。

（2）带凸缘圆筒形拉深件

带凸缘圆筒形件的拉深看上去很简单，类似于拉深无凸缘圆筒形件的中间状态。但当其各部分尺寸关系不同时，拉深中所要解决的问题就有所不同，拉深方法也不相同。例如，当拉深件的凸缘为非圆形时，在拉深过程中仍需拉出圆形的凸缘，最后再用切边或其他加工方法制成工件所需的形状。图 3-16 所示为带凸缘圆筒形件及其坯料。通常，当 $d_t/d \leqslant 1.1 \sim 1.4$ 时，称为窄凸缘圆筒形件；当 $d_t/d > 1.4$ 时，称为宽凸缘圆筒形件。

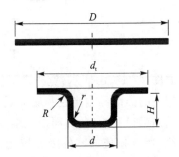

**图 3-16　带凸缘圆筒形件及其坯料**

1）窄凸缘圆筒形件的拉深

窄凸缘圆筒形件是凸缘宽度很小的拉深件。多次拉深的窄凸缘圆筒形件,可在前几次拉深时按无凸缘圆筒形件进行拉深,而在最后一次工序用整形的方法压成所要求的窄凸缘形状;也可以在拉深的最后两道工序采用锥形凹模和锥形压料圈进行拉深,留出锥形凸缘,这样在整形时可减小凸缘区切向的拉深变形,对防止外缘开裂有利。如图3-17所示的窄凸缘圆筒形件,共需三次拉深成形:第一次将其拉深成无凸缘圆筒形工序件,后两次拉深时均留出锥形凸缘,最后再按要求进行整形。

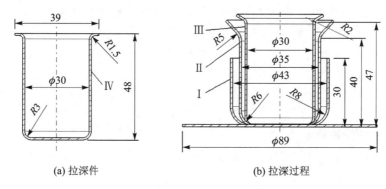

(a) 拉深件　　　　　(b) 拉深过程

Ⅰ——次拉深;Ⅱ—二次拉深;Ⅲ—三次拉深;Ⅳ—成品

**图3-17　窄凸缘圆筒形件的拉深**

2) 宽凸缘圆筒形件的拉深

宽凸缘圆筒形件需多次拉深时,可在第一次拉深时就使凸缘尺寸等于拉深件的凸缘尺寸(加切边余量),以后各次拉深时凸缘尺寸保持不变,仅仅依靠筒形部分的材料转移来达到拉深件尺寸。因为在以后的拉深工序中,即使凸缘部分产生很小的变形,也会使筒壁传力区产生很大的拉应力,从而使底部危险断面拉裂。

实际生产中,宽凸缘圆筒形件往往需多次拉深,下面介绍两种拉深方法,见图3-18。

图3-18(a)所示的这种拉深方法就是直接采用圆筒形件的多次拉深方法,通过各次拉深逐次缩小直径,增加高度,各次拉深的凸缘圆角半径和底部圆角半径基本保持不变。用这种方法拉成的零件表面质量不高,其直壁和凸缘上容易保留圆角弯曲和局部变薄的痕迹,需要在最后增加整形工序,适用于材料较薄、高度大于直径的中、小型带凸缘圆筒形件。

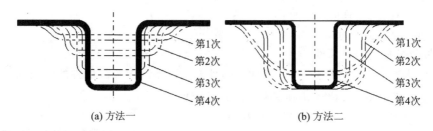

(a) 方法一　　　　　(b) 方法二

**图3-18　宽凸缘圆筒形件的拉深**

如图3-18(b)所示,宽凸缘圆筒形件的另一种拉深方法是高度不变法,即首次拉深尽可能取较大的凸缘圆角半径和底部圆角半径,高度基本拉到零件要求的尺寸,以后的各次拉深仅减小圆角半径和筒直径,而高度基本不变。这种方法由于拉深过程中变形区材料所受到的折弯较轻,所以拉成的零件表面较光滑,没有折痕。这种方法适用于坯料厚度较大的大型工件($d_p \geqslant 200$ mm)。

## 3.2.4　拉深力参数的计算

### 1. 拉深力

影响拉深力的因素比较多,按实际受力和变形情况来准确计算拉深力是比较困难的。所以,实际生产中通常是以危险断面的拉应力不超过其材料抗拉强度为依据,采用经验公式进行计算。

对于圆筒形件,采用压边圈拉深时,首次拉深:

$$F = K_1 \pi d_1 t \sigma_b$$

以后各次拉深:

$$F = K_2 \pi d_i t \sigma_b \quad (i = 2, 3, \cdots, n)$$

(3.14)

不采用压边圈拉深时,首次拉深:

$$F = 1.25 \pi (D - d_1) t \sigma_b$$

以后各次拉深:

$$F = 1.3 \pi (d_{i-1} - d_i) t \sigma_b \quad (i = 2, 3, \cdots, n)$$

(3.15)

式中:$d_1, d_2, \cdots, d_n$——各次工序件的直径(mm);

　　$F$——拉深力(N);

　　$t$——材料厚度(mm);

　　$\sigma_b$——拉深件材料的抗拉强度(MPa);

　　$K_1, K_2$——修正系数,与拉深系数有关,可查阅《冲压手册》。

### 2. 压料力

压料力的作用是防止拉深过程中坯料的起皱。压料力的大小应适当,压料力过小时,防皱效果不好;压料力过大时,会增大传力区危险断面上的拉应力,从而引起严重变薄甚至拉裂。因此,应在保证坯料变形区不起皱的前提下,尽量选用较小的压料力。应该指出,压料力的大小应允许在一定范围内调节。一般来说,随着拉深系数的减小,压料力许可调节范围减小,这对拉深工作是不利的,因为当压料力稍大些时就会产生破裂,压料力稍小些时会产生起皱,即拉深的工艺稳定性不好。相反,拉深系数较大时,压料力可调节范围增大,工艺稳定性较好。在模具设计时,压料力可按下列经验公式计算。

对于任何形状的拉深件,有

$$F_Y = AP$$

(3.16)

若是圆筒形件,则首次拉深:

$$F_Y = \pi [D^2 - (d_1 + 2r_n)] P / 4$$

(3.17)

以后各次拉深:

$$F_Y = \pi (d_{i-1}^2 - d_i^2) P / 4 \quad (i = 2, 3, \cdots)$$

(3.18)

式中:$d_1, d_2, \cdots, d_n$——各次工序件的直径(mm);

　　$r_n$——各次拉深凹模的圆角半径(mm)。

　　$F_Y$——压料力(N);

　　$A$——压料圈下坯料的投影面积($mm^2$);

　　$P$——单位面积压料力(MPa);

$D$——坯料直径(mm)。

以上各参数在《冲压手册》中可查得,本书不再列出。

**3. 拉深功**

由于拉深成形的行程较长,消耗功较多,因此对于拉深成形应计算拉深功,并校核压力机的电机功率。

拉深功按下式计算:

$$W = CF_{max}h/1\,000 \tag{3.19}$$

式中:$W$——拉深功(J);

$F_{max}$——最大拉深力(N),包含压料力;

$h$——凸模工作行程(mm);

$C$——系数,与拉深力曲线有关,$C$值可取 0.6~0.8。

**4. 压力机的标称压力**

对于单动压力机,其标称压力 $F_g$ 应大于拉深力 $F$ 与压料力 $F_Y$ 之和,即

$$F_g > F + F_Y \tag{3.20}$$

对于双动压力机,应使内滑块标称压力 $F_{g内}$ 和外滑块标称压力 $F_{g外}$ 分别大于拉深力 $F$ 和压料力 $F_Y$,即

$$\begin{cases} F_{g内} > F \\ F_{g外} > F_Y \end{cases} \tag{3.21}$$

确定机械式拉深压力机标称压力时必须注意,当拉深工作行程较大,尤其是落料拉深复合工序时,应使拉深力曲线位于压力机滑块的许用负荷曲线之下,而不能简单地按压力机标称压力大于拉深力或拉深力与压料力之和的原则去确定规格。在实际生产中,也可以按下式来确定压力机的标称压力。

浅拉深时,

$$F_g \geqslant (1.6 \sim 1.8)F_\Sigma \tag{3.22}$$

深拉深时,

$$F_g \geqslant (1.8 \sim 2.0)F_\Sigma \tag{3.23}$$

式中:$F_\Sigma$——冲压工艺总力,与模具结构有关,包括拉深力、压料力、冲裁力等。

## 3.2.5 拉深模的设计

**1. 凸、凹模的结构**

凸、凹模的结构设计是否合理,不仅直接影响拉深时的坯料变形,而且还会影响拉深件的成形质量。常见凸、凹模的结构形式如下:

(1) 无压料时的凸、凹模

图 3-19 所示为无压料一次拉深成形的凸、凹模结构。其中,图(a)为圆弧形凹模,其结构简单,加工方便,是常用的拉深凹模结构形式;锥形凹模、渐开线形凹模和等切面形凹模对抗失稳起皱有利,但加工较复杂,主要用于加工拉深系数较小的拉深件。

图 3-20 所示为无压料多次拉深的凸、凹模结构。

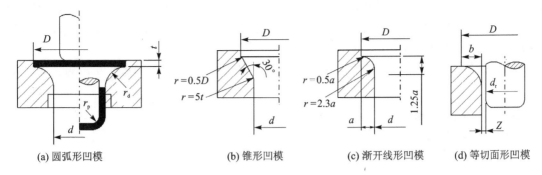

图 3 - 19　无压料一次拉深的凸、凹模结构

上述凹模结构中，$a = 5 \sim 10 \ mm$，$b = 2 \sim 5 \ mm$，锥形凹模的锥角一般取 30°。

（2）有压料时的凸、凹模

图 3 - 21 所示为有压料多次拉深的凸、凹模结构。其中图（a）用于直径小于 100 mm 的拉深件；图（b）用于直径大于 100 mm 的拉深件，这种结构除了具有锥形凹模的特点外，还可减轻坯料的反复弯曲变形，以提高工件侧壁质量。

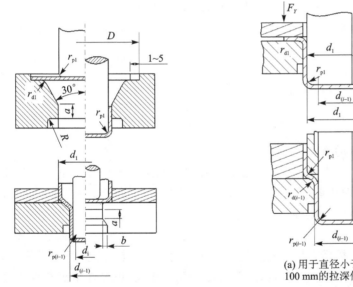

图 3 - 20　无压料多次拉深的凸、凹模结构

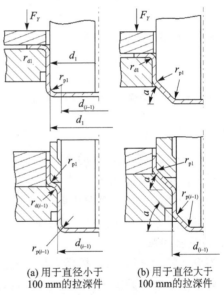

(a) 用于直径小于　　(b) 用于直径大于
100 mm 的拉深件　　100 mm 的拉深件

图 3 - 21　有压料多次拉深的凸、凹模结构

设计多次拉深的凸、凹模结构时，必须十分注意前、后两次拉深中凸、凹模的形状尺寸具有恰当的关系，尽量使前次拉深所得工序件形状有利于后次拉深成形，而后一次拉深的凸、凹模及压料圈的形状与前次拉深所得工序件相吻合，以避免坯料在成形过程中的反复弯曲。为了保证拉深时工件底部平整，应使前一次拉深所得工序件的平底部分尺寸不小于后一次拉深工件的平底尺寸。

### 2. 凸、凹模的圆角半径

（1）凹模圆角半径

凹模圆角半径 $r_d$ 对拉深过程影响很大，凹模圆角半径 $r_d$ 越大，材料越容易进入凹模。当

$r_d$ 过大时,会使压边圈下的毛坯悬空,使有效面积减小,材料易起皱;当 $r_d$ 过小时,毛坯被拉入凹模的阻力就大,拉深力增加,易使工件产生划痕、变薄甚至是拉裂,还会是模具寿命降低。因此,在材料不起皱的前提下,$r_d$ 宜取大一些。

单次拉深(或多次拉深的首次拉深)的凹模圆角半径 $r_d$ 的最小值可按以下经验公式计算:

$$r_{d_1} = 0.8\sqrt{(D-d)t} \tag{3.24}$$

式中:$r_{d_1}$——凹模圆角半径(mm);

　　$D$——坯料直径(mm);

　　$d$——凹模内径(mm),当工件料厚 $t \geqslant 1$ 时,也可取首次拉深时工件的中线尺寸;

　　$t$——材料厚度(mm)。

之后的各次拉深,凹模圆角半径 $r_d$ 应逐渐减小,一般可按以下关系确定:

$$r_{d_i} = (0.6 \sim 0.9)r_{d_{i-1}} \quad (i=2,3,\cdots,n) \tag{3.25}$$

以上计算所得凹模圆角半径均应符合 $r_d \geqslant 2t$ 的拉深工艺性要求。对于带凸缘的筒形件,最后一次拉深的凹模圆角半径还应与零件的凸缘圆角半径相等。

(2)凸模圆角半径

凸模圆角半径 $r_p$ 过小,会使坯料在此受到过大的弯曲变形,导致危险断面材料严重变薄甚至拉裂;$r_p$ 过大,则会使毛坯底部的承压面积减小,坯料悬空部分增大,容易产生底部的局部变薄和起"内皱"现象。除末次拉深以外,一般 $r_p < r_d$,单次拉深或多次拉深的首次拉深可取:

$$r_{p1} = (0.7 \sim 1.0)r_{d_1} \tag{3.26}$$

以后各次拉深的凸模圆角半径可按下式确定:

$$r_{p_{i-1}} = \frac{d_{i-1} - d_i - 2t}{2} \quad (i=3,4,\cdots,n) \tag{3.27}$$

式中:$d_i$——各次拉深工序件的直径。

最后一次拉深时,凸模圆角半径 $r_{p_n}$ 应与拉深件底部圆角半径 $r$ 相等。但当拉深件底部圆角半径小于拉深工艺性要求的最小值时,凸模圆角半径应按工艺性要求确定($r_p \geqslant t$),然后通过增加整形工序得到拉深件所要求的圆角半径。

**3. 拉深模间隙**

拉深模的间隙是指凸、凹模横向尺寸的差值。拉深模间隙对拉深力、拉深件质量、模具寿命等有较大的影响。间隙过小,工件质量较好,但会使拉深力增大、拉深件壁部严重变薄甚至拉裂,导致模具磨损严重,寿命降低;间隙过大,拉深力小,模具寿命提高,但坯料容易起皱,而且端口部的变厚得不到消除,拉深件出现较大的锥度,精度较差,质量不能保证。因此,拉深凸、凹模间隙应根据坯料厚度及公差、拉深过程中坯料的增厚情况、拉深次数、拉深件的形状及精度等要求确定。

① 对于无压料装置的拉深模,其凸、凹模单边间隙可按下式确定:

$$Z = (1 \sim 1.1)t_{max} \tag{3.28}$$

式中:$Z$——凸、凹模单边间隙(mm);

　　$t_{max}$——材料厚度的最大极限尺寸(mm)。

系数范围 $1 \sim 1.1$ 的小值用于末次拉深或精度要求高的零件拉深,大值则用于首次和中间各次拉深或精度要求不高的零件拉深。

② 对于有压料装置的拉深模,其凸、凹模单边间隙可根据材料厚度和拉深次数参考《冲压手册》确定。

③ 对于盒形件拉深模,其凸、凹模单边间隙可根据盒形件精度确定。例如,当精度要求高时,$Z=(0.9\sim1.05)t$;当精度要求不高时,$Z=(1.1\sim1.3)t$。最后一次拉深取较小值。盒形件最后一次拉深的间隙最重要,这时间隙大小沿周边是不均匀的,因角部金属变形量最大,直边部分按弯曲工艺取小间隙;圆角部分按拉深工艺取大间隙。按照上述决定间隙后,角部间隙要再比直边部分增大 $0.1t$。如果工件要求内径尺寸,则此增大值由修整凹模得到;如果工件要求外形尺寸,则有修整凸模得到。

### 4. 凸、凹模工作尺寸及公差

拉深件的尺寸和公差是由末次拉深的拉深模保证的,考虑拉深模的磨损和拉深件的回弹,最后一次拉深模的凸、凹模工作尺寸及公差按如下确定:

当拉深件标注外形尺寸时,见图 3-22(a),有

$$D_d = (D_{max} - 0.75\Delta)_0^{+\delta_d} \tag{3.29}$$

$$D_p = (D_{max} - 0.75\Delta - 2Z)_{-\delta_p}^0 \tag{3.30}$$

当拉深件标注内形尺寸时,见图 3-22(b),有

$$d_p = (d_{min} + 0.4\Delta)_{-\delta_p}^0 \tag{3.31}$$

$$d_d = (d_{min} + 0.4\Delta + 2Z)_0^{+\delta_d} \tag{3.32}$$

式中:$D_d$,$d_d$——凹模工作尺寸(mm);

$D_p$,$d_p$——凸模工作尺寸(mm);

$D_{max}$——拉深件外形最大尺寸(mm);

$d_{min}$——拉深件内形最小尺寸(mm);

$Z$——凸、凹模单边间隙(mm);

$\Delta$——拉深件的公差(mm);

$\delta_p$,$\delta_d$——凸、凹模的制造公差(mm),可按 IT6~IT9 级确定。

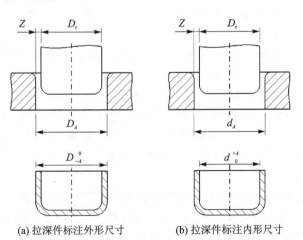

(a) 拉深件标注外形尺寸　　　　(b) 拉深件标注内形尺寸

**图 3-22　拉深件尺寸与凸、凹模工作尺寸**

对于首次和中间各次拉深模,因工序件尺寸无需严格要求,所以其凸、凹模工作尺寸取相应工序的工序件尺寸即可。若以凹模为基准,则

$$D_d = D_0^{+\delta_d} \tag{3.33}$$

$$D_p = (D - 2Z)_{-\delta_p}^{0} \tag{3.34}$$

式中:$D$ 为各次拉深工序件的基本尺寸(mm)。

**5. 压料装置**

目前,生产中常用的压料装置有弹性压料装置和刚性压料装置。在单动压力机上进行拉深加工时,一般采用弹性压料装置提供压料力。根据产生压料力的弹性元件不同,弹性压料装置可分为弹簧式、橡胶式和气垫式三种,如图 3-23 所示。

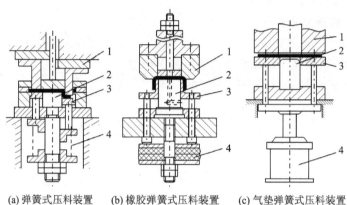

(a) 弹簧式压料装置　　(b) 橡胶弹簧式压料装置　　(c) 气垫弹簧式压料装置

1—凹模;2—凸模;3—压料圈;4—弹性元件(弹顶器或气垫)

**图 3-23　弹性压料装置**

弹簧和橡胶压料装置的压料力是随着工作行程(拉深深度)的增加而增大的,尤其是橡胶式压料装置这一特点更为突出。此类压料力的变化特性是拉深过程中的拉深力逐渐增大,从而增加了拉裂的危险性。因此,弹簧和橡胶压料装置通常只用于浅拉深。这两种压料装置结构简单,在中、小型压力机上使用较为方便。只要正确地选用弹簧的规格和橡胶的牌号及尺寸,并且采取适当的限位措施,就能减少它的不利因素。弹簧应选用总压缩量大、压力随压缩量增加而缓慢增大的规格;橡胶应选用软橡胶,并保证相对压缩量不是过大,建议橡胶总厚度不小于拉深工作行程的 5 倍。

气垫式压料装置的压料效果好,压料力基本上不随工作行程而变化(压料力的变化可控制在 10%～15% 以内),但其结构复杂。

压料圈是压料装置中的关键零件,常见的结构形式有平面形、锥形和弧形,如图 3-24 所示。一般的拉深模采用平面形压料圈。当坯料相对厚度较小、拉深件凸缘小且圆角半径较大时,采用带弧形的压料圈。锥形压料圈能降低极限拉深系数,其锥角与锥形凹模的锥角相对应,一般取 $\beta=30°\sim40°$,主要用于成形拉深系数较小的拉深件。

(1) 弹性压料装置

为了保持整个拉深过程中压料力均衡并防止将坯料压得过紧,特别是在拉深厚度较薄、凸缘较宽的拉深件时,可采用带限位装置的压料圈,如图 3-25 所示。限位柱可使压料圈和凹模之间始终保持一定的距离 $s$:对于带凸缘零件的拉深,$s=t+(0.05\sim0.1)$mm;对于铝合金零件的拉深,$s=1.1t$;对于钢板零件的拉深,$s=1.2t$。其中 $t$ 为板料厚度。

(2) 刚性压料装置

刚性压料装置的特点是其压料力不随拉深的工作行程而变化,压料效果好,模具结构简

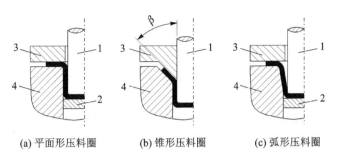

(a) 平面形压料圈　　　(b) 锥形压料圈　　　(c) 弧形压料圈

1—凸模；2—顶板；3—凹模；4—压料圈

**图 3-24　压料圈的结构形式**

单。一般，用在双动压力机上的拉深模中。

图 3-26 为在双动压力机上使用的拉深模，件 4 为刚性压料圈（同时兼作落料凸模），压料圈被固定在外滑块之上。在每次冲压行程开始时，外滑块带动压料圈下行，压在坯料的凸缘上，并在此停止不动，随后内滑块带动凸模下降，并进行拉深变形。

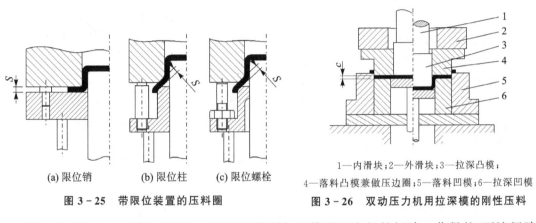

(a) 限位销　　　(b) 限位柱　　　(c) 限位螺栓

**图 3-25　带限位装置的压料圈**

1—内滑块；2—外滑块；3—拉深凸模；
4—落料凸模兼做压边圈；5—落料凹模；6—拉深凹模

**图 3-26　双动压力机用拉深模的刚性压料**

刚性压料装置的压料作用是通过调整压料圈与凹模平面之间的间隙 $c$ 获得的，而该间隙则靠调节压力机外滑块得到。考虑到拉深过程中坯料凸缘区有增厚现象，这一间隙应略大于板料厚度。

刚性压料圈的结构形式与弹性压料圈基本相同。

# 3.3　成　形

冲压成形一般是指利用压力机和模具对薄板制成的板坯（平面或曲面）或半成品进行有控制的变形，以获得指定形状的、其材料端面保持板材这一基本形态的制品的工艺方法。板材在变形过程中的受力状态主要为平面应力状态（即在材料厚度方向上不受力或受力很小可忽略不计，变薄拉深和翻边不在此例）。冲压成形一般按工件变形方式分为翻孔与翻边、胀形、校平与整形、起伏成形、旋压、缩口与扩口等。从变形特点来看，胀形和翻圆孔属于伸长类变形，成形时主要工艺问题是因变形区拉应力过大而出现开裂破坏；缩口和外缘翻凸边属于压缩类变形，成形时主要工艺问题是因变形区压应力过大而产生失稳起皱。对于校平和整形，主要需解决回弹问题；对于冷挤压，主要解决因变形程度大、变形抗力大而带来的各种工艺问题。

### 3.3.1 翻孔与翻边

翻孔是在毛坯上预先加工好预制孔(有时不预先加工好预制孔),再沿孔边将材料翻成竖起凸缘的冲压工序;翻边是使毛坯的平面或曲面部分的边缘沿一定的曲线翻成侧立边缘的冲压工序。

翻孔又称为内孔翻边,是对预先加工有预制孔(有时也未预加工孔)的板坯进行冲压加工,得到具有与板面垂直的竖起凸缘的孔的加工过程。

**1. 圆孔翻边**

(1)变形分析

图 3-27 为圆孔翻边,坯料预制孔直径为 $d_0$,翻边时,带有圆孔的环形毛坯被压边圈压死,变形区限制在凹模圆角以内,并在凸模轮廓的约束下受单向或双向拉应力作用。其中忽略板厚方向的应力,翻边变形区是内径为 $d_0$、外径为 $d_1$ 的环形部分,为双向拉应力状态,且切向拉应力一般为最大主应力;孔边缘仅受切向拉应力作用,为单向拉应力状态。随凸模下降,坯料孔径 $d_0$ 不断胀大,凸模下面的材料向侧面转移,直到完全贴靠凹模侧壁,形成直立的竖边。坯料变形区切向发生伸长变形,属于伸长类翻边。变形坯料厚度变薄,孔边缘切向伸长变形最大,厚度变薄最严重。翻边后,孔边缘厚度 $t$ 近似按下式确定:

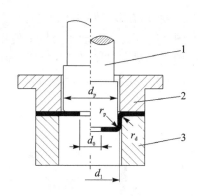

1—凸模;2—压边圈;3—凹模

**图 3-27　圆孔翻边**

$$t = t_0 \sqrt{\frac{d_0}{d_1}} \tag{3.35}$$

式中:$t_0$ 为坯料原始厚度。

(2)翻边系数

通常用翻边系数 $K$ 来衡量圆孔翻边的变形程度:

$$K = \frac{d_0}{d_1} \tag{3.36}$$

式中:$d_0$——毛坯预制孔直径;

$d_1$——翻边直径(根据中线)。

翻边系数 $K$ 值越大,变形程度越小;反之,$K$ 值越小,变形程度越大。翻孔时边缘不破裂所能达到的最大变形程度时的 $K$ 值,被称为极限翻边系数,用 $K_{min}$ 表示。影响极限翻边系数 $K_{min}$ 的因素有:

① 材料种类和力学性能。塑性好的材料,$K_{min}$ 可以比较小。

② 孔边缘状况。孔边缘状况对 $K_{min}$ 影响较大。翻孔前孔边的表面质量越高(无撕裂、无毛刺)并且无加工硬化层时,越有利于翻边成形,$K_{min}$ 会小些。对于冷轧低碳钢板,切削加工边缘的伸长变形能力比冲裁时边缘一般要大 $30\% \sim 80\%$。所以,通常采用先钻孔再翻边,或整修冲孔边缘后再翻边,或使翻孔方向与冲孔方向相反的方法,减少毛刺对翻孔成形的影响。采用锋利刃口并且选择大于料厚的间隙值,可使剪断面近似拉伸断裂。当采用大间隙成形时,

孔的直壁部分的高度将会减小。

③ 材料相对厚度。相对厚度越大,允许的极限翻边系数 $K_{min}$ 可以小些,如图 3-28 中的极限扩孔系数 $\lambda$ 值(亦称 KWI 值)越大,表明材料的翻边成形性能越好。其公式如下:

$$\lambda = \frac{d_f - d_0}{d_0} \times 100\% \qquad (3.37)$$

式中:$d_0$——扩孔的预制孔直径;

$d_f$——扩孔时孔边缘出现裂纹时的内孔直径。

④ 翻孔凸模工作部分的形状。虽然会使加工行程增大,但弧面(球形、抛物线形以及锥形)比平底凸模对翻边更有利。常用材料的极限翻边系数见表 3-7 和表 3-8。

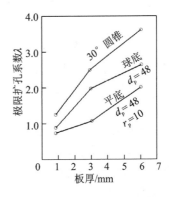

图 3-28 板厚与凸模形状对极限扩孔系数的影响(翻边坯料为切削孔)

表 3-7 低碳钢的极限翻边系数

| 翻边方法 | 孔的加工方法 | 比值 $d_0/t$ | | | | | | | | | | |
|---|---|---|---|---|---|---|---|---|---|---|---|---|
| | | 100 | 50 | 35 | 20 | 15 | 10 | 8 | 6.5 | 5 | 3 | 1 |
| 球形凸模 | 钻后去毛刺 | 0.70 | 0.60 | 0.52 | 0.45 | 0.40 | 0.36 | 0.33 | 0.31 | 0.30 | 0.25 | 0.20 |
| | | 0.75 | 0.65 | 0.57 | 0.52 | 0.48 | 0.45 | 0.44 | 0.43 | 0.42 | 0.42 | — |
| 圆柱形凸模 | 用冲孔模冲孔 | 0.80 | 0.70 | 0.60 | 0.50 | 0.45 | 0.42 | 0.40 | 0.37 | 0.35 | 0.30 | 0.25 |
| | | 0.85 | 0.75 | 0.65 | 0.60 | 0.55 | 0.52 | 0.50 | 0.50 | 0.48 | 0.47 | — |

表 3-8 其他材料的极限翻边系数

| 退火的材料 | 翻边系数 | | 退火的材料 | 翻边系数 | |
|---|---|---|---|---|---|
| | $K$ | $K_{min}$ | | $K$ | $K_{min}$ |
| 白铁皮 | 0.70 | 0.55 | 铝,$t = 0.6 \sim 5$ mm | 0.70 | 0.64 |
| 黄铜 H62,$t = 0.5 \sim 6$ mm | 0.68 | 0.62 | 硬铝 | 0.89 | 0.80 |

(3) 预制孔尺寸的确定

翻边高度较小时,可先在坯料上预制孔,然后直接翻边(见图 3-29)。由于在翻边过程中,材料变形区主要是在切向上发生伸长变形和厚度变薄,而径向变形不大,因此可以用简单弯曲的方法,按中性层长度不变的原则近似确定预制孔的直径。

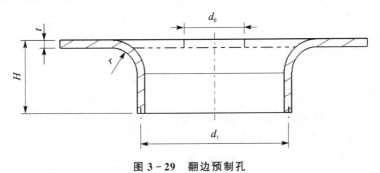

图 3-29 翻边预制孔

预制孔直径 $d_0$ 可由下式确定：

$$d_0 = d_1 - 2(H - 0.43r - 0.22t) \quad (\text{mm}) \tag{3.38}$$

式中：$d_1$——翻边直径(中径,mm)；

$\quad H$——翻边后零件高度(mm)；

$\quad r$——零件圆角半径(mm)；

$\quad t$——材料厚度(mm)。

当翻边高度过大,翻边系数小于极限翻边系数时,不能采用上述方法。此时,可采用变薄翻边或拉深-冲底孔-翻边的方法(如图 3-30 所示)进行成形,先计算翻边所能达到的最大高度,然后根据翻边高度确定拉深高度。翻边可达到的最大高度 $h$ 值可由下式确定：

$$h = \frac{d}{2}(1-K) + 0.75r \tag{3.39}$$

此时,预制孔直径 $d_0$ 为

$$d_0 = Kd_1 \tag{3.40}$$

拉深高度 $h'$ 为

$$h' = H - h + r + t \tag{3.41}$$

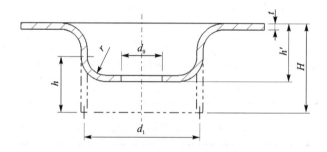

**图 3-30  拉深-冲底孔-翻边**

(4) 翻边力

翻边力与凸模形式及凸、凹模间隙有关。

对于平底凸模,翻边力可用下式计算：

$$F = 1.1\pi t(d_1 - d_0)\sigma_b \tag{3.42}$$

式中：$\sigma_b$——材料抗拉强度(MPa)；

$\quad d_0$——预制孔直径(mm)；

$\quad d_1$——翻边直径(中径,mm)；

$\quad t$——材料厚度(mm)。

对于球底凸模,翻边力可用下式计算：

$$F = 1.2\pi d_1 tm\sigma_b \quad (\text{N}) \tag{3.43}$$

式中：系数 $m$ 可由表 3-9 确定。

无预制孔的翻边与有预制孔的翻边相比,其翻边力要大 1.33～1.75 倍。

(5) 翻边凸、凹模间隙

考虑到圆孔翻边时孔边缘的料厚会变薄,故凸、凹模单边间隙可取料厚的 75%～85%,或按表 3-10 选取。

表 3 – 9　*m* 的取值

| 翻边系数 K | m | 翻边系数 K | m |
|---|---|---|---|
| 0.5 | 0.20～0.25 | 0.7 | 0.08～0.12 |
| 0.6 | 0.14～0.18 | 0.8 | 0.05～0.07 |

表 3 – 10　翻边凸、凹模单边间隙

mm

| 材料厚度 | 平坯料翻边 | 拉深后翻边 | 材料厚度 | 平坯料翻边 | 拉深后翻边 |
|---|---|---|---|---|---|
| 0.3 | 0.25 | — | 1.0 | 0.85 | 0.75 |
| 0.5 | 0.45 | — | 1.2 | 1.00 | 0.90 |
| 0.7 | 0.60 | — | 1.5 | 1.30 | 1.10 |
| 0.8 | 0.70 | 0.60 | 2.0 | 1.70 | 1.50 |

### 2. 非圆孔翻边

非圆孔翻边也是冲压生产中常见的翻边方法。非圆孔翻边的变形性质与非圆孔的孔缘轮廓性质有关。如果孔缘上没有直线段或外凸的弧线段(如椭圆孔),则翻边的变形性质仍属于伸长类翻边。如果孔缘轮廓具有直线段或外凸的弧线段,则翻边的变形性质属于复合成形方式。如图 3 – 31 所示的孔边缘由内凹曲线、外凸曲线及直线构成,在翻边的工艺计算时要分别考虑。对于内凹曲线部分,则可看作是圆孔的一部分,属于伸长类翻边。

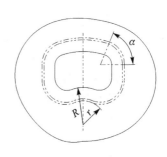

图 3 – 31　非圆孔翻边

当 $\alpha \leqslant 180°$ 时,受邻近金属的影响,其变形程度较圆孔有所提高。该部分翻边系数 $K'$ 可由下式确定:

$$K' = \frac{K\alpha}{180°} \tag{3.44}$$

式中:$K$——圆孔极限翻边系数,可查表 3 – 7、表 3 – 9;

$\alpha$——曲线部分夹角(°)。

当 $\alpha > 180°$ 时,相邻部分金属的影响已不明显,此时应按圆孔翻边的极限系数判断其变形的可能性。对于低碳钢板,不同 $\alpha$ 值对应的翻边系数也可由表 3 – 11 查得。

外凸曲线部分类似于浅拉深,属于压缩类翻边,此时的翻边系数实质上就是拉深系数,可用下式表示:

$$K'' = \frac{r}{R} \tag{3.45}$$

式中:$r$——翻边线曲率半径;

$R$——孔边缘曲率半径。

$K''$ 的选用也可参考前面拉深系数。直边部分可近似按弯曲变形考虑。

在确定翻边前预制孔的形状和尺寸时,对这三部分分别按圆孔翻边、拉深及弯曲计算。内凹曲线部分的宽度应比直边部分增大 5%～10%,以弥补其翻边后高度的减小。最后对计算结果适当修正,使各段圆滑连接。

表 3-11　低碳钢内凹曲线翻边系数

| $\alpha/(°)$ | 坯料相对厚度 $t/d$ | | | | | | |
|---|---|---|---|---|---|---|---|
| | 0.02 | 0.03 | 0.05 | 0.08～0.12 | 0.15 | 0.20 | 0.30 |
| >180 | 0.08 | 0.60 | 0.52 | 0.50 | 0.48 | 0.46 | 0.45 |
| 165 | 0.73 | 0.55 | 0.48 | 0.46 | 0.44 | 0.42 | 0.41 |
| 150 | 0.67 | 0.50 | 0.43 | 0.42 | 0.40 | 0.38 | 0.375 |
| 135 | 0.60 | 0.45 | 0.39 | 0.38 | 0.36 | 0.35 | 0.34 |
| 120 | 0.53 | 0.40 | 0.35 | 0.33 | 0.32 | 0.31 | 0.30 |
| 105 | 0.47 | 0.35 | 0.30 | 0.29 | 0.28 | 0.27 | 0.26 |
| 90 | 0.40 | 0.30 | 0.26 | 0.25 | 0.24 | 0.23 | 0.225 |
| 75 | 0.33 | 0.25 | 0.22 | 0.21 | 0.20 | 0.19 | 0.185 |
| 60 | 0.27 | 0.20 | 0.17 | 0.17 | 0.16 | 0.15 | 0.145 |
| 45 | 0.20 | 0.15 | 0.13 | 0.13 | 0.12 | 0.12 | 0.11 |
| 30 | 0.14 | 0.10 | 0.09 | 0.08 | 0.08 | 0.08 | 0.08 |
| 15 | 0.07 | 0.05 | 0.04 | 0.04 | 0.04 | 0.04 | 0.04 |

### 3. 平面外缘翻边

根据变形性质不同,平面外缘翻边可分为内凹曲线翻边(内曲翻边)和外凸曲线翻边(外曲翻边)两种,如图 3-32 所示。当翻边轮廓曲线变为直线时,就称为弯曲变形。

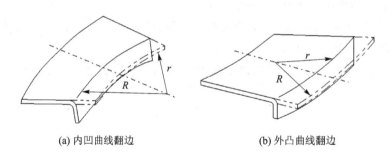

（a）内凹曲线翻边　　　　　　　（b）外凸曲线翻边

图 3-32　平面外缘翻边

（1）内凹曲线翻边

内凹曲线翻边与孔的翻边相似,凸缘内产生拉应力而易于破裂,属于伸长类翻边。其翻边系数 $K'$ 可由下式确定:

$$K' = \frac{r}{R} \qquad (3.46)$$

式中:符号见图 3-33;$K'$ 值可参考表 3-12。

如图 3-33 所示,当翻边曲线夹角 $\alpha > 150°$ 时,可按圆孔翻边确定坯料高度尺寸。当 $150° > \alpha > 60°$ 时,为了得到一致的翻边高度,已不能按曲率半径确定坯料尺寸。实验表明,随着翻边系数的减小,曲率半径 $\rho$ 及角度 $\beta$ 增大。此时可参考表 3-12 进行坯料修正。

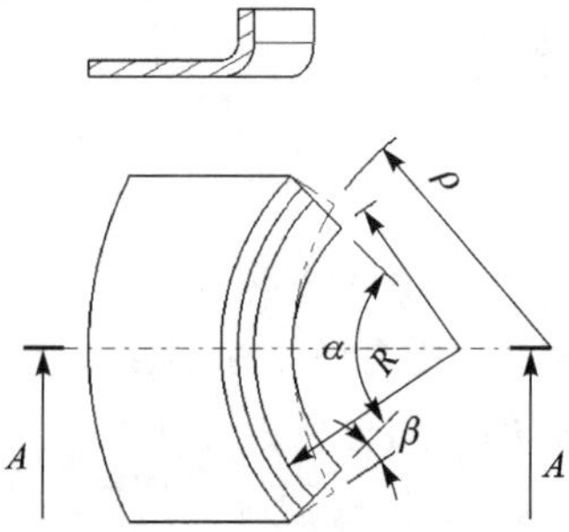

图 3-33　内凹曲线翻边的坯料修正

表 3 - 12　内凹曲线翻边坯料修正值

| $\alpha/(°)$ | 翻边系数 $K'$ | $\beta/(°)$ | $\rho/\text{mm}$ | $\alpha/(°)$ | 翻边系数 $K'$ | $\beta/(°)$ | $\rho/\text{mm}$ |
|---|---|---|---|---|---|---|---|
| 150 | 0.62 | 25 | 10.0 | 90 | 0.25 | 38 | 65.0 |
| 120 | 0.50 | 30 | 17.5 | 85 | 0.40 | 38 | 32.0 |
| 120 | 0.37 | 30 | 20.0 | 70 | 0.43 | 32 | 35.0 |
| 120 | 0.34 | 47 | 26.0 | 60 | 0.25 | 30 | $+\infty$ |

注：材料 08；料厚 1 mm；$2r = 32.5$ mm。

（2）外凸曲线翻边

外凸曲线翻边的变形类似于无压边圈的浅拉深，在翻边的凸缘内产生压应力，易于起皱，属于压缩类翻边。其应变分布及大小主要取决于工件的形状。翻边系数 $K''$ 用下式表示：

$$K'' = \frac{r}{R} \tag{3.47}$$

式中：$r$——翻边曲率半径；

　　　$R$——坯料曲率半径。

$K''$ 可参考拉深系数选取。

同样，外凸曲线翻边也应进行坯料修正，修正方向与内凹曲线翻边相反。

**4. 曲面外缘翻边**

根据变形性质不同，曲面外缘翻边分为伸长类曲面翻边和压缩类曲面翻边，如图 3 - 34 所示。

（1）伸长类曲面翻边

1）变形特点

伸长类曲面翻边是沿曲面板料的边缘向曲面的曲率中心相反方向翻起与曲面垂直的竖边。翻边过程中，成形坯料的圆弧部分产生切向伸长变形，使直边部分产生剪切变形，坯料底面产生切向压缩变形。

2）成形极限

伸长类曲面翻边的成形极限可用极限相对翻边高度表示，即坯料不产生破坏的条件下能达到的最大翻边高度 $h_{\max}$ 与圆弧部分的曲率半径 $R$ 的比值。图 3 - 35 与表 3 - 13 为冷轧低碳钢板、H62 黄铜板及 1035 铝板的成形极限。

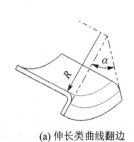

(a) 伸长类曲线翻边　　(b) 压缩类曲线翻边

图 3 - 34　曲面外缘翻边

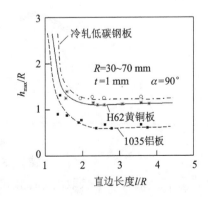

图 3 - 35　伸长类曲面翻边的成形极限

**表 3 - 13    伸长类曲面翻边的成形极限**

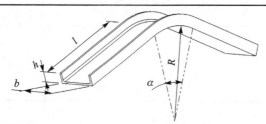

| 材　料 | $R$/mm | $l/R$ | | | | | | |
|---|---|---|---|---|---|---|---|---|
| | | 0.6 | 0.8 | 1.0 | 1.2 | 1.4 | 1.8 | >2 |
| 低碳钢板 | 30 | — | — | — | 1.33 | 1.3 | 1.25 | 1.25 |
| | 45 | — | — | — | 1.27 | 1.22 | 1.22 | 1.22 |
| H62黄铜板 | 30 | — | — | — | 1.25 | 1.2 | 1.16 | 1.16 |
| | 45 | — | — | — | 1.22 | 1.16 | 1.05 | 1.05 |
| 纯铝板 | 30 | — | — | — | 0.83 | 0.8 | 0.66 | 0.66 |
| | 45 | — | 1.38 | — | 0.77 | 0.77 | 0.77 | 0.77 |
| | 70 | 0.86 | 0.82 | 0.82 | 0.82 | 0.82 | 0.82 | 0.82 |

由图 3-35 可知,极限相对翻边高度 $h_{max}/R$ 的值取决于直边部分的长度 $l$。当直边长度大于某一极限($l>2R$)后,$h_{max}/R$ 成为一个基本不变的恒定数值;当直边长度小于某一极限值时,$h_{max}/R$ 的值急速增大;当直边长度接近于零时,可能会出现翻边高度不受限制的情形,即成形任何高度的竖边都不致出现开裂。

3)模具设计原则

伸长类曲面翻边模具的基本构造如图 3-36 所示。在进行模具设计时应注意以下几点:

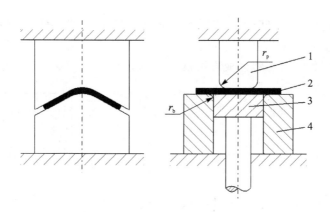

1—凸模;2—坯料;3—压料板;4—凹模

**图 3 - 36    伸长类曲面翻边模具结构**

① 翻边后零件形状取决于凸模尺寸,所以凸模曲率半径 $R_p$ 与圆角半径 $r_p$ 应等于零件的相应尺寸。

② 为防止坯料侧壁起皱,提高零件质量,应取凸、凹模单边间隙值等于或略小于料厚。同时应使凹模与模座间固定可靠以保证间隙不变。

③ 底面应压边,以有效防止底面产生由于切向压应力而引起的起皱。

④ 凹模圆角半径虽然不决定零件形状,但对成形过程中坯料的变形有较大影响。应取尽量大的圆角半径,一般应保证 $r_d > 8t$。

⑤ 当凹模曲率半径大于凸模曲率半径时,可有效降低圆弧部分切向应变的数值。因而,在允许时,宜取 $R_d > R_p$,见图 3-37。

⑥ 要注意凸模对坯料的冲压方向,成形时坯料应处于成形的位置。在对称形状零件翻边时,应使坯料或零件的对称轴线与凸模轴线重合。如果零件的形状不对称,应使成形后零件在模具中的位置保证两直边部分与凸模轴线所成的角度相同,如图 3-38 所示 N 向。如果两直边长度不等,可能出现较大的水平方向的侧向力。所以在模具上应考虑设置侧向力的平衡装置。

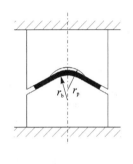

图 3-37　$R_d > R_p$

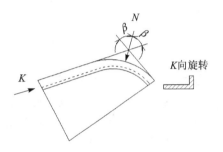

图 3-38　曲面翻边时冲压方向

（2）压缩类曲面翻边

1）变形特点

压缩类曲面翻边是指沿曲面板料边缘向曲面曲率中心相同方向翻起与曲面垂直的竖边,如图 3-34 所示。翻边坯料变形区内绝对值最大的主应力为切向(沿翻边线方向)压应力,在该方向产生压缩变形,主要发生在圆弧部分,所以容易在此处产生失稳起皱,这是阻碍压缩类曲面翻边成形极限的主要原因。因此,减小圆弧部分的压应力,防止侧边失稳起皱,是提高压缩类曲面翻边成形极限的关键。

2）成形极限

压缩类曲面翻边的成形极限通常用极限翻边高度 $h_{max}$ 来表示。$h_{max}$ 为侧边不起皱的情况下,能得到的最大翻边高度。无两侧压边时,因翻边高度较小,直边长度无明显影响。

3）模具设计原则

压缩类曲面翻边模具基本结构见图 3-39。进行模具设计时一般应注意如下几点:

① 零件的形状取决于凸模尺寸。因此,应使凸模尺寸与零件相应尺寸相等。

② 凹模曲率半径尽管与零件形状无关,但对坯料的变形却有重要影响,可取 $R_d > R_p$。

③ 压缩类曲面翻边时需采用压料装置,且应保证足够的压料力。

④ 当零件翻边高度较大时,应采用带两侧压边的模具结构,以防止成形过程中侧边起皱。

⑤ 模具应保证足够的刚度,特别是凹模与模座的可靠固定,以保证模具间隙不致在翻边

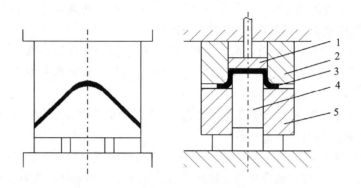

1—压料板；2—凹模；3—坯料；4—凸模；5—侧压边

**图 3-39　压缩类曲面翻边模具结构**

过程中因侧向力的作用而增大。

⑥ 模具设计时同样应注意冲压方向的选择。

**5. 变薄翻边**

当零件的翻边高度较大难以一次成形时，可在不影响使用要求的条件下才有变薄翻边，以提高生产效率并节约材料。

变薄翻边属于体积成形。变薄翻边时凸模和凹模之间采用小间隙，凸模下方的材料变形与圆孔翻边相似，但它们成形为竖边后，将会在凸模和凹模之间的小间隙内受到挤压，进一步发生较大的塑性变形，使其厚度显著减薄，从而提高翻边高度。

中型孔的变薄翻边，通常可采用阶梯环状凸模在一次行程内对坯料作多次变薄加工以达到产品的要求。一次变薄翻边的变薄系数可取 $0.4 \sim 0.5$，甚至更小，变薄翻边后的竖边高度按体积不变原则计算。变薄翻边力比普通翻边力大得多，力的增大与变薄量增大成正比。图 3-40 为变薄翻边的一个例子，由图示可见，翻边时采用了阶梯凸模，毛坯经过凸模上各阶梯的挤压，竖边厚度逐步变薄。凸模上各阶梯的间距应大于零件高度，以便前一阶梯挤压竖边之后再用后一阶梯挤压。

在零件上冲压螺纹底孔时，为了保证螺纹连接强度，低碳钢或黄铜零件上的螺纹底孔深度不应小于螺纹直径的 0.5 倍，铝制零件的螺纹底孔深度不应小于螺纹直径的 2/3。为了保证螺纹底孔深度，同时也不增加零件料厚，生产中常采用变薄翻边来成形小螺纹底孔（多为 M5 以下）。此时壁部变薄量一般较小。

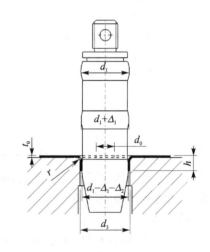

**图 3-40　变薄翻边**

用变薄翻边加工螺纹底孔时，可采用两种不同方法：一种方法是在毛坯上预制翻边圆孔，然后再进行变薄翻边成形；另一种方法是在材料性能允许的情况下，用一个凸模同时进行冲孔和变薄翻边。

对于低碳钢、黄铜、紫铜和铝的普通螺纹底孔翻边尺寸，可按表 3-14 选取。

表 3 - 14　普通螺纹底孔翻边的尺寸

mm

| 螺纹直径 | $t_0$ | $d_0$ | $d_1$ | $h$ | $d_3$ | $r$ |
|---|---|---|---|---|---|---|
| M2 | 0.8 | 0.8 | 1.6 | 1.6 | 2.64 | 0.2 |
| | 1.0 | | | 2.0 | 2.9 | 0.4 |
| M2.5 | 0.8 | 1 | 2.1 | 1.7 | 3.15 | 0.2 |
| | 1.0 | | | 2.1 | 3.4 | 0.4 |
| M3 | 0.8 | 1.2 | 2.5 | 1.8 | 3.54 | 0.2 |
| | 1.0 | | | 2.2 | 3.8 | 0.4 |
| | 1.2 | | | 2.4 | 4.06 | |
| | 1.5 | | | 3.0 | 4.45 | |
| M4 | 1.0 | 1.6 | 3.3 | 2.4 | 4.6 | 0.4 |
| | 1.2 | | | 2.8 | 4.86 | |
| | 1.5 | | | 3.3 | 5.25 | |
| | 2.0 | | | 4.2 | 5.9 | 0.6 |

变薄翻边时,在模具作用下零件所翻的竖边厚度会变薄。在采用相同的极限翻边的情况下,变薄翻边可以得到更高的竖边高度。试验表明,一次工序中的变薄量可达 $t_1/t_2 = 0.4 \sim 0.5$ 或更大。此外,变薄翻边生产率较高,节约材料,零件表面光洁且尺寸精度高。变薄翻边中变形程度不仅取决于翻边系数,还取决于壁部的变薄系数。变薄翻边预制孔应按翻边前后体积相等的原则。

## 3.3.2　旋　压

旋压是借助旋压棒或旋轮以及压头对随旋压模而转动的板料或空心零件毛坯作进给运动并成形,使其直径尺寸改变,逐渐成形为薄壁空心回转零件的特殊成形工艺。旋压主要分为普通旋压和变薄旋压两种。前者在旋压过程中材料厚度不变或仅有少许变化,后者在旋压过程中壁厚减薄明显,又叫强力旋压(变薄旋压)。

### 1. 普通旋压

如图 3 - 41 所示,普通旋压主要包括缩径旋压、扩径旋压等,可以完成拉深、缩口、胀形、翻边等工序。

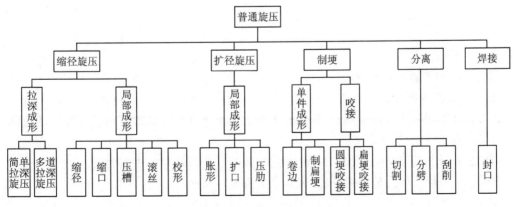

图 3 - 41　普通旋压分类

图 3-42 为常见普通旋压方法。普通旋压机动性好,可以用简单的设备和模具制造出形状复杂的零件,生产周期短,适用于小批生产及制造有凸起及凹进形状的空心零件。但是,旋压件的表面一般留有旋压棒或旋压轮的痕迹,其表面粗糙度 $Ra$ 值为 $3.2\sim1.6~\mu m$。普通旋压件可达到的直径公差为工件直径的 $0.5\%$ 左右,见表 3-15。

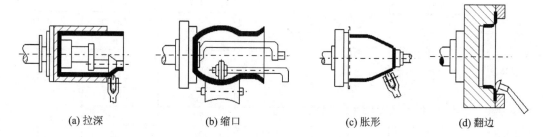

(a) 拉深    (b) 缩口    (c) 胀形    (d) 翻边

**图 3-42　常见普通旋压方法**

**表 3-15　普通旋压件直径精度**

mm

| 工件直径 | | <610 | 610~1 220 | 1 220~2 440 | 2 440~5 335 | 5 335~6 605 | 6 605~7 915 |
|---|---|---|---|---|---|---|---|
| 直径精度 | 一般 | ±(0.4~0.8) | ±(0.8~1.6) | ±(1.6~3.2) | ±(3.2~4.8) | ±(4.8~7.9) | ±(7.9~12.7) |
| | 特殊 | ±(0.02~0.12) | ±(0.12~0.38) | ±(0.38~0.63) | ±(0.63~1.01) | ±(1.01~1.27) | ±(1.27~1.52) |

拉深旋压是指用普通旋压的方法将平板生产成空心零件,是普通旋压中应用最广的方法,其适用于中小批量生产。拉深旋压的坯料直径可参照拉深有关公式,按等面积原则计算。但应考虑旋压时壁厚减薄,会引起表面积增大,有时增大 $20\%\sim30\%$。拉深旋压的进给量范围通常为 $0.3\sim3.0$ mm/r。进给量小有利于改善表面粗糙度,但过小容易造成壁部减薄、不贴模,生产效率低,甚至导致工件的破裂。转速过高,材料变薄严重。转数与旋压直径的关系见图 3-43。

旋压锥形件可能成形的极限比值为

$$\frac{d_{\min}}{D}=0.2\sim0.3 \tag{3.48}$$

旋压筒形件可能成形的比值为

$$\frac{d}{D}=0.6\sim0.8 \tag{3.49}$$

式中:$d$——圆筒直径(mm);

　　$d_{\min}$——圆锥体的最小直径(mm);

　　$D$——坯料直径(mm)。

如果零件不能一次旋压成形,可采用在不同的胎模上进行连续旋压成形的方法,但胎模的最小直径应是相同的,见图 3-44。

旋压过程材料的硬化程度比拉深要大得多,故经几个道次后需中间退火。

图 3-45 为旋压机上使用的旋轮,表 3-16 为旋轮尺寸。

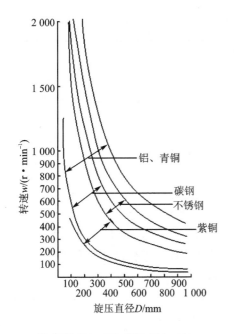

铝、青铜:200~300;紫铜:150~600;
碳钢:200~800;不锈钢:600~1 000

**图 3-43　转速与旋压直径的关系**

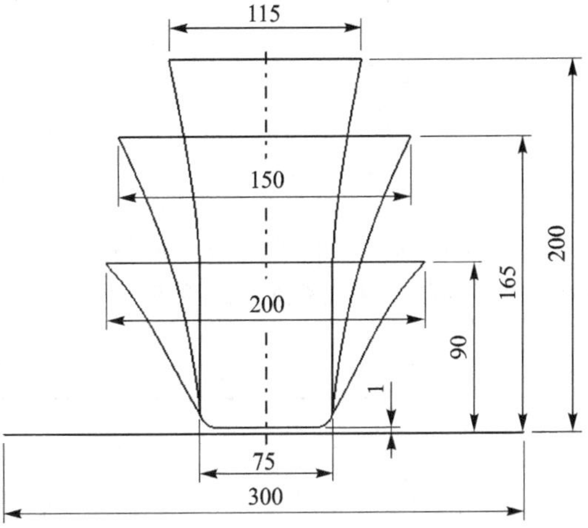

**图 3-44　连续旋压工序**

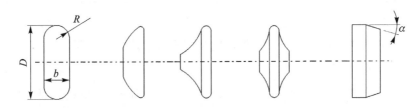

(a) 旋压空心零件用　(b) 变薄旋压用　(c) 缩口用　(d) 滚波纹管用　(e) 精加工用

**图 3-45　常见旋轮**

**表 3-16　旋轮尺寸**

| 旋轮直径 $D$/mm | 旋轮宽度 $b$/mm | 旋轮圆角半径 $R$/mm | | | | |
|---|---|---|---|---|---|---|
| | | (a) | (b) | (c) | (d) | (e)($\alpha$/(°)) |
| 140 | 45 | 22.5 | 6 | 5 | 6 | 4(2) |
| 160 | 47 | 23.5 | 8 | 6 | 10 | 4(2) |
| 180 | 47 | 23.5 | 8 | 8 | 10 | 4(2) |
| 200 | 47 | 23.5 | 10 | 10 | 12 | 4(2) |
| 220 | 52 | 26 | 10 | 10 | 12 | 4(2) |
| 250 | 62 | 31 | 10 | 10 | 12 | 4(2) |

　　旋轮材料多选择工具钢或含钒的高速钢,一般将其淬火到高硬度和抛光成镜面状态。表 3-17 给出了旋压芯模常用材料。

表 3 - 17　旋压芯模材料

| 材　料 | 特　点 | 用　途 |
|---|---|---|
| 硬木 | | 普通旋压（软料、小批量） |
| 工程塑料 | 回弹较大 | |
| 夹布胶木 | 价高 | |
| 铸铝 | 轻、寿命短 | |
| 铸铁（优质、球墨） | 要求表面无砂眼 | 普通旋压，变薄通用旋压（软料） |
| 结构钢（45 钢等） | HRC≥30～35 | |
| 渗氮钢（18CrNiW 等） | HRC 50～55，深 0.3 mm | |
| 冷作工具钢，轴承钢，轧辊钢 | HRC≥55～58 | |

　　为防止坯料与工具因摩擦而粘结，旋压时应该采用润滑剂。常用旋压润滑剂见表 3 - 18。此外，为了保持工具、坯料温度平衡，可用有机油、防锈水溶性油以及浮化液作冷却剂。

表 3 - 18　常用旋压润滑剂

| 坯　料 | | 润滑剂 |
|---|---|---|
| 铝、铜软钢 | 一般场合 | 机油 |
| | 对工件表面要求高 | 肥皂、凡士林、白蜡、动植物脂等 |
| 钢 | | 二硫化钼油剂 |
| 不锈钢 | | 氯化石蜡油剂 |

## 2. 变薄旋压

　　变薄旋压与普通旋压的区别是变薄旋压壁厚有显著的减薄。变薄旋压的分类如图 3 - 46 所示。

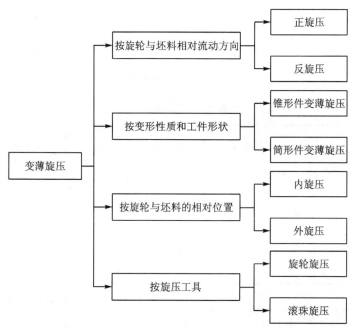

图 3 - 46　变薄旋压分类

　　锥形件变薄旋压又称剪切旋压。常用于加工锥形、抛物线形和半球形旋压件。筒形件变薄旋压又可称为挤出旋压或流动旋压，常用于筒形件和管形件的加工。

　　与普通旋压和拉深相比，变薄旋压可以得到更高的直径精度。表3-19给出了筒形变薄旋压件尺寸精度。

表3-19　筒形变薄旋压件尺寸精度
mm

| 内　径 | ≤150 | | | >150~250 | | | >250~400 | | | >400~600 | | |
|---|---|---|---|---|---|---|---|---|---|---|---|---|
| 壁　厚 | <1 | 1~2 | >2 | <1 | 1~2 | >2 | <1 | 1~2 | >2 | <1 | 1~2 | >2 |
| 内径公差(±) | 0.10 | 0.10 | 0.15 | 0.10 | 0.15 | 0.15 | 0.20 | 0.25 | 0.25 | 0.25 | 0.30 | 0.35 |
| 椭圆度(≤) | 0.05 | 0.05 | 0.10 | 0.10 | 0.12 | 0.15 | 0.20 | 0.25 | 0.30 | 0.30 | 0.45 | 0.50 |
| 弯曲度(≤) | 0.20 | 0.15 | 0.15 | 0.35 | 0.25 | 0.25 | 0.45 | 0.45 | 0.45 | 0.45 | 0.50 | 0.50 |
| 壁厚差/批(±) | 0.02 | 0.03 | 0.03 | 0.03 | 0.03 | 0.04 | 0.03 | 0.03 | 0.04 | 0.03 | 0.04 | 0.05 |
| 壁厚差/件(±) | 0.02 | 0.02 | 0.02 | 0.02 | 0.02 | 0.03 | 0.02 | 0.02 | 0.04 | 0.03 | 0.03 | 0.04 |

　　锥形件变薄旋压的纯剪切变形能获得最佳的金属流动。此时，毛坯在旋压过程中只有轴向的剪切滑移而无其他变形，因此，旋压前后工件的直径和轴向厚度不发生变化。对具有一定锥角和壁厚的锥形件进行变薄旋压时，根据纯剪切变形原理，可求出旋压时的最佳减薄率，即合理的毛坯厚度。

　　如图3-47所示为锥形件的变薄旋压，变薄旋压壁厚变化满足所谓正弦律：

$$t = t_0 \sin \alpha \qquad (3.50)$$

正弦律由锥形件所推出，对其他异形体基本上都不适用。

　　旋压半球形或抛物线形零件时，可采用等断面的板坯，也可用变断面的板坯。用等断面板坯旋压所得零件的壁厚是不相等的，即在零件凸缘直径不变的情况下，在不同的位置（不同的$\alpha$角）上得到不同的壁厚。用等断面毛坯旋压半球形零件的成形原理如图3-48所示。

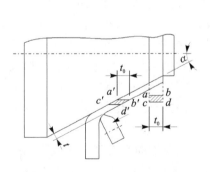

图3-47　锥形件的变薄旋压

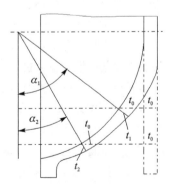

图3-48　用等断面毛坯旋压半球形零件

　　变薄旋压的毛坯可用板材、预冲压成形的杯形件、经过车削的锻件或铸件、经预成形或车削的焊接件和管材。采用热轧毛坯可减少旋压前切削量，节约金属。坯料状态可为退火、调质、正火等。

　　筒形件的变薄旋压变形不存在锥形件的那种正弦关系，只是体积的位移，所以这种旋压也叫挤出旋压,成形原理遵循塑性变形体积不变条件和金属流动的最小阻力定律。

确定变薄旋压工艺常要考虑以下主要参数:

① 旋压方向。可分为正旋压和反旋压,正旋压时材料的流动方向与旋轮的运动方向相同,反旋压时材料的流动方向与旋轮的运动方向相反。异形件、筒形件一般采用正旋压,管形件一般采用反旋压。

② 减薄率。其直接影响到旋压力的大小和旋压精度,表示如下:

$$\psi = \frac{t_0 - t}{t_0} \tag{3.51}$$

式中:$\psi$——减薄率;

$t_0$——毛坯厚度(mm);

$t$——零件厚度(mm)。

旋压时各种金属的最大总减薄率见表 3 - 20。

表 3 - 20　旋压最大总减薄率 $\psi \times 100$(无中间退火)

| 材　料 | 圆锥形 | 半球形 | 圆筒形 |
| --- | --- | --- | --- |
| 不锈钢 | 60～75 | 45～50 | 65～75 |
| 高合金钢 | 65～75 | 50 | 75～82 |
| 铝合金 | 50～75 | 35～50 | 70～75 |
| 钛合金 | 30～55 | — | 30～35 |

## 3.3.3　胀　形

在外力(主要是拉应力)作用下使板料的局部材料厚度减薄而表面积增大,以得到所需几何形状和尺寸的制件的冲压加工方法叫作胀形。

胀形可在制件或大或小的范围内进行。胀形时材料一般处于双拉应力状态,成形可能出现的问题是板料拉伸破裂,而不会压缩失稳。

胀形可用不同的方法实现,如刚模胀形、橡皮胀形和液压胀形。常见的胀形有:冲压生产中的起伏成形、圆筒形空心毛坯或管坯上凸胀成形或起伏波纹、加强筋或图案文字及标记的局部成形、与弯曲结合一起的较大区域的拉胀,以及与拉深结合一起的拉胀复合成形。

板坯局部胀形与浅拉深、宽凸缘拉深或带有胀形性质拉深等工艺的区别主要取决于成形部分尺寸与坯料尺寸之比 $d/d_0$,如图 3 - 49 所示。图中曲线以上为破裂区,曲线以下为安全区,曲线上为临界状态。此外,分界点位置还取决于材料的应变强化率、模具几何参数以及压边力大小,分界点一般在 $0.35 \sim 0.38$(即 $d/d_0$)之间。

圆柱形空心坯料的胀形是将空心零件或管毛坯,在径向方向上向外扩张成形的一种冲压加工方法(本书只讲解圆柱形空心坯料的胀形)。用胀形成形方法可以生产高压气瓶、波纹管、带轮、三通接头以及其他一些异形空心件。

**1. 胀形变形程度**

圆柱空心毛坯胀形变形程度可用胀形系数 $K$ 表示:

$$K = \frac{d_{\max}}{d_0} \tag{3.52}$$

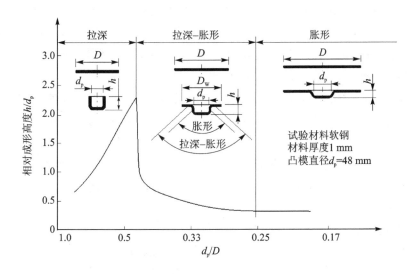

**图 3 - 49　局部胀形与拉深的分界**

式中 : $d_{max}$——胀形后制件的最大直径(mm);

　　 $d_0$——毛坯原始直径(mm)。

很显然,由于材料塑性的限制,胀形后的直径 $d_{max}$ 不可能任意大,必然存在一个变形极限,可用极限系数 $K$ 表示。表 3 - 21 列出了部分材料的胀形极限系数值。

**表 3 - 21　极限胀形系数**

| 材　　料 | 厚度/mm | 材料许用伸长率 $\delta$ /% | 极限胀形系数 $K$ |
|---|---|---|---|
| 高塑性铝合金(如 3Al21 等) | 0.5 | 25 | 1.25 |
| | 1.0 | 28 | 1.28 |
| | 1.2 | 32 | 1.32 |
| | 2.0 | 32 | 1.32 |
| 低碳钢(如 08F、10 及 20 钢) | 0.5 | 20 | 1.20 |
| | 1.0 | 24 | 1.24 |
| 耐热不锈钢(如 1Cr18Ni9Ti 等) | 0.5 | 26~32 | 1.26~1.32 |
| | 1.0 | 35 | 1.28~1.34 |
| 黄铜(如 H62、H68 等) | 0.5~1.0 | 35 | 1.35 |
| | 1.5~2.0 | 40 | 1.40 |

影响胀形成形极限的材料因素主要是延伸率和应变硬化指数 $n$ 。一般来讲,延伸率大,破裂前所允许的变形程度大,成形极限也大;应变硬化指数 $n$ 值大,应变硬化能力强,可促使应变分布趋于均匀化(变形均匀),同时还能提高材料的局部应变能力,故成形极限也大,对胀形有利。

润滑条件和变形速度(主要针对刚性凸模胀形)以及材料厚度对胀形成形极限也有影响。例如,用球头凸模胀形时,若在毛坯和凸模之间施加良好的润滑(加衬一定厚度的聚乙烯薄膜),其应变分布要比干摩擦时均匀,能使胀形高度增大。变形速度的影响主要是通过改变摩擦系数来体现的,对球头凸模来讲,速度大,摩擦系数就会减小,有利于应变分布均匀化,胀形高度将有所增加。必须指出,用平底凸模胀形时,应尽量增大凸模底部板料的变形,避免板料在圆角处变形过于集中;否则,胀形高度就比较小。一般来讲,材料厚度增大,胀形成形极限有所增大,但料厚与零件尺寸比值较小时,其影响不太显著。

模具工作部分表面粗糙度值小、圆滑无棱以及良好的润滑,都可使材料变形趋于均匀,可以提高胀形的变形程度。反之,毛坯上的擦伤、划痕、皱纹等缺陷则易导致毛坯的拉裂。

在对毛坯径向施加压力胀形的同时,也在轴向加压的话,胀形变形程度可以增大。因此,为了得到较大的变形的程度,在胀形时常常施加轴向推力使管坯压缩。此外,对毛坯进行局部加热(变形区加热)也会增大变形程度。

**2. 坯料尺寸计算**

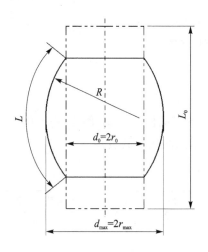

图 3-50 圆柱形空心坯料胀形坯料尺寸

胀形的坯料尺寸如图 3-50 所示。坯料直径 $d_0$ 由下式计算:

$$d_0 = \frac{d_{max}}{K} \quad (3.53)$$

圆柱形空心坯料胀形时,为增加材料在圆角方向的变形程度和减小材料的变薄,坯料两端一般不固定,使其自由收缩,故毛坯长度 $L_0$ 应比制件长度增加一定收缩量。$L_0$ 由下式计算:

$$L_0 = L[1 + (0.3 \sim 0.4)\delta] + \Delta l \quad (3.54)$$

式中:$L$——制件母线长度;

$\delta$——制件切向最大伸长率,$\delta = \dfrac{d_{max} - d_0}{d_0}$;

$\Delta l$——修边余量,为 10~20 mm。

波纹管的毛坯计算可按表面积相等考虑,再根据胀形系数大小对管坯变薄的影响适当修正。

**3. 胀形方法**

根据胀形模具的不同,圆柱形空心坯料的胀形方法可分为刚性分瓣模胀形(刚模胀形)、半刚性模胀形以及软模胀形。半刚性模胀形采用钢球和砂子作为填充物进行胀形,操作相对较麻烦。下面主要介绍刚模胀形和软模胀形。

(1)刚模胀形

胀形凹模一般采用可分式,凸模为刚性分块式(由楔状心块将其分开)。刚模胀形时,模瓣和毛坯之间有较大的摩擦,材料受力不均,制件上易出现加工痕迹,也不便加工复杂的形状。增加模瓣数目可使变形均匀,提高加工精度,但模瓣数目太多后效果不明显。一般模瓣数目在 8~12 块之间。图 3-51 为刚模胀形的例子。

(2)软模胀形

利用弹性或流体代替凸模或凹模压制金属板料、管料的冲压方法称为软模成形。软模成形可用于冲裁、弯曲、拉深、胀形等多种工艺。对胀形而言,软模胀形制件上无痕迹,变形比较均匀,便于加工复杂的形状,所以应用较多。

弹性材料通常用天然橡胶或聚氨酯橡胶,后者耐油、耐磨和耐温性较好,因此使用更多。此外,也有用 PVC 塑料胀形的。PVC 塑料虽然弹性和强度均不如聚氨酯橡胶,但价格比较低。

利用液体作为软体凸模进行薄板或管坯的胀形方法称为液压胀形,液体通常是用油、乳化液、水等。液压胀形可得到较高压力,且作用均匀,容易控制,可以成形形状复杂、表面质量和精度要求高的零件。缺点是机构复杂,成本高。

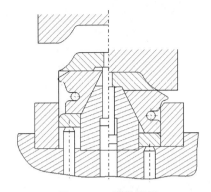

图 3-51　刚模胀形

近年来发展了玻璃基复合材料作为热流体用于热态成形,取得良好效果。当超塑材料成形时,由于变形抗力低,有时也用气压成形。另外,还将液体装在橡皮囊成形。软模胀形有以下特点:

① 不会划伤板坯表面;

② 可以省去一个凸模或凹模,降低了模具制造精度要求;

③ 生产率较低,适合批量不大的冲压件生产;

④ 软模胀形可用于制造某些特殊形状的零件,如波纹管等;

⑤ 采用液压胀形时,工件在高压液体作用下成形,实际上可以起到水压试验的作用,保证工件有良好的质量。

图 3-52 所示为聚氨酯橡胶胀形实例。零件为管材,经磷化—皂化处理后胀形。冲压时上、下凸模同时作用于坯料和胶棒,在凸模挤压胶棒使零件成形的同时,上、下凸模的边缘推动坯料流动,以补充成形所需要的材料。

图 3-53 所示为波纹管液压胀形的例子。将管坯安装在弹性夹头和夹紧型胎之间,夹紧管坯使成形时液体不会由夹头处流出。将栅片式凹模按一定距离均匀排列,当管内通入液体并使管坯稍微起鼓后,沿轴向推压管端,直到栅片式凹模靠紧,这时管内多余液体通过溢流阀排出。待成形完毕卸去液压,松开弹性夹头,打开栅片式凹模,取出波纹管并进行清洗。波纹管胀形系数一般可取 1.3~1.5。

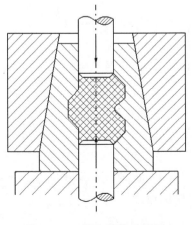

图 3-52　聚氨酯橡胶胀形

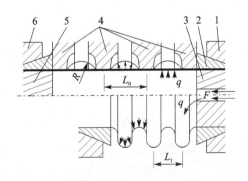

1—固定端;2—弹性夹头;3—夹紧型胎;
4—波形模座;5—夹紧芯棒;6—可移动端

图 3-53　波纹管液压胀形

### 4. 胀形力

胀形力 $F$ 可按下式计算：

$$F = PA \quad (N) \tag{3.55}$$

式中：$P$——胀形单位压力（MPa）；

$A$——胀形面积（$mm^2$）。

胀形单位压力 $P$ 由下式计算：

$$P = 1.15S\frac{2t}{D} \tag{3.56}$$

式中：$S$——胀形变形区真实应力，近似计算可取为材料抗拉强度（MPa）；

$D$——胀形最大直径（mm）；

$t$——坯料原始厚度（mm）。

液压胀形时，液体压力 $p$ 可按下式计算：

$$p = \frac{20\sigma_b t}{d_{min}} \quad (MPa) \tag{3.57}$$

式中：$\sigma_b$——材料抗拉强度（MPa）；

$t$——材料厚度（mm）；

$d_{min}$——管料最小直径（mm）。

## 3.3.4 起伏成形

板料在模具作用下，板料表面积增大，形成局部的凹进或凸起的加工方法叫作起伏成形。起伏成形主要用于压加强筋、凸形压制、压字及艺术装饰品的浮雕形压制（见图 3-54），用以增强零件的刚度和强度。起伏成形大多采用金属冲模，对厚度较小的板料、薄料和膜片等可采用橡皮模或液压胀形装置成形。表 3-22 为起伏间距和起伏距边缘的极限尺寸。

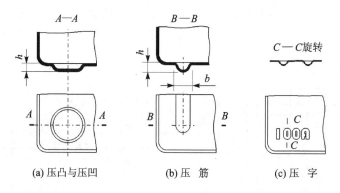

(a) 压凸与压凹     (b) 压 筋     (c) 压 字

**图 3-54 起伏成形**

### 1. 起伏成形变形极限

根据零件形状的复杂程度和材料性质，起伏成形可以由一次或几次工序完成。材料在一次成形工序中的极限伸长率，可以根据变形区的尺寸粗略检查，即

$$\frac{L_1 - L}{L} \leqslant (0.7 \sim 0.75)\delta \tag{3.58}$$

式中:$L_1$——起伏成形后沿截面的材料长度(mm);

　　$L$——起伏成形前材料原长(mm);

　　$\delta$——材料的伸长率。

表 3 - 22　起伏间距及起伏距边缘的极限尺寸

mm

| 例　图 | $D$ | $L$ | $l$ |
|---|---|---|---|
| | 6.5 | 10 | 6 |
| | 8.5 | 13 | 7.5 |
| | 10.5 | 15 | 9 |
| | 13 | 18 | 11 |
| | 15 | 22 | 13 |
| | 18 | 26 | 16 |
| | 24 | 34 | 20 |
| | 31 | 44 | 26 |
| | 36 | 51 | 30 |
| | 43 | 60 | 35 |
| | 48 | 68 | 40 |
| | 55 | 78 | 45 |

### 2. 起伏成形方法

（1）试冲法

图 3-55 所示的制动器零件中间形状凸肚较深,可先成形里面的凸肚部位,以期从外部获得少量材料,然后再进行外缘翻边。

这种成形方法同时具有拉深和胀形成形,因此其坯料展开尺寸的计算既不等同于纯拉深,也不完全同于局部胀形。由于很难计算准确,有时要靠试冲方法来最后确定,成形之后一般还需要进行切边。

（2）聚料法

成形时,如果成形部位不能从外部获取金属,而且其成形深度也超出了允许值,在这种情况下可采用图 3-56 所示的方法。即第一道工序用大直径的球形凸模胀形,以达到在较大范围内聚料和均化变形的作用。尺寸可根据面积相等原则作近似估算。

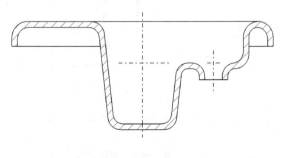

图 3-55　试冲法

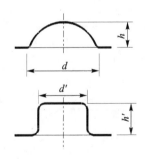

图 3-56　聚料法

（3）辅助成形法

胀形部位的中间带孔的零件可先预冲孔,利用孔的扩大来弥补胀形时中间部位材料的不足,以达到所要求的胀形高度。

**3. 起伏成形力**

用刚性凸模压制加强筋时,成形力可由下式计算：

$$F = Klt\sigma_b \tag{3.59}$$

式中：$F$——胀形力（N）；

$K$——系数,取 $0.7\sim1$,筋窄而深时取大值,筋宽而浅时取小值；

$l$——加强筋长度（mm）；

$t$——材料厚度（mm）；

$\sigma_b$——材料抗拉强度（MPa）。

曲柄压力机上用薄料（$t<1.5$ mm）对小零件（$A<20\ 000$）进行压筋之外的局部胀形时,其压力可由如下经验公式计算：

$$F = KAt^2 \tag{3.60}$$

式中：$K$——系数,钢时取 $200\sim300$ N/mm$^2$,黄铜时取 $50\sim200$ N/mm$^2$；

$A$——局部胀形的面积（mm）；

$t$——材料厚度（mm）。

## 3.3.5 缩 口

缩口是将筒形坯的开口端直径缩小的一种冲压方法,如图 3-57 所示。常见的缩口方式有：整体凹模缩口（见图 3-58）、分瓣凹模缩口（见图 3-59）以及旋压缩口（见图 3-60）等。

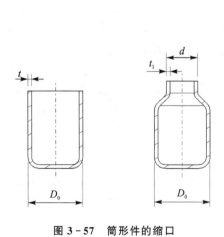

图 3-57 筒形件的缩口

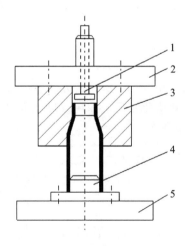

1—推料杆；2—上模座；3—凹模；
4—定位器；5—下模座

图 3-58 整体凹模缩口

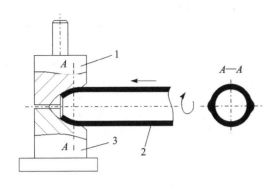

1—上半模；2—零件；3—下半模

图 3-59　分瓣凹模缩口

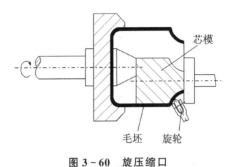

图 3-60　旋压缩口

### 1. 缩口变形程度

（1）缩口系数

缩口系数 $K$ 反映了切向变形大小，定义为

$$K = \frac{d}{D_0} \tag{3.61}$$

式中：$d$——制件缩口后口部直径；

$D_0$——制件缩口前口部直径。

（2）成形极限

一次缩口所能达到的最小缩口系数称为极限缩口系数，用 $K_{min}$ 表示。极限缩口系数与模具的结构形式、材料的厚度和种类、摩擦系数等有关。相关的极限缩口系数见表 3-23～表 3-25。

为提高极限缩口系数，可以采用变形区局部加热的方法。此外，在缩口坯料内填充适当填充材料，也可以提高极限变形程度。

（3）缩口次数

由较大直径一次缩口成较小直径，材料受压缩变形太大有可能出现起皱，此时需要多次缩口。缩口次数 $n$ 可由零件总缩口系数 $K_0$ 与平均缩口系数 $K_a$ 估算：

$$n = \frac{\lg K_0}{\lg K_a} \tag{3.62}$$

表 3-23　理论计算的极限缩口系数

| 摩擦系数 | 材料屈服比 | | | | |
| --- | --- | --- | --- | --- | --- |
| | 0.5 | 0.6 | 0.7 | 0.8 | 0.9 |
| 0.1 | 0.72 | 0.69 | 0.65 | 0.62 | 0.55 |
| 0.25 | 0.80 | 0.75 | 0.71 | 0.68 | 0.65 |

平均缩口系数可以取为 1.1 倍的极限缩口系数，或参见表 3-26。

表 3-24　球形凹模缩口的极限缩口系数

| 材料抗拉强度/MPa | 相对料厚 $t/D_0$ | | | | | |
|---|---|---|---|---|---|---|
| | 0.05 | 0.05~0.02 | 0.02~0.01 | 0.01~0.005 | 0.005~0.003 | 0.003~0.002 |
| 有外部支承的情况 | | | | | | |
| 150 | 0.48~0.50 | 0.50~0.52 | 0.52~0.55 | 0.56~0.60 | 0.58~0.61 | 0.61~0.67 |
| 150~250 | 0.51~0.53 | 0.52~0.54 | 0.54~0.57 | 0.57~0.60 | 0.60~0.62 | 0.62~0.67 |
| 250~350 | 0.53~0.55 | 0.54~0.57 | 0.57~0.60 | 0.64~0.67 | 0.67~0.69 | 0.69~0.72 |
| 350~450 | 0.57~0.60 | 0.61~0.64 | 0.66~0.69 | 0.70~0.72 | 0.72~0.74 | 0.77~0.80 |
| 450 | 0.61~0.64 | 0.64~0.67 | 0.68~0.71 | 0.72~0.74 | 0.74~0.76 | 0.78~0.82 |
| 有内部支承的情况 | | | | | | |
| 150 | 0.32~0.34 | 0.34~0.35 | 0.35~0.37 | 0.37~0.39 | 0.39~0.40 | 0.40~0.43 |
| 150~250 | 0.36~0.38 | 0.38~0.40 | 0.40~0.42 | 0.42~0.44 | 0.44~0.46 | 0.46~0.50 |
| 250~350 | 0.40~0.42 | 0.42~0.45 | 0.45~0.48 | 0.48~0.50 | 0.50~0.52 | 0.52~0.56 |
| 350~450 | 0.45~0.48 | 0.48~0.52 | 0.56~0.59 | 0.59~0.62 | 0.64~0.66 | 0.66~0.68 |
| 450 | 0.50~0.52 | 0.52~0.54 | 0.57~0.60 | 0.60~0.63 | 0.66~0.68 | 0.68~0.77 |

表 3-25　钢管的极限缩口系数

| 凹模半角/(°) | 相对料厚 $t/D_0$ | | | | | |
|---|---|---|---|---|---|---|
| | 2 | 3 | 5 | 8 | 12 | 16 |
| 10 | 0.75 | 0.72 | 0.69 | 0.67 | 0.65 | 0.63 |
| 20 | 0.81 | 0.77 | 0.73 | 0.70 | 0.67 | 0.64 |

表 3-26　平均缩口系数

| 材料名称 | 模具形式 | | | 材料名称 | 模具形式 | | |
|---|---|---|---|---|---|---|---|
| | 无支承 | 外部支承 | 内外支承 | | 无支承 | 外部支承 | 内部支承 |
| 软钢 | 0.70~0.75 | 0.55~0.60 | 0.30~0.35 | 铝 | 0.68~0.72 | 0.53~0.57 | 0.27~0.32 |
| 黄铜 H62、H68 | 0.65~0.70 | 0.50~0.55 | 0.27~0.32 | 硬铝(退火) | 0.73~0.80 | 0.60~0.63 | 0.35~0.40 |
| | | | | 硬铝(淬火) | 0.75~0.80 | 0.68~0.72 | 0 |

**2. 缩口后在长度与厚度方向上的变形**

缩口变形主要是切向压缩变形,在其长度与厚度方向也有少量变形。

在长度方向上,当凹模半角不大时,会发生少量伸长变形;当凹模半角较大时,会发生少量压缩变形。

缩口时制件的颈口略有增厚,缩口后坯料厚度 $t$ 可按下式精确计算:

$$t = t_0 \sqrt{\frac{D_0}{d}} \quad (\text{mm}) \tag{3.63}$$

式中:$t_0$——缩口前坯料厚度(mm);

$D$——缩口前坯料直径(mm);

$d$——缩口后坯料直径(mm)。

应该指出,一般缩口后口部直径会出现 0.5%~0.8% 的回弹。缩口毛坯尺寸可根据变形前后体积不变的原则计算。

**3. 缩口力计算**

忽略凹模入口处的弯曲应力,缩口力 $F$ 可按下式计算:

$$F = K\left[1.1\pi d_0 t_0 \sigma_s \left(1 - \frac{d}{d_0}\right) \times \frac{1 + \mu \cot \alpha}{\cos \alpha}\right] \quad (\text{N}) \tag{3.64}$$

式中:$K$——速度系数,曲柄压力机时可以取 1.15;

$d_0$——按中性层计算的工件原始直径(mm);

$t_0$——工件原始壁厚(mm);

$\sigma_s$——材料屈服强度(MPa);

$d$——缩口后直径(mm);

$\mu$——摩擦系数;

$\alpha$——凹模锥角(°)。

**4. 缩口模具形式**

根据坯料及零件的形状、变形程度及产品技术要求,可以采用自由缩口模具,即无支承模具形式、外部支承模具形式以及内外支承模具形式,见图 3-61。

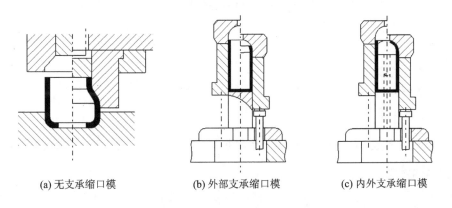

(a) 无支承缩口模　　　　(b) 外部支承缩口模　　　　(c) 内外支承缩口模

**图 3-61　缩口模具形式**

无支承模具结构简单,而有支承的模具形式增加了坯料的稳定性,可以提高变形程度。而且,如果缩口内设有芯棒时,还可以提高缩口内径尺寸精度。

## 3.3.6　扩　口

与缩口变形相反,扩口是使管材或冲压空心件口部扩大的一种成形方法,特别在管材加工中应用较多,见图 3-62。

**1. 扩口变形程度**

扩口变形程度通常用扩口率 $\varepsilon$ 或扩口系数 $K$ 来表示。

扩口率 $\varepsilon$ 由下式计算:

$$\varepsilon = \frac{d - d_0}{d_0} \times 100\% \tag{3.65}$$

扩口系数由下式计算：

$$K = \frac{d}{d_0} \qquad (3.66)$$

式中：$d$——坯料扩口后直径；

$d_0$——坯料扩口前直径。

$\varepsilon$ 和 $K$ 的关系：

$$\varepsilon = K - 1 \qquad (3.67)$$

材料特征、模具约束条件、管口状态、管口形状及扩口方式、分块模中分块的数目、相对料厚都对极限扩口系数有一定影响。可通过在管的传力区部位增加约束，提高抗失稳能力以及对管口部加热等工艺措施来提高极限缩口系数。粗糙的管口不利于扩口工艺，采用刚性锥形凸模扩口比用分瓣凸模筒形扩口有利。在钢管扩口时，相对料厚越大，极限扩口系数也越大。

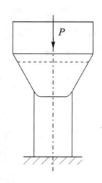

图 3-62 扩口工艺

如果扩口坯料为拉深的空心开口件，那么还应考虑预成形的影响及材料方向性的影响。实验证明，随着预成形量的增加，极限扩口率减小。

**2. 扩口力的计算**

如图 3-63 所示，采用锥形刚性凸模扩口时，单位扩口力可用下式计算：

$$p = 1.15\sigma \frac{1}{3 - \mu + \cos\alpha} \times \left( \ln K + \sqrt{\frac{t_0}{2d}} \sin\alpha \right) \quad (\text{N/mm}^2) \qquad (3.68)$$

式中：$\sigma$——单位变形抗力（N/mm²）；

$\mu$——摩擦系数；

$\alpha$——凸模半锥角（°）；

$K$——扩口系数，$K = \dfrac{d}{r_0}$，其中 $d$ 为坯料扩口后的直径，$r_0$ 为坯料扩口前的直径。

**3. 扩口的主要方式**

直径小于 20 mm、壁厚小于 1 mm 的管材，如果产量不大，可采用图 3-64 所示的简单手工工具来进行扩口，但其扩口的精度以及粗糙度不理想。当产量大、扩口质量要求高时，均需采用模具扩口或用专用机、工具扩口。

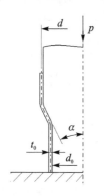

图 3-63 锥形刚性凸模扩口

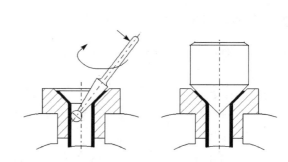

图 3-64 手工工具扩口

当制件两端直径相差较大时,可以采用扩口与缩口复合工艺。

此外,旋压、爆炸成形、电磁成形等新工艺在扩口工艺中也都有许多应用。

# 习　　题

1. 简述弯曲件的工艺性。
2. 画图说明弯曲件的毛料展开。
3. 简述对拉深件的工艺要求。
4. 简述一次成形条件、多次拉深时拉深系数的计算。
5. 画图说明压料圈的形式。
6. 简述影响翻边系数 $K_{min}$ 的因素有哪些。
7. 简述普通旋压和变薄旋压的分类。
8. 画图说明圆柱形空心坯料胀形坯料尺寸的计算。

# 第4章　飞机钣金零件专用成形模具设计

钣金零件的种类繁多,形式各异,成形方法多种多样,但最基本的变形方式不外乎是弯曲、拉深、翻边、局部成形等。根据相似性分类原则,飞机钣金零件常用分类方法见表4-1。

表4-1　飞机钣金零件常用分类方法

| 序　号 | 分类方法 | 内　容 |
|---|---|---|
| 1 | 按材料品质 | 板材零件、管材零件、挤压型材零件 |
| 2 | 按材质种类 | 铝合金、镁合金、钛合金、铝锂合金、不锈钢、合金钢和普通钢板等零件 |
| 3 | 按零件结构特征 | 蒙皮、框板、肋板、梁、桁、整流罩、带板和角材等零件 |
| 4 | 按工艺方法 | 下料、冲裁、压弯、拉弯、滚弯、绕弯、拉伸、拉形、落压、闸压、旋压、下陷、橡皮成形、喷丸成形、爆炸成形、局部成形、超塑性成形等零件 |
| 5 | 按零件成形温度 | 冷成形和热成形零件 |
| 6 | 按零件变形特征 | 分离工序和成形工序 |

凡是不采用机械压力机成形飞机钣金零件所使用的模具(胎具)都属于飞机钣金零件特种专用成形模具。依据飞机钣金零件的结构特点而选用不同的加工设备和模(胎)具,其差异之大、品种之多是其他制造加工业难以比拟的,这也是飞机制造工艺的显著特点之一。

## 4.1　压型模设计

### 4.1.1　成形件的结构形式及橡皮成形的特点

飞机机身上的隔框、机翼上的翼肋等骨架零件以及一些浅的整流包皮、托板、隔板等构件,大多数是由金属板材制造的。这类零件的外形,关系到飞机部件的气动力性能,所以对其制造准确度要求较高。在制造飞机框肋结构钣金件时,会遇到两种特殊问题:一是框肋类零件结构复杂,通常是平面带弯边、变斜角、外缘为变曲率的复杂形状零件,并且零件上一般分布有下陷、减轻孔、加强窝和加强梗等局部成形,如图4-1所示;二是框肋类钣金件的品种多、数量少,许多框肋钣金件在一架飞机上只用几件。这类零件若采用传统冲压成形方法,需要冲压模具数量多且制造工作量大;若采用纯手工成形又难以保证零件的成形质量要求。因此,在现代飞机制造中,对于上述特殊问题,在航空工厂中通常采用橡皮压制简易模具成形(橡皮成形)方法解决。

橡皮成形技术是基于以下原理:当橡皮承受高压时,它的行为特征如同液体。因此,在压力增高时,橡皮囊保持为模具的形状。具体而言,橡皮成形过程一般包括"成形与校形"两道工序,"成形"是使板料压靠在压型模的侧壁上,所需压力并不高;"校形"是将成形中产生的褶皱和回弹消除掉,所需压力很高。常用的橡皮成形方法有两种:一是橡皮囊成形法,二是橡皮垫成形法。

图 4-2 描述的是橡皮囊成形法的工作过程,即利用橡皮囊式压床和压型模,采用橡皮成形方法来成形零件的过程。由图可见,将毛料定位在压型模的模胎上,橡皮容框下行,富有弹性的橡皮囊被封闭管道系统中充入的液压油膨胀。橡皮外胎在橡皮囊膨胀所给予的压力作用下,产生变形将毛料的悬空段沿模具转角发生弯折,直至毛料与模胎侧壁完全贴合,其贴合程度与回弹的大小图橡皮单位压力的大小而异。

橡皮垫成形法是将橡皮垫充入橡皮容框,橡皮垫受压产生弹性变形,将置于压型模上的板料包在模胎表面上,压制出零件。将橡皮垫装在橡皮容框内的目的,就是为了获得比较均匀和比较高的单位压力。橡皮成形方法所采用的压型模一般较轻且不需要模架,因此减少了安装时间。

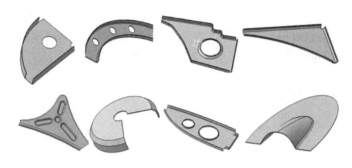

**图 4-1 框肋类零件**

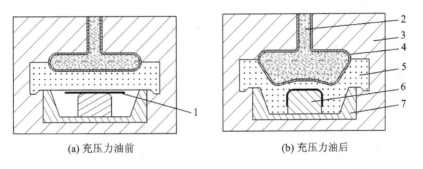

(a) 充压力油前        (b) 充压力油后

1—毛料;2—进液口;3—机床框架;4—橡皮囊;5—橡皮外胎;6—压型模;7—工作台

**图 4-2 橡皮囊成形原理**

此外,当橡皮容框的面积足够大时,机床一次行程可以同时压制出一系列形状完全不同的钣金零件。在成形框肋类零件的弯边时,可以同时压制出加强埂、减轻孔以及下陷等成形。

可见,橡皮成形是一种生产率较高,特别适合压制飞机框肋结构钣金件的成形方法。

## 4.1.2 框肋结构钣金件的结构形式与成形要点

### 1. 弯边的形式及成形要点

在飞机结构中,用金属薄板材所制的框肋结构零件,其弯边尺寸不大(一般为 5~20 mm,最大不超过 50 mm),通常是用来安排与蒙皮件连接时所用铆钉的地方。从弯边结构形式看,可分为直线弯边(简称直弯边)与曲线弯边。其中曲线弯边又可分为凸曲线弯边(简称凸弯边)和凹曲线弯边(简称凹弯边)。

（1）直线弯边

直线弯边从变形性质来看,类似于纯弯曲成形。其成形原理在本书第 3 章已有论述。在加工飞机钣金零件时,直线弯边的成形方法多采用橡皮成形。一般当弯曲线通过零件宽度突变处时,在毛料上应预先钻出止裂孔或切出止裂槽,如图 4-3 所示。

（2）凸曲线弯边

凸曲线弯边如图 4-4 所示,沿凸曲线轮廓弯边,又称压缩弯边。成形过程中弯边区毛料可能因收缩变形太大而起皱。从变形性质来看,与无压边圈的拉深成形相似。因其零件毛料展开的外形曲线比零件的轮廓线长度大,在成形过程中弯边区域的毛料必然发生收缩,严重时将会出现皱纹。

典型的凸曲线弯边橡皮成形过程中是允许先起皱后平皱,在实际橡皮成形时,毛料边缘是否会产生褶皱以及产生褶皱的程度与形状,取决于材料的种类和厚度、零件的弯边高度和曲率半径、橡皮的单位压力和模具构造等许多因素。一般来讲,橡皮的单位压力越高,起皱的可能性越小。

凸曲线弯边成形的相关计算请参看第 3 章。

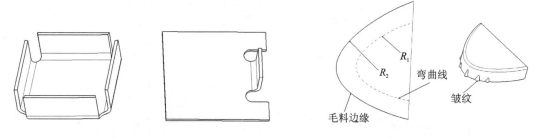

图 4-3　止裂孔与止裂槽　　　　　　图 4-4　凸曲线弯边

（3）凹曲线弯边

凹曲线弯边件的板料外缘长度小于零件边缘长度,在成形过程中弯边部分的毛料受到拉伸作用,如图 4-5 所示。从凹弯边的变形性质来看,与翻边成形相似。由于材料处于受拉伸状态,成形过程中容易产生裂纹,因此,凹弯边一次成形是有限的,所许可的最大弯边高度受材料的种类和厚度、零件的弯边高度和曲率半径、毛料的边缘状况和冷作硬化情况等因素的影响。

凹曲线弯边成形的计算请参看第 3 章。

（4）弯边下陷

在飞机结构中,经常会出现纵横构件交错的结构。如桁条穿过框肋类零件的弯边面,为了使两个零件连接后所获得的表面平整,通常需要在框肋类零件的弯边上压制出下陷,如图 4-6 所示。当材料较薄,且下陷深度尺寸不大时,下陷与弯边可同时用压型模采用橡皮成形来压制,此时只需采用增压块结构来增加橡皮的侧向单位压力即可。但当材料越厚、弯边高度越高时,要压制弯边上的较深下陷就越困难。在这种情况下,一般采用成形后手工修正或者采用专门的下陷模来进行压制。

**2. 腹板面的结构形式及成形特点**

为了提高飞机钣金零件的刚度和减轻飞机的结构重量,框肋类钣金零件的腹板面上常常带有加强窝、加强埂和减轻孔等结构,这些结构通常是与弯边工序同时压制成形的。

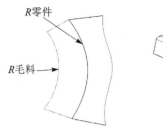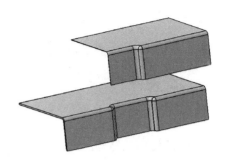

图 4-5　凹曲线弯边　　　　　　　　图 4-6　弯边上的下陷形式

（1）减轻孔与加强窝的成形

如图 4-7 所示,减轻孔与加强窝的结构形式类似,不同点在于减轻孔是切底的,如图（a）、（b）,而加强窝是不切底的,如图（c）。

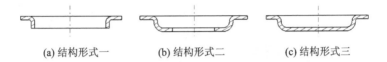

(a) 结构形式一　　　(b) 结构形式二　　　(c) 结构形式三

图 4-7　减轻孔与加强窝的结构形式

压制常用的标准减轻孔和 J 型减轻孔可预先在毛料上冲出圆孔（断面必须砂光去毛刺）,亦可与弯边同时压制。同时压制时,在冲孔处模块要镶嵌切割用的钢衬套,如图 4-8 所示,其尺寸与所要切割的孔尺寸相匹配。

压制减轻孔时,材料的厚度越大,所能压制的最小孔径也越大。因此,在压制材料厚度大而孔径小的减轻孔时,需在成形部位加垫橡皮块或轻金属（锌铝等）垫块。

减轻孔的压窝方向相对于弯边方向有同向和异向之别。异向时,减轻孔相对于腹板面来讲是凸起的,毛料的定位较困难,不如压制同向减轻孔对成形有利。

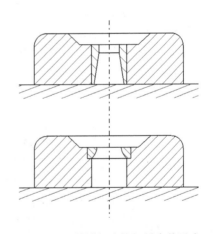

图 4-8　压制减轻孔镶钢衬套的形式

加强窝的形式与减轻孔类似,减轻孔允许预先制孔,成形相对容易些。

（2）加强埂的成形

在框肋类零件的腹板面上压制加强埂的目的是提高零件的刚度,故又称加强埂为刚纹,其主要形式如图 4-9 所示。

对于相同宽度的加强埂,深度越大,成形时所需的单位压力越大。当深度超过一定极限时,也可采取局部加垫块的二次成形,但在二次成形前要进行热处理。

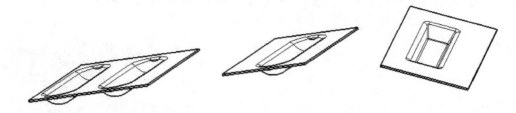

**图 4 - 9    加强埂的形式**

### 3. 压型模的结构形式

压型模的结构形式通常根据零件的形状和所采用的工艺方法而选定,既要保证满足设计要求,又要确保制件的质量。具体结构形式见表 4 - 2 和表 4 - 3。

**表 4 - 2    从满足设计要求角度考虑压型模的结构形式**

| 要  求 | 零件形状 | 结构简图 | 特征与用途 |
|---|---|---|---|
| 具有足够的刚性 | 半环形零件 | 减轻孔 加强部分 | 模具要求有足够刚度,防止在成形过程中发生变形。一般用于铝质模具 |
| | | 加强部分 | 一般用于钢质模具 |
| | | 加强部分 | 一般用于尺寸较大的钢质模具,如机身隔框的压型模 |
| | 带斜角零件 | 局部加强 | 如襟翼后肋的压型模 |
| 具有足够的稳定性 | 弯边带有斜角零件 | 加强部分 | 用于模具考虑局部加强,如襟副翼小梁的压型模 |

| 要　求 | 零件形状 | 结构简图 | 特征与用途 |
|---|---|---|---|
| 具有足够的稳定性 | 窄长 Π 形零件 | 加强部分 | 用于模具考虑整体加强,如大梁、小梁的压型模 |
| 取件方便 | Z 形零件 | 第一次弯边　增压块　第一次弯边　另一边固定在压板上　第二次弯边 | 带有异向弯边的零件,需两次成形。对于闭斜角零件,定位销应固定在压板上,以便于取件 |
| 有压板及定位销 | 带弯边的平板零件 | $a=R$　15°　$a$　$R$ | 用于零件为非闭角、厚度小于 0.8 mm 且闭角不超过 5° 的成形,如肋、框、腹板类的压型模 |
| 有保护压盖及躲避槽 | 带有加强窝的零件 | 0.5 | 用于成形具有加强窝的零件。凡用冲模预先成形出来的加强窝,压型模上应设有躲避槽和压盖,如翼肋、框和腹板零件的压型模 |

表 4 - 3　从确保制件质量角度考虑压型模的结构形式

| 工艺方法 | | 结构简图 | 作　用 |
|---|---|---|---|
| 控边法 | 加防皱块 | 压型模　$t$　$H$　$c$　$r=(6\sim10)t$　$a=H+3t$　$c=3/t$　$b=(1/3\sim1/2)H$　$D$　防皱块　$b$ | 增加防皱块,使毛料在弯边的一侧产生附加的拉应力 |
| | 加增压块 | 零件　切割线　压型模　增压块　底板　加压前　$h+30$　$h+5$　$h+20$　$R5$　加压后　$h$—零件弯边高度 | 使毛料边缘始终被橡皮压紧在增压块上,并产生附加的压应力和拉应力 |

| 工艺方法 | | 结构简图 | 作　用 |
|---|---|---|---|
| 控边法 | 用凹模成形 | 毛料　压型模　底板 | 直接利用橡皮来压边,防止起皱,其缺点是加工模具较为困难 |
| | 用局部压边圈 | 盖板<br>毛料<br>压边圈<br>橡皮<br>底板 | 用橡皮或弹簧做弹性压边圈,防止弯边起皱 |
| | 用局部夹板压边圈 | 夹板压边圈<br>加压前<br>加压后 | 利用夹板压边圈防止弯边起皱 |
| | 用整体压边圈 | 压边圈 | 利用整体压边圈防止弯边起皱 |
| 平皱法 | 加塑料盖板 | 塑料盖板　零件<br>压型模 | 利用塑料盖板,其作用相当于多了一个刚性凹模 |
| | 加挤皱块 | 压型模　零件　挤皱块　挡块<br>挤皱块<br>挡块<br>挤皱块 | 利用挤皱块将褶皱压平 |

| 工艺方法 | | 结构简图 | 作　用 |
|---|---|---|---|
| 平皱法 | 加侧压块 | 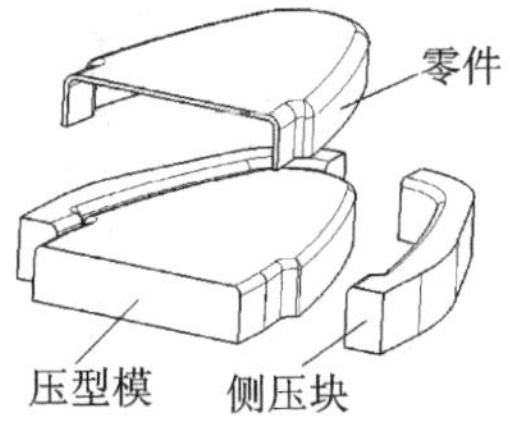 零件　压型模　侧压块 | 利用侧压块将褶皱压平 |
| | 用校形环 | 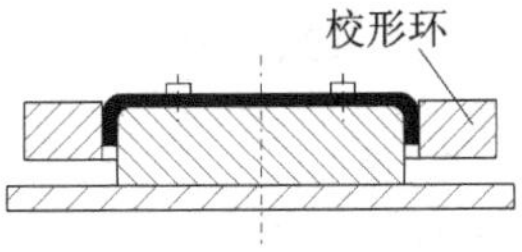 校形环 | 利用校形环将褶皱压平 |
| | 胀形埂 | 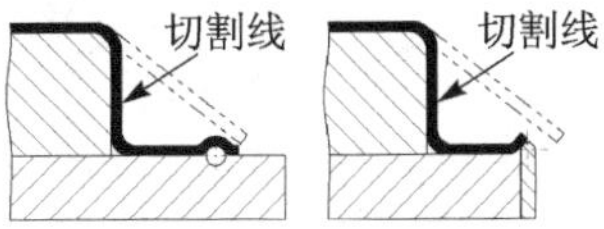 切割线　切割线 | 将弯边部分改为双向拉伸变形 |
| | 开局部埂 | 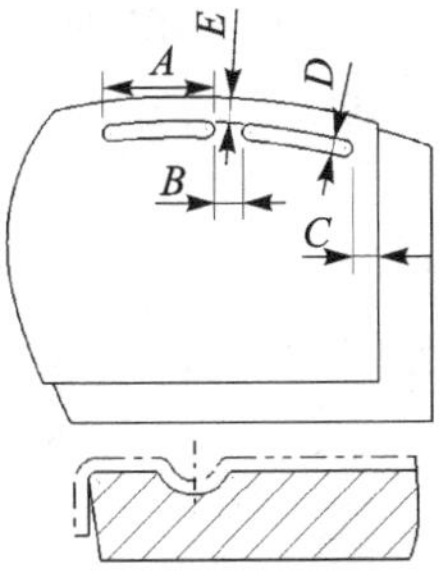 $A$　$E$　$D$　$B$　$C$ | 使皱褶部分的多余材料转移到压埂。<br>$A$—埂长为 $1\sim2$ 倍弯边高;<br>$B$—两埂间为 $0.5\sim1$ 倍边高;<br>$C$—埂端边距大于 $9.5$ mm;<br>$D$—埂宽为 $1/3\sim1/2$ 弯边高;<br>$E$—埂边距为 $1/2$ 弯边高,但 $\leqslant 12.7$ mm |
| 增压法 | 加橡皮垫块 | 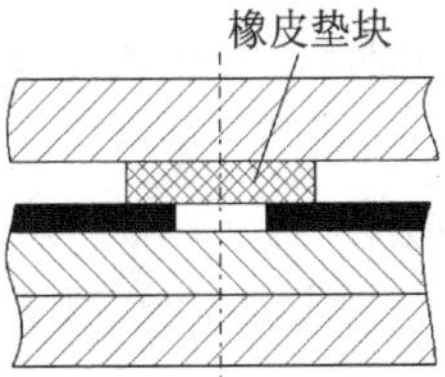 橡皮垫块 | 单位应力不足时,可使用直径小、厚度大于弯边高度的附加橡皮垫块加压成形,提高孔径内径单位应力 |
| | 加金属塞块 | 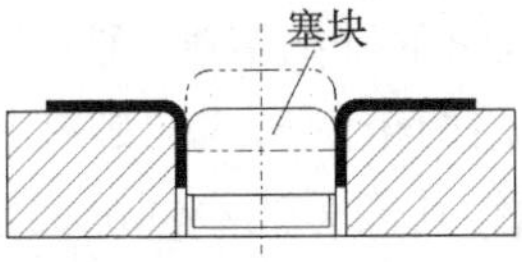 塞块 | 可通过金属塞块增加内径单位应力,增压成形 |

无论是哪种结构形式的压型模都必须解决毛料的定位问题。一般采用两个柱销定位,见图 4 - 10,图(a)为圆头通底销钉,适用于厚度较薄的压型模;图(b)为圆头不穿透销钉,适用于厚度较大的压型模,二者与压型模销钉孔间采用小过盈量的压入配合;图(c)为大头活动销,该销钉与压型模销钉孔间选用小间隙的滑动配合,它既能有效防止定料销露出端对橡皮垫的损坏,又能解决上出件有困难的问题。为了防止大头销钉的销头将零件压伤,可在销头与零件间加垫一层硬纸板或薄胶垫。

对于不允许在腹板面上钻定位孔的零件,可在毛料上加工艺耳片,见图 4 - 11(a),待零件

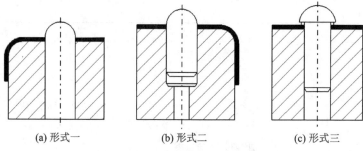

(a) 形式一　　　　(b) 形式二　　　　(c) 形式三

**图 4 - 10　压型模定位销的形式**

压制成形后,再将工艺耳片切除;也可用定位板按外形定位,见图 4 - 11(b);为提高定位精度,也可采用定料销与定位板综合定位,见图 4 - 11(c)。

(a) 加工艺耳片　　　　(b) 按外形定位　　(c) 用定料销与定位板综合定位

**图 4 - 11　压型模上的定位方法**

### 4. 压型模结构尺寸的确定

（1）一般结构尺寸

一般结构尺寸是指压型模非工作部分的外形尺寸,如图 4 - 12 所示。

① 非工作边宽:$L=10\sim30$ mm。

② 非工作边应修成导角或圆角:$5\times45°$或 $R8$。

③ 侧壁非工作高度 $h$:当 $H\geqslant50$ mm 时,$h=10\sim15$ mm;当 $H<50$ mm 时,$h=15\sim20$ mm。

④ 对于有下陷成形的部位,其深度可达 $0.2\sim0.3$ mm。

（2）压板（盖板）结构尺寸

① 尽量不采用压板。必须用时,优先考虑采用局部压板。

② 压板厚度应小于 20 mm(一般取 $10\sim15$ mm),成形边外廓应小于成形模外廓 $R/2$,见图 4 - 13(a)。

③ 压下陷时采用的压板,为了使压出的下陷清晰,可采用板铆结构,见图 4 - 13(a)。

④ 压板与成形模间的定位通常采用两个阶梯式的圆柱销,见图 4 - 13(b),圆柱销的一端采用小过盈量的压入配合,另一端与销钉孔间采用小间隙的滑动配合。

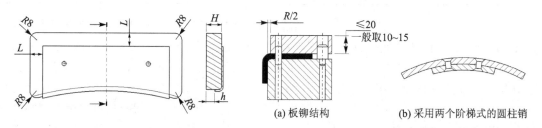

**图 4 - 12　压型模的一般结构尺寸**　　　　(a) 板铆结构　　(b) 采用两个阶梯式的圆柱销

**图 4 - 13　压板的结构尺寸**

（3）异向弯边件压型模的结构尺寸

① 结构无需加强的，见图 4-14(a)；

② 结构需要加强的，见图 4-14(b)。

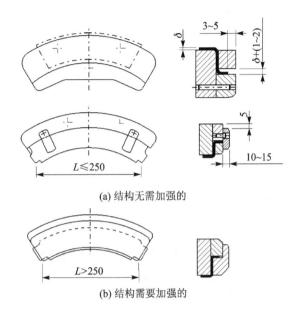

(a) 结构无需加强的

(b) 结构需要加强的

**图 4-14　异向弯边件压型模的结构尺寸**

（4）翻孔压型模的结构尺寸

图 4-15 描述了在腹板面上压制翻孔（向下或向上）时压型模的一般结构尺寸控制。

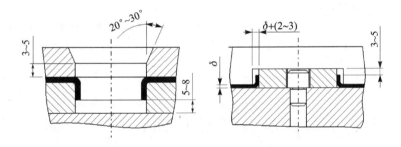

**图 4-15　压制翻边孔时的一般结构尺寸**

（5）增压块结构尺寸

①在液压机单位压力一定的情况下，弯边高度 $H$ 和零件弯曲半径 $R$ 在下列数值范围内时，必须采用增压块：$H=20\sim30$ mm，$R<300$ mm；$H=30\sim50$ mm，$R<500$ mm。

② 增压块的尺寸如图 4-16 所示。

• 当 $h=30\sim40$ mm 时，位置尺寸 $L=8\sim12$ mm；

• 当 $h=40\sim50$ mm 时，位置尺寸 $L=12\sim15$ mm。

③ 增压块、成形模与底板之间用螺钉连接，并打销钉定位。销钉直径一般取 $8\sim12$ mm，间距控制在 100 mm 左右。

（6）回弹角的预制尺寸

① 当弯边高度 $h>30$ mm 时,需预制回弹角。

② 如图 4-17 所示,单位压力在 20 MPa 以下:当材料厚 $t=0.8\sim1.2$ mm 时,取 $\alpha=3°\sim4°$;当 $t=1.2\sim2.0$ mm 时,取 $\alpha=4°\sim5°$。

③ 为了便于校形,压型模的底部应取负角,$\beta$ 为 2°,见图 4-17。

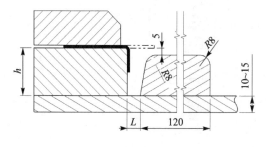

图 4-16 增压块结构尺寸

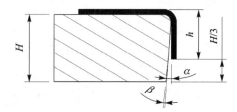

图 4-17 预制回弹角

### 5. 压型模的选材

用于制作压型模的材料需要具有足够的强度和刚度,承受液压机橡皮所给予的最大压力,而不产生变形;要求其加工性能好、价格便宜,以便缩短生产制造周期,降低成本;材质的密度相对低一些,以减轻工人的劳动强度。压型模常用的材料及适用范围见表 4-4。

表 4-4 压型模常用材料及适用范围

| 常用材料 | 特征与适用范围 |
|---|---|
| 硬木 | 加工容易,但强度低,易变形,仅适用于制造所需单位压力小于 20 MPa 零件的模具,一般用于飞机研制阶段框肋类等钣金零件的生产 |
| 精制层板 | 比硬木强度大、抗压性好,但不适用于潮湿环境,一般用于试制或小批量生产中;相对硬木造价高 |
| 铝板 | 一般采用铸铝或轧制铝板。其加工性能好,但强度较低、易变形,不适用于制作形状细长以及大尺寸的环形模具 |
| 钢板 | 强度大、耐磨损、不易变形,但重量大、加工较困难,适于制造几何形状复杂、细长且尺寸较大零件的压型模。通常,压制黑色金属薄板时,选用 45 号钢;压制铝合金零件时,选用 A3 钢 |
| 聚氯乙烯板 | 便于加工,但其强度和表面硬度较低,一般用于试制或小批量生产中,还可用于制作压（盖）板 |
| 环氧塑料 | 重量轻、制造简单,但强度和表面硬度较低,一般用于小批量生产中,还可用于制作较复杂形状零件的用模 |
| 低熔点合金 | 采用锌基铝铜合金(Zn 93%、Al 4%、Cu 3%、Mg 0.05%～0.08%),其熔点低,铸造性能好、复制性能好,具有较高的硬度、强度和韧性,适用于批量生产 |

### 6. 压型模的制造依据

许多橡皮压制成形零件的外形都与飞机的气动力性能有关。所以,对其弯边外形的要求非常严格。在 20 世纪的飞机制造业中,曾大量使用模线-样板工作法来保证弯边外形的准确度。近年来,随着科技不断发展,这种方法已经逐步被以数字量为协调依据的数字化手段所取代。航空制造企业一般都使用 CATIA 软件作为飞机数字化的载体软件,将飞机外形的数模储存在计算机中,通过曲面反形即可得到零件模具的工作型面,并在此基础上增加工艺耳片、工艺孔以及模具上需要的其他零件。另外,由于数控技术在航空工业中的应用,可以充分利用飞机数模对与飞机外形有关的成形模进行数控加工。

**7. 压型模的技术要求**

① 现代飞机制造中,压型模的制造容差一般在 0.2 mm 以下。

② 模具工作表面的粗糙度 $Ra$ 不得低于 3.2 $\mu$m。

③ 下陷深度在 $+0.4/-0.2$ mm,盖板在工件弯边一面应比型胎外形小 $(R/2)+0.2$ mm,直线或大圆弧边缘允许达到 $(R/2)+0.5$ mm。

④ 模具表面外露的销钉,需用环氧塑料填平(见图 4-18),以保护液压机的橡皮。

⑤ 压型模上定料销孔的位置应避免取在零件的轴线上(见图 4-19),以防止毛料反位放置。

⑥ 压型模工作表面应标出零件边缘的切割线。

⑦ 压型模应标明所制零件的图号。

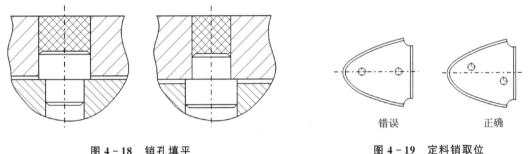

图 4-18　销孔填平　　　　　　　图 4-19　定料销取位

错误　　　　正确

# 4.2　手打模的设计

## 4.2.1　手打模的用途与结构

飞机结构中的框肋类零件中有一些低弯边件和浅拉深件,在试制阶段或小批量生产中以及对一些钣金件的校形过程中,均可以采用手工成形。从结构形式上看,手工成形所用的模胎具(手打模)类似于压型模,它的主体构件由成形模和盖板组成,如图 4-20 所示。其中,成形

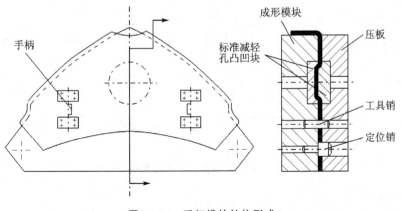

手柄　　成形模块　　压板　　标准减轻孔凸凹块　　工具销　　定位销

图 4-20　手打模的结构形式

模用于零件的成形,盖板的用途则是将毛料压紧在模胎上,对零件还可以起到保护作用。成形过程中,将成形模连同盖板一块夹紧至工作台的虎钳上,进行手工敲打成形。

手打模的结构附件包括:

① 工具销或定位板,用于将毛料定位在模具上;

② 定位销,用于模块与盖板的定位;

③ 手柄,装于盖板上,便于操作人员装卸盖板;

④ 吊环,用于大型手打模的吊装搬运;

⑤ 镶嵌于标准减轻孔位置上的凸凹块,用于修正零件上的减轻孔。

## 4.2.2 手打模结构尺寸的确定

### 1. 厚 度

① 手打模的厚度一般比零件弯边高度增加 5~10 mm;

② 盖板厚度最小不小于 10~15 mm;

③ 当零件外廓尺寸较大时,考虑模胎与盖板的刚度可适当加厚。

### 2. 剖面尺寸

结构不需要加强的手打模,可按图 4-21 所示尺寸控制。

需要结构加强的手打模,可按图 4-22 所示尺寸控制。

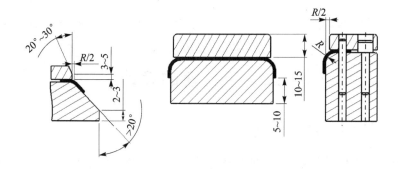

图 4-21 结构不需要加强的手打模剖面尺寸

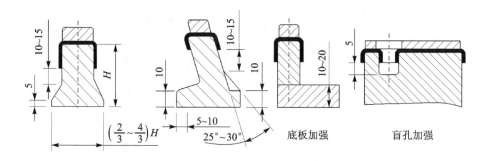

图 4-22 结构需要加强的手打模剖面尺寸

### 3. 外廓尺寸

手打模的工作边轮廓尺寸按零件的数模或图纸(也有按样板)制造;非工作边尺寸根据模

具加强状况来控制。结构不需要加强时,按图 4 - 23 所示尺寸控制;结构需要加强时,可适当增加部分结构尺寸

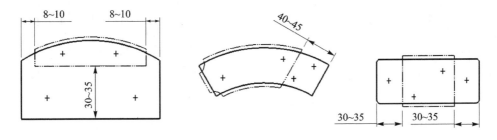

图 4 - 23　手打模外廓尺寸

## 4.2.3　手打模附件的选用及安装

### 1. 工具销(定料销)

工具销均有航空标准可供选用,见表 4 - 5。

表 4 - 5　工具销及衬套标准

mm

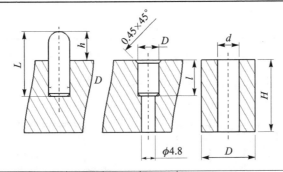

| 工具销标准代号 | $D$ | $h$ | $L$ | $d$ | $l$ | 衬套标准代号 | $D$ | $d$ | $H$ |
|---|---|---|---|---|---|---|---|---|---|
| 5×30 - 1AM5 - 66 | 5 | 8 | 30 | 3 | 22 | 2.5×12HB394 - 65 | 6 | 2.5 | 12 |
| 5×18 - 1AM5 - 66 | 5 | 8 | 18 | 3 | 10 | 5×18HB398 - 65 | 10 | 5 | 18 |
| 2.5×18 - 1AM5 - 66 | 2.5 | 6 | 18 | 1.5 | 12 | | | | |

工具销的安装要考虑到零件成形后的取卸,一般对于成形开斜角弯边件,工具销应置于成形模上;对于闭斜角弯边件,工具销应置于盖板上,如图 4 - 24 所示。

对于成形异向弯边件,为了保证零件与模具相对位置的准确性,一般都镶嵌衬套,如图 4 - 25 所示。

### 2. 定位板

当飞机钣金件上不允许开工具销孔时,可以考虑采用定位板来定位毛料。定位板材料一般用的是 A3 钢,其厚度比零件厚度小 0.2 mm,并点焊到模胎上。

### 3. 定位销

定位销一般选用航空标准件,见表 4 - 6。

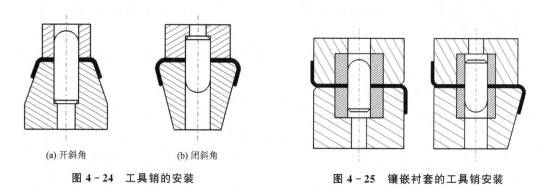

(a) 开斜角        (b) 闭斜角

图 4 - 24   工具销的安装       图 4 - 25   镶嵌衬套的工具销安装

表 4 - 6   定位销标准

mm

| 定位销标准件代号 | $D$ | $d$ | $h$ |
|---|---|---|---|
| $10 \times 10 - 1AM6 - 66$ | 10 | 8 | 10 |
| $10 \times 20 - 1AM6 - 66$ | | | 20 |
| $15 \times 20 - 1AM6 - 66$ | 15 | 12 | 10 |
| $15 \times 20 - 1AM6 - 66$ | | | 20 |
| $20 \times 10 - 1AM6 - 66$ | 20 | 15 | 10 |
| $20 \times 10 - 1AM6 - 66$ | | | 20 |

  定位销与工具销的安装原理相同:对于开斜角弯边件,定位销紧固于模胎上;对于闭斜角弯边件,为了方便取出零件,定位销应紧固于盖板上,如图 4 - 26 所示。

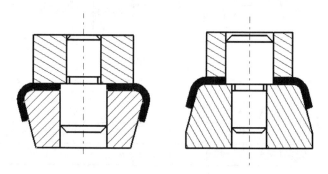

图 4 - 26   手打模定位销的安装

**4. 标准减轻孔凸凹块**

标准减轻孔凸凹块尺寸请参见 HB0 - 13 和 HB0 - 14 标准。

**5. 标准加强埂**

标准加强埂尺寸请参见 HB0 - 11 标准。

**6. 手柄和吊环**

手柄和吊环为手打模的附属零件,是为了便于模具的搬运与存放所设计的装置,具体设计标准请参见航空标准手册。

# 4.3　闸压模的设计

闸压成形又叫折弯成形,是飞机钣金零件成形常用的一种方法。

## 4.3.1　闸压成形的特点及成形件的结构要求

飞机结构中有许多板弯型材件(即由金属薄板弯制并具有型材特性的零件),如板弯桁条、波纹板以及单曲度前缘蒙皮件等,如图 4-27 所示。这类零件的结构特点是:窄而长,断面形状呈多角或弧形,如 V、W、Z、Ⅱ、U、Ω 等形状。

这类零件的制造都是利用闸压床来完成的,闸压床是一种带有窄长的托板和工作台的冲床。工作时,托板上下往复运动,像闸门一样起起落落,故称闸压床。在闸压床上所使用的模具称为闸压模。

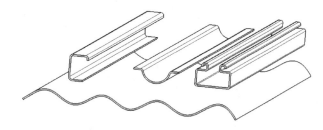

**图 4-27　飞机结构中的闸压成形件**

闸压成形,实际上是一种弯曲成形。它所成形的制件,除应满足对冲压弯曲成形件的要求以外,还应满足自身特点的成形要求。

① 闸压型材时,应保证弯边高度 $H \geqslant \dfrac{B}{2} + t$。当 $H < \dfrac{B}{2} + t$ 时,必须增加弯边的工艺余量,如图 4-28 所示;否则,不能压制成形。

② 闸压单曲度蒙皮件时,其结构高度取决于蒙皮分离面的划分,其最小值应大于闸压凸模的弯曲半径。当结构需要低于最小值时,应增加工艺余量,使之满足闸压成形要求。闸压成形后,将工艺余量切除,见图 4-28。

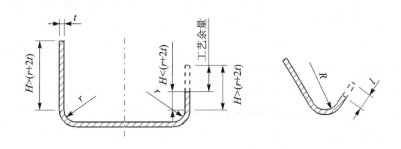

**图 4-28　闸压型材的最小弯边高度**

③ 闸压模在成形零件时,其零件最小边缘的展开尺寸,即边缘至弯曲中心线的距离 H,应

大于闸压模下模口宽度 $B$ 的一半。根据实际经验,一般取 $H \geqslant \dfrac{B}{2} + t$。当无法保证上述要求时,应增加工艺余量,如图 4-29 所示。

④ 在型材件的弯边收敛处,弯边应保持有足够的高度,如图 4-30 所示,$H \geqslant 2t$。

⑤ 板弯型材各弯边的尺寸要搭配得当,以保证加工通路的开敞,图 4-31 所示。防止上模与零件已成形的弯边部分发生碰撞。

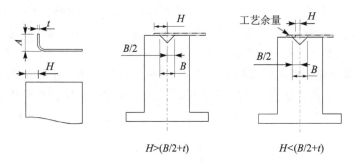

H>(B/2+t)　　　　H<(B/2+t)

图 4-29　闸压时的最小搭边

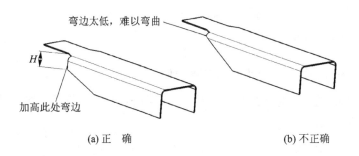

(a) 正　确　　　　　(b) 不正确

图 4-30　收敛处弯边高度

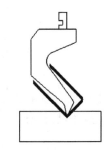

图 4-31　板弯型材的加工通路

## 4.3.2　闸压模的结构形式及尺寸的确定

### 1. 型材闸压模

闸压床在其窄而长的工作台后面都装有前、后和上、下位置皆可调节的通用挡料装置,以此确定毛料的初始位置。因此,闸压模的结构形式都比较简单。上模通常可分为直臂式与弯臂式两种形式,如图 4-32(a)所示。上模一般制成具有尖角的楔状,下模通常制成角形和槽形并且有单口和多口之分,后者更具有广泛的通用性。

凸模圆角及凹模口尺寸均已标准化,如图 4-32(b)所示。如果标准化的凸、凹模满足不了成形件的需求,可根据制件尺寸与机床所能容纳尺寸来确定。

凹模口的宽度 $b$ 可由下式确定:

$$b = 2(r + t + 1) \tag{4.1}$$

式中:$r$——制件的内圆角半径(mm);

$t$——材料厚度(mm)。

凸模模柄通常与凸模设计成一体,其柄部一般有 T 形、Γ 形,亦可制成直柄。相关尺寸受

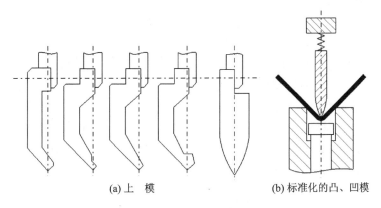

(a) 上　模　　　　　　　(b) 标准化的凸、凹模

图 4 - 32　通用型材闸压弯曲模

机床的限定,参看表 4 - 7。凹模也多为整体式的,有双肩平底式和中央凸台式之分。

表 4 - 7　闸压模凸模模柄尺寸

| 型　号<br>尺　寸 | W67 - 250<br>(250 t) | PKXA - 160<br>(160 t) | PKXA - 100<br>(100 t) |
|---|---|---|---|
| $a/mm$ | 17 | 7 | 7 |
| $b/mm$ | 12 | 13 | 13 |
| $c/mm$ | 22 | 19 | 18 |
| $d/mm$ | 13 | 13 | 13 |

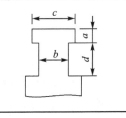

闸压床的挡料装置只能起到初定位的作用。当凸模接触到毛料而产生压弯后,毛料必然翘起,甚至会发生窜动移位。如果制件的准确度要求比较高,则应采用附加装置定位。最常见的方法有:①在凸模棱角处装上两个尖锥,尖锥首先压入毛料内,见图 4 - 33(a),使其在弯曲过程中毛料不发生窜动移位,但是尖锥会在制件弯折转角压出小坑,因此应用受限。②可在凹模内装两个浮动的销杆,见图 4 - 33(b),销杆在弹簧的作用下将毛料压紧在凸模上。③采用如图 4 - 33(c)所示的装置压料更为可靠。

对于多弯角复杂的型材件,在闸压工序中的安排至关重要,如图 4 - 34 所示。这不仅会影响模具的结构及台套数量,还直接关系到零件制造的可能性,主要用于封闭件及半封闭件的制造。

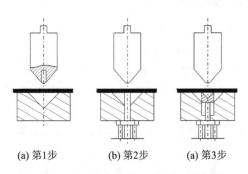

(a) 第1步　　　(b) 第2步　　　(a) 第3步

图 4 - 33　闸压模采用附加装置定位

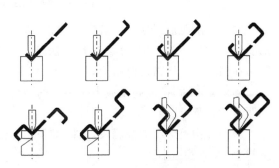

图 4 - 34　复杂型材件闸压工序的安排

**2. 蒙皮闸压模**

闸压成形单曲度蒙皮件时,通常可采用刚性闸压模或弹性闸压模。

刚性闸压模又可分为通用模与专用模两种。一般来讲,前缘蒙皮的弦向曲率有变化,可采用通用闸压模,但此时成形必须逐段进行。为提高零件质量和生产效率,多采用专用闸压模(见图4-35)成形。其凸、凹模间隙应控制为 $Z_{min}=t_{max}$(即凸、凹模最小间隙等于成形件板料的最大厚度,也就是板材厚度的名义尺寸加上板材的正公差)。毛料在模具上的定位,除了可以利用闸压床的可调挡料板调节以外,还可以在模具上安装定位板或定位销。定位销的位置可置于凸模前缘两端的零件切割线外 10 mm 处,直径为 5 mm;也可在成形件展开料的相应位置上增加凸耳(30 mm×30 mm),在其上钻制定位孔。

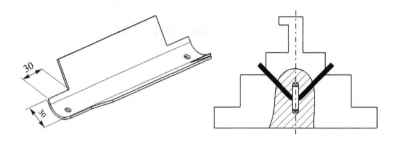

**图 4 - 35　蒙皮专用刚性闸压模**

弹性闸压模,是指用橡皮容框作为通用的凹模,凸模仍然是刚性的。容框中充填橡胶板或聚氨酯胶板,两种材料最大压缩量分别不得超过 35% 和 30%。橡皮容框的结构有三种形式,如图4-36所示:图(a)为简单容框;图(b)在容框底部留出成形空间,以增大橡胶板对成形件的侧向压力;图(c)的容框制成封闭式,可限制橡皮的流动以增大橡胶板两侧及上部对成形件的压力,有利于成形带有负角度的零件。

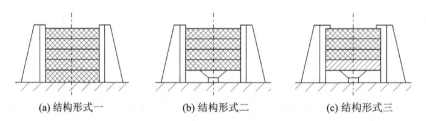

(a) 结构形式一　　　　(b) 结构形式二　　　　(c) 结构形式三

**图 4 - 36　弹性闸压模橡皮容框的结构形式**

在蒙皮闸压成形模上安装夹紧装置,可以实现对蒙皮件的拉伸闸压成形,进一步提高制件的质量,如图4-37(a)所示。成形方法是:首先将毛料在滚弯机上进行预弯,见图4-37(b);随后在闸压床上压出两侧搭边,见图4-37(c);最后通过带夹紧装置的闸压模实现拉伸闸压。

闸压蒙皮时,凸模高度应大于零件的结构高度;凹模深度应大于零件成形部分结构高度,如图4-38所示。

对于结构尺寸小的前缘蒙皮件,宜采用弹性凹模成形,其回弹比用刚性凹模成形小,且深度越小,回弹就越小。

刚性凸模或凹模的型面应按 CAD/CAE 软件的钣金模块在计算回弹角后制造或按回弹样板制造,模具需经反复试压进行修正。

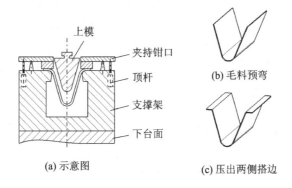

图 4 - 37　拉伸闸压成形

### 3. 专用闸压模

在闸压床上还可使用专用闸压模完成波纹板的成形以及长尺寸铰连接、长尺寸两板材相互咬合和冲排孔。

图 4 - 39 所示为成形波纹板所用的闸压模,图(a)是固定式,图(b)是可调式,其下模内的波形模块的间距是可调节的,用以制造不同波距和深度的波纹板。

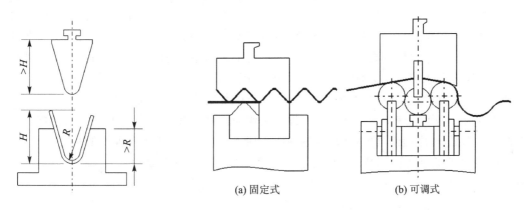

图 4 - 38　闸压模的结构尺寸　　　　图 4 - 39　成形波纹板所用的闸压模

图 4 - 40 为成形对称式铰链件用的四工序闸压模。当铰链的相对弯曲半径小于毛料厚度的 1.5～2 倍时,一定要采用芯棒成形。

图 4 - 41 为实现两块板料边缘进行搭接咬合时所用的闸压模。

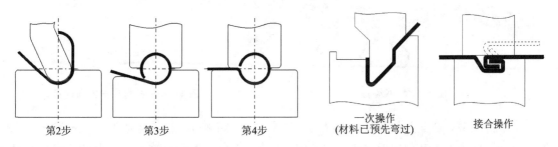

图 4 - 40　成形铰链的闸压模　　　　图 4 - 41　两板材咬合的闸压模

在飞机结构中许多型材件或板料沿其直线方向上分布着许多成排的小孔,此类成排孔可以用闸压模冲出。冲成排孔时一般使用弓形冲孔模。当孔间距小于弓形模座的宽度时,冲孔工作必须分多次进行,且此时弓形冲孔模在台面上的安放间距应等于2倍或3倍孔间距。冲出这排孔后,马上将工件沿排孔轴线移动至原弓形到模架间距的1/2或1/3,再进行二次冲压,以此类推。工件移位的控制靠挡料块来控制。

**4. 闸压模材料**

航空企业中制造闸压模的常用材料见表4-8。

表4-8　闸压模的常用材料

| 名　　称 | 通用模 | 专用模 |
| --- | --- | --- |
| 上模 | 45钢(HRC 42～46) | 钢、精制层板、铸铝或木质基体表面环氧树脂 |
| 下模 | 45钢(HRC 42～46) | 刚性模同上,弹性模用橡胶板、聚氨酯胶板 |

# 4.4　拉弯模的设计

飞机上的翼梁、加强框、加强肋等主要受力构件的外缘都是采用挤压型材而制成的缘条。这些缘条和飞机结构中的桁条,都是尺寸大、相对弯曲半径较大的变曲率挤压型材弯曲件,如图4-42所示。它们是组成飞机骨架结构的主要受力构件,直接影响到飞机的气动力外形,因而外形准确度要求较高。这类零件若采用滚弯、压弯等成形方法加工,难以解决成形件的大回弹量问题。因此,为了制造这类型材弯曲件,生产中普遍采用拉弯成形工艺。

拉弯成形基本原理是在对挤压型材件实施弯曲的同时加以切向拉力,改变型材剖面内的应力分布情况,使之趋于均匀一致,以达到减小回弹、提高产品成形准确度的目的。根据型材拉弯的成形方向不同,拉弯可分为放边拉弯、收边拉弯和收放综合型拉弯三种类型,如图4-43所示。

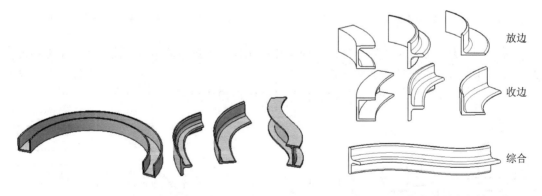

图4-42　拉弯成形件　　　　　　　　　图4-43　拉弯成形方向的形式

由于挤压型材断面几何形状的差异及与拉弯方向的不一致,在拉弯成形过程中除了存在拉裂、起皱、回弹等与其他成形方法相同的问题以外,还会存在因力学上的变形特点和变形最小阻力而引起的成形件剖面发生畸变和纵向扭曲。这类工艺问题须在生产中予以解决,以确保产品质量要求。

## 4.4.1　拉弯成形工艺

拉弯成形所用的材料,一般是硬铝(LY12)、高强度的铝镁铜锌合金(LC4)以及镁锰合金(MB8)。后者必须进行加热拉弯。

生产过程中,拉弯主要采用以下两种成形方案。

**1. 一次拉弯**

一次拉弯适用于弯形较小、截面惯性矩不大于 8 cm$^4$ 的中小型挤压型材零件。

一次拉弯即先拉后弯、最后补拉的方案:首先,将新淬火的毛料装在拉弯机上,拉至超过屈服极限(拉伸量为 0.8%～1%),使毛料平直,并且减少型材在弯曲过程中失稳起皱的趋势;然后,保持拉力不变,施加弯矩,使型材贴模;最后,增大拉力,进行补拉,使型材最小曲率半径处剖面的内层纤维达到拉伸屈服极限。零件在卸载后,仍存在少量回弹。必要时可将模具修出回弹量。表 4 - 9 所列为 LY12M 和 LC4M 一次拉弯最小弯曲半径。一次拉弯补拉延伸率如表 4 - 10 所列。

**表 4 - 9　LY12M,LC4M 一次拉弯最小弯曲半径**

| 弯曲角 α/(°) | 30 | 60 | 90 | 120 | 150 | 180～220 | |
|---|---|---|---|---|---|---|---|
| 相对弯曲半径 $R/H$ | 10 | 15 | 23 | 27 | 34 | 38 | |

**表 4 - 10　一次拉弯补拉延伸率**

| α/(°) \ ε/% \ R/H | 材　料 | ≥100 | 75 | 50 | 40 | 35 | 30 | 24 |
|---|---|---|---|---|---|---|---|---|
| 90 | LY12 | 3.0 | 3.2 | 3.8 | 4.2 | 4.5 | 4.9 | 5.6 |
| 90 | LC4 | 1.5 | 2.6 | 2.8 | 3.0 | 3.1 | 3.3 | 4.4 |
| 120 | LY12 | 3.5 | 3.9 | 4.4 | 4.8 | 5.2 | 5.6 | |
| 120 | LC4 | 3.0 | 3.2 | 3.4 | 3.6 | 3.7 | 3.9 | |
| 150 | LY12 | 4.1 | 4.4 | 5.0 | 5.5 | 5.8 | | |
| 150 | LC4 | 3.6 | 3.7 | 4.0 | 4.2 | 4.4 | | |
| >180 | LY12 | 4.7 | 5.0 | 5.7 | 6.1 | | | |
| >180 | LC4 | 4.2 | 4.3 | 4.6 | 4.8 | | | |

**2. 二次拉弯**

当零件的相对弯曲半径较小、弯曲角较大时,一次拉弯的效果差,弯曲后的补拉难以完全消除型材内边的压应力,这时需要对制件进行二次拉弯。二次拉弯工艺中,首次拉弯的工艺参数同一次拉弯法,先用退火料进行预拉和弯曲,但不加补拉。淬火后进行的第二次拉弯,必须在材料孕育期内完成,淬火后的拉弯延伸率见表 4 - 11。

表 4 – 11　LY12 和 LC4 淬火后的拉弯延伸率

| α/(°) \ R/H (ε/%) | 30～15 | 10 | 8 | 6 | 5 |
|---|---|---|---|---|---|
| 90 | 1.3 | 1.7 | 1.8 | 2.0 | 2.4 |
| 120 | 1.4 | 1.8 | 2.0 | 2.2 | 2.5 |
| 150 | 1.5 | 1.9 | 2.1 | 2.3 | 2.6 |
| 180 | 1.6 | 2.0 | 2.2 | 2.4 | 2.8 |

由于毛料在第二次弯曲时的变形量很小，内边所产生的压应力很容易被后续的补拉所消除，所以零件贴模性好，回弹量小，可以不修模。二次补拉量一般控制在 1%～3%。二次拉弯具有成形准确度高、手工修整量少、残余应力较低的优点，适用于截面惯性矩大于 8 cm⁴、变形程度大的大中型型材零件的拉弯。

拉弯成形零件的质量好，残余应力小，生产率高，但是毛料两端的夹持量及工艺余量大，材料利用率较低。生产中，对于曲率相近的短型材可以组合在一起成形，拉弯成形后，再进行切断分离。为了保证均匀地传递拉力，拉弯零件一般应是等剖面的，因此对其边缘的铣切工序应安排在拉弯工序之后。

对于特殊拉弯件，需根据其特征采用不同的成形方式进行不同的处理。

（1）异向曲率拉弯件的成形

如图 4 – 44 所示，这类拉弯件具有正、反两个方向上的曲率变化。在不带侧压装置的转臂式拉弯机上进行成形时，应先拉出一个曲度，再装上反向拉弯模，反转成形另一向曲度，最后补拉。

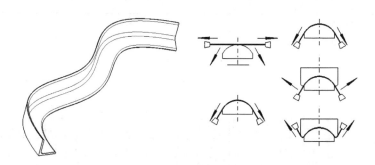

图 4 – 44　异向曲率拉弯件

若在带侧压装置的转臂式拉弯机上进行成形，则有以下三种方案：

① 首先在凹形模上实施先拉后弯，然后用侧压装置所带动的凸模实施压弯，在二模合拢工作的状态下进行补拉，如图 4 – 45（a）所示。这种方法只能用于中部凹入较浅的制件。

② 首先对型材实施预拉，然后用侧压装置所带动的辅助凸模对其进行压弯，再按凹形拉弯模实施拉弯，最后补拉，如图 4 – 45（b）所示。

③ 首先在凸形模上实施先拉后弯，而后用由侧压装置所带动的凹形模压紧毛料，按凹形模实施反转弯曲，最后补拉，如图 4 – 45（c）所示。

若采用转台式拉弯机成形异向曲率拉弯件，可通过工作台的正反转向来完成异向曲率拉弯件的成形,如图 4-46 所示。

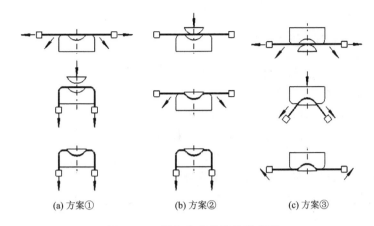

(a) 方案①　　　　(b) 方案②　　　　(c) 方案③

**图 4-45　异向曲率拉弯件的成形**

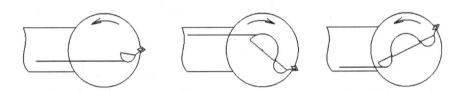

**图 4-46　异向曲率拉弯件在转台式拉弯机上的成形示意图**

（2）变角度拉弯件的成形

变角度是指成形件上型材腹板面与缘条面之间的夹角不同于原始毛料的等值夹角,而是一个变化值。变角度拉弯件的成形,可视其角度变化值的大小而采用不同的措施。

① 当角度变化值小于 3°时,可直接在拉弯曲度的同时一起拉出。为了保证成形角度符合技术要求,在拉弯后可辅之以手工修正。

② 当角度变化值超过 3°时,为保证拉弯成形的质量,减少手工的修正量,可在拉弯前按其不同的角度变化,在其毛料上预制斜角。考虑到在拉弯过程中角度会在一定范围内发生变化,所以根据零件类型的不用,预制斜角可按表 4-12 进行选择。为使零件角度与拉弯模相吻合,拉弯过程中,在保持拉力不变的条件下,用拉弯模进行弯曲后再用木槌敲修零件。

③ 在转台式拉弯机上,可在拉弯的同时制出零件的斜角,其准确度可达±30′。

**表 4-12　拉弯前预制斜角的选择**

| 弯曲形式 | 收 边 | | 放 边 | |
|---|---|---|---|---|
| 零件斜角形式 | 开斜角 | 闭斜角 | 开斜角 | 闭斜角 |
| 预制角偏差方向 | 偏小 | 偏大 | 偏大 | 偏小 |

（3）变截面尺寸拉弯件的成形

一般来讲,型材的拉弯都是在等截面、等厚度的条件下进行的。对于有下列情况的型材,需采取必要的措施来实施拉弯成形。

① 均匀变截面的型材,可在转台式拉弯机上进行拉弯成形。先由小端截面开始拉弯,初始用较小的拉力,随着截面尺寸的增大逐渐加大拉力,直到最后贴模成形。

② 均匀变厚度的 S 形零件,可在转臂式拉弯机上借助侧压装置并采用成对组合拉弯的方法成形,见图 4-44。此时,应以截面尺寸小的一端为组合端。

## 4.4.2 拉弯模的结构设计

拉弯模用于成形飞机框缘型材零件,其设计基本原则如下:

① 型材零件腹板面一般为平面;

② 型材零件上有下陷时,一般不在模具上制出;

③ 模具结构尺寸必须根据所选用的拉弯机进行设计;

④ 模具要有良好的开敞性,便于拉弯时的观察和敲修;

⑤ 模具必须搬运方便,装夹和卸件简单易操作;

⑥ 模具底部螺钉要制成沉头式的,吊挂要安装在模具的上表面。

**1. 拉弯模的典型结构**

拉弯模成形的对象是挤压型材件,而挤压型材本身就是一种细长、具有不同剖面形状的材料,这就决定了拉弯模也是一种板面状结构的模具。模具的结构与主要尺寸除了与所拉弯的零件有关外,还与机床的类型、台面的具体构造等因素有关。

图 4-47 为型材拉弯模的典型结构。该模具通常由底板与模座两部分组成,亦可在中间加一块垫板构成三层组合的形式。它们之间一般采用两个销钉定位、四个螺钉紧固为一体。模面上还开制有两个螺钉孔,是用来安装起吊时所用吊环的。更重要的是,在模体上还需要开制 2~3 个安装孔,作为模具安装机床工作台面所用。安装孔一般根据定位样板钻制。

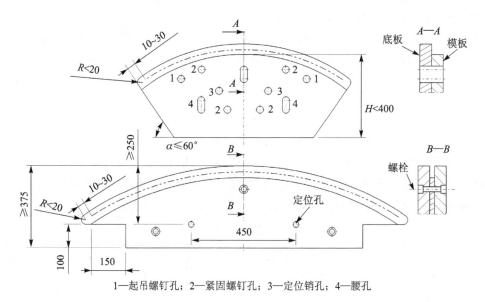

1—起吊螺钉孔;2—紧固螺钉孔;3—定位销孔;4—腰孔

**图 4-47 型材拉弯模的典型结构**

拉弯模在拉弯机工作台面上的安装,与其他模具的安装方法不同。拉弯模的安装要求工作面上的型槽口与型材拉弯夹头的钳口的轴线要处于同一个平面内,故拉弯模并不是直接平放在工作台上的,要保证模具型槽与夹在两侧钳口内准备弯曲的直型材相切,一般是用小千斤顶置于工作台面上,架空拉弯模而找平的。通过模具上的定位孔,将拉弯模套在与机床台面固定的定位柱上。定位柱的直径取决于机床的型别。机床吨位越大,定位柱的直径也就越粗,以便承受更大的弯矩与剪力。套好拉弯模后,下面用诸多小千斤顶调整拉弯模应在的高度与平度,然后通过螺栓将拉弯模固定于工作台上。

收边拉弯型材时,水平边受压,在一定条件下将发生明显的失稳起皱。例如,当拉制零件的相对弯曲半径小于 12、弯曲角大于 30°时,起皱因素已不能忽视,这时较合理的对策是采用压边装置。在有些型号的转臂式拉弯机上设有液压作动筒。作动筒的活塞杆可穿过台面和模具(当然,模具上需设计有活塞杆的贯穿孔),如图 4－48 所示。通过紧固的球面垫圈和压板对制件水平边施压(其单位压力的大小可调节液压装置来控制)来消皱。

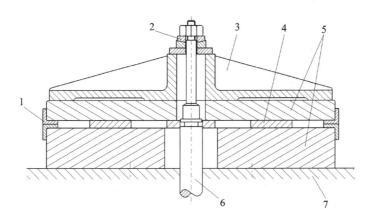

1—制件;2—球面垫圈;3—压板;4—垫板;5—模具;6—液压作动筒;7—工作台面

**图 4－48　收边拉弯的压边装置**

### 2. 拉弯模的外形尺寸

模座型面的有效周长依据零件而定。在其切割线长度基础上每边增加 10～30 mm,其余外形尺寸可参见图 4－47。

对于非对称外形的型材拉弯件,如果模具的中心线与机床纵轴相重合,则其底面(或型面的相对一侧)尺寸的确定如图 4－49 所示。从型材所在的型面两端终点 $A$、$B$ 作弧面的切线,将其交角 $\angle ACB$ 平分,该平分线就是模具的中心线;另从 $A$、$B$ 两端点外 30 mm 向模具中心线作垂线,哪条线能同时包容两端点,就以该线为模座的底端线,也就可以保证模具中心线与机床轴线相重合要求的顺利调位。

### 3. 拉弯模的剖面尺寸

(1) 底板厚度

对于放边拉弯件,底板厚度取 25～30 mm,如图 4－50(a)所示;对于收边拉弯件,底板厚度取 25～35 mm,如图 4－50(b)所示。

(2) 底板外形

底板外形距挤压型材外缘的距离:对于放边拉弯件,取 15～20 mm,如图 4－50(a)所示;对于收边拉弯件,取 0.2 mm,如图 4－50(b)所示。

(3) 模座厚度

模座厚度按型材的板缘宽度确定,但应留有 $a＝1.0～1.5$ mm 的超出量。

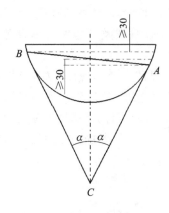

图 4-49　模具中心线及底端线的确定

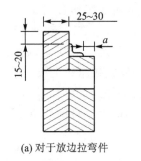

(a) 对于放边拉弯件

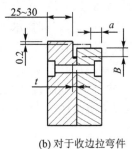

(b) 对于收边拉弯件

图 4-50　拉弯模的剖面尺寸

（4）储存槽的深度和宽度

储存槽的深度 $t$ 按型材的厚度来确定，取为

$$t = （型材的厚度＋厚度的上偏差）＋0.2\ \text{mm} \tag{4.2}$$

储存槽的宽度 $B$ 按型材有关板缘的宽度确定。

对于 L 型材，当角度≥90°时，取

$$B = （型材的板缘宽度－厚度＋0.5）＋0.2\ \text{mm} \tag{4.3}$$

当角度<90°时，取

$$B = （型材的板缘宽度＋板缘宽度的下偏差－厚度）－0.2\ \text{mm} \tag{4.4}$$

对于 T 型材，取

$$B = （型材的板缘宽度－厚度＋0.5）＋0.2\ \text{mm} \tag{4.5}$$

如果采用的是三层组合形式的拉弯模，中间所加垫板的尺寸可仿照上面所述的储存槽的有关尺寸来确定。

### 4. 拉弯模夹块设计要点

拉弯成形时，会发生型材剖面的畸变和纵向的翘曲。从力学角度来讲，其原因是由于型材剖面形状及尺寸的不同，所引起的型材剖面形心、弯心的位置发生变化以及外力矩作用平面与主惯性平面重合程度上产生差异，从而导致剖面的畸变和纵向的翘曲。

在实际生产中，很难保证外加的作用力能恰到好处地符合型材的力学特征。因此，需要我们在设计模具时计算其力学中心的位置。

形心是指型材在外力作用下剖面内产生的正应力的合力作用点。如果外力的作用不通过形心，将会产生额外的弯矩，使型材产生不良变形。由此可见，利用拉伸方法校直型材时，夹钳钳块的中心必须与型材剖面的形心重合，否则额外产生的弯矩将使型材发生纵向翘曲，不能达到校直的目的。型材拉弯所用夹头钳块的设计也必须考虑到这一力学特征，如图 4-51 所示。

弯心是指型材在外力作用下剖面内产生的剪应力的合力作用点。只有当弯曲力的作用线通过弯心，且其作用方向与剖面内剪应力合力的方向重合时，型材方能产生纯粹的弯曲，否则除发生弯曲外，同时还将因产生附加扭转而发生翘曲。弯心的确定如图 4-52 所示。

另外，只有当外力矩的作用平面与型材剖面的主惯性平面相重合时，型材的弯曲中性层才会与外力矩的作用面相垂直；否则，型材的弯曲中性层将会偏向最小惯性轴的一边，进而发生

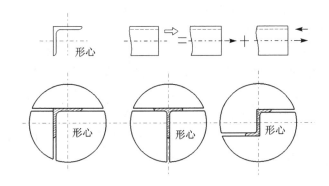

图 4 - 51　形心位置示意图及夹头钳块的分块设计

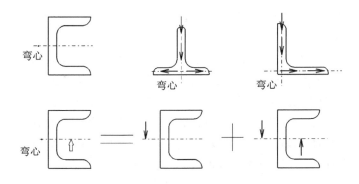

图 4 - 52　弯心位置示意图

斜弯曲。

对于非对称截面挤压型材来讲，要保证切向外力通过弯心而不引起斜弯曲是非常困难的，实际生产中通常是采取用两根坯料组合成对称剖面形式（见图 4 - 53）来实施拉弯成形的方法。这样一来，弯心必然落在对称轴线上，而且对称轴线一定是主惯性轴。

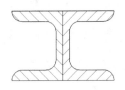

图 4 - 53　型材的组合拉弯

因此，要特别注意夹头钳块的分块设计以及对施加拉力轴线位置的要求。另外，夹头块与型材相接触的平面上必须制出齿面，以保证可靠地啮入型材缘壁，使其在工作时牢牢地夹持住毛料，并能均匀地传递拉力。为了防止将整个拉力集中作用于型材某一剖面，齿面的前端应带有平和的过渡区。所有夹块应与型材表面均匀接触，并使拉力的合力近似通过型材剖面的重心。

在拉弯工作中，必须注意技术安全问题。型材受拉时，可能会因偶然因素而突然断裂，向外弹开而伤及操作者。因此，必须在机床操纵台前安置防护罩或挡板，且在操作过程中远离机床的危险区。

## 4.4.3　拉弯模的选材

型材拉弯模模座及底板所用材料最常见的是 A3 钢、轧制铝板与精致层板；对于黑色金属型材的拉弯模,可选 45 号钢,淬火后的硬度为 HRC 43～47。

为了克服拉弯过程中型材件的翘曲及截面畸变,除对拉弯机夹钳中的夹块做合理的设计之外,更多采用的办法是拉弯时在型材截面内塞进蛇形块或填充易熔合金。

蛇形块可用锌合金、铝、聚氯乙烯、夹布胶木、精致层板等材料制作,并用钢丝绳或橡皮绳串接起来。

填充用的低熔点合金成分如下:Bi 50%,Pb 26.7%,Sn 13.3%,Cd 10%。使用低熔点合金作为填充料时,先将其熔化(熔点 70 ℃),再浇灌到所需成形的毛料内,待冷却后再进行拉弯成形。成形后,再加温将其熔化掉,可回收再利用。

# 4.5　型材下陷模的设计

型材下陷模用于在型材零件腹板上制出具有一定深度和一定过渡区长度的下陷区域,以满足型材零件的装配。

按型材类别可分为挤压型材下陷模和钣弯型材下陷模。由于挤压型材的刚度、强度都比板弯型材要高得多,挤压型材上的下陷成形,比板弯型材上的下陷成形更为复杂。挤压型材下陷的成形不能采用压型模,必须采用下陷模在冲床或柱缸式液压机上来完成。

按下陷模的用途可分为通用型材下陷模和专用型材下陷模。通用型材下陷模分为直下陷模和斜下陷模两种,由通用模座和通用模块配套组成,用于成形各类型材在平直状态下的直下陷和斜下陷;而专用型材下陷模可用于成形,除了直下陷和斜下陷以外的其他特殊型材上的下陷或型材上的特殊下陷。

型材下陷模的特点如下:

① 型材下陷模一般是由结构简单的模块组成,与通用模座配套使用;

② 型材下陷模与型材弯曲模结构相类似,很多情况下是同时弯曲和成形下陷。

## 4.5.1　下陷的类型及其变形特点

如图 4-54 所示,挤压型材下陷有直下陷、斜下陷、双面下陷、连续下陷等形式。

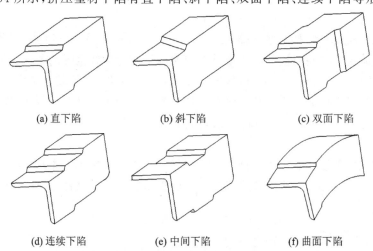

(a) 直下陷　　　　　　(b) 斜下陷　　　　　　(c) 双面下陷

(d) 连续下陷　　　　　(e) 中间下陷　　　　　(f) 曲面下陷

**图 4-54　挤压型材下陷的形式**

① 直下陷,即下陷的肩线(转折线)垂直于型材边缘;

② 斜下陷,即肩线与型材边缘成斜角;

③ 双面下陷,即在型材的相邻壁面上同时出现下陷;

④ 连续下陷,即在型材的同一个壁面上连续出现方向相同的下陷。

就下陷的部位来讲,有端头下陷(下陷发生在型材的端头)和腰位下陷(下陷不发生在型材件的端头);就型材下陷壁面的形式看,有平直型材下陷与曲面型材下陷。

挤压型材下陷成形时,其变形区的成形比较复杂。对于缘条(受弯折的壁面)属于简单的折弯(见图 4 - 55),在变形区的角域承受着弯曲,在过渡段域承受着拉伸;对于腹板面,在变形区受到的是剪切力,造成该处外层纤维层受到的拉伸作用最强烈。如果发生破坏的话,首先在这里产生裂纹。

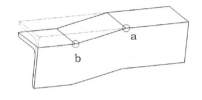

图 4 - 55　下陷的变形特点

实际上,影响下陷成形顺利进行的还有内凹肩 b 处,因腹板面内的摩擦力与剪切应力诱导出的压应力作用,而使材料在此处发生堆积式的失稳皱褶。尤其是当材料壁厚较薄或腹板面积较大时,剪切变形受阻,这种失稳更加突出。于是,合理地控制变形程度,就成为压制下陷成形的首要问题。

飞机结构中常用的 LY12、LC4 以及 MB15 材料的挤压型材零件的下限标准,通常按 HBO - 22 选用。

为确保产品质量,工艺成形时压制下陷的要求如下:

① 下陷应一次压成,不能重复压制;

② 调整压制下陷深度时,须考虑下陷的回弹;

③ 压制端头下陷时,须留出工艺收缩量,可按表 4 - 13 选用;

④ 两个以上的下陷且下陷间距超过 2 m 时,压制下陷工序应安排在最终处理之后进行。

表 4 - 13　下陷长度工艺收缩量

| 下陷深度 $h$/mm | ≤2 | >2～4 | >4～6 |
|---|---|---|---|
| 长度工艺收缩量 $\Delta$/mm | 不考虑 | 0.1～0.2 | 0.5 |

## 4.5.2　型材下陷模的结构原理

型材下陷模可分为通用型材下陷模与专用型材下陷模两大类,二者模具结构原理相同。如图 4 - 56 所示,两对刚性固定块和两对弹性活动块呈对称错位排列,当上模下行时,弹性活动块将通过各自的压板夹持住坯料,之后做相对平行错位移动而压制下陷。下陷高度靠调整上模的下行量来控制,过渡段(变形区域)的长度可由调整模块的间隙 $Z$ 来保证。

生产中常见的型材下陷模有:简单通用下陷模、复杂通用下陷模、专用下陷模、加热压下陷模。

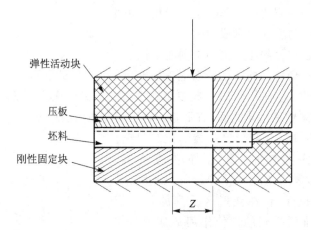

**图 4 - 56　下陷模的结构原理**

**1. 简单通用下陷模**

简单通用下陷模在压制下陷过程中,只能对成形部位的缘条面有所限定,而对侧壁腹板面并没有截面的约束,它在型槽内是自由状态。因此,其成形部位的截面形状会有所变化,故在成形后需增加校正工序。

**2. 复杂通用下陷模**

复杂通用下陷模结构比简单通用下陷模要复杂,但它可以调整下陷角度和下陷长度。相距较远的下陷可以分别在通用下陷模上按照普通的方式压制,不必专门制造模具或采用其他特殊的方法来制造。

**3. 专用下陷模**

专用下陷模是指为某种零件特殊下陷而设计的专用模具。例如,一次压出两个连续下陷的专用模,它的模块均为刚形体,多用于正规的成批生产。在试制或小批量生产中,可以采用通用模压出一个下陷后,用垫板将其垫平,然后再压制第二个下陷;而用于曲面型材压制腰位下陷或双下陷时的专用模具,其下陷在型材上的部位可按数模或切钻样板划线确定。

**4. 加热压下陷模**

对于镁合金等低塑性材料以及 LC4 等应力集中敏感性强的材料,压制下陷时必须进行加热,一般采用模具通电后,利用其自阻加热的方式,并通过热传导使零件受热。

对于 LC4(7A04)材料,加热温度为$(140\pm10)\ ℃$,累计加热时间 2 h;对于镁合金材料,加热温度为 280～350 ℃,累计加热时间为 1 h。在 LC4 铝型材加热压下陷时,模具的温度可用测温笔测量,而对于镁铝合金材料,需用热电偶测量并控制温度。

为确保产品的质量,加热压下陷时应做到:

① 加热时的电压不能过高,以免产生火花,推荐使用电压为 5.6 V;

② 虽能对零件进行重复加热,但总的累计时间不可超过规定要求;

③ 下陷模工作部位的表面粗糙度 $Ra$ 不得低于 0.8 $\mu m$;

④ 压下陷前,必须擦净模具及零件表面,不得有杂质、油污、水迹;

⑤ 在模面划线确定下陷位置时,不得使用划针,应使用铅笔画线;

⑥ 凡加热压制下陷的成形件,需 100% 检测硬度。

# 4.6　拉形模的设计

　　飞机表面覆盖着蒙皮件,除机翼、尾翼等几处的前缘蒙皮和表面蒙皮外,机身内外覆盖着的蒙皮大多数是具有较大弯曲半径的、较为缓坦的双曲度外形。若要将平整的金属板坯加工成所需形状的零件,必须使坯料的各条纤维产生大小不等的塑性延伸。如图 4-57 所示,原长为 $ab$ 的纤维,经过成形后必须塑性延伸至弧长 $a'b'$,同样 $cd$ 延伸至 $c'd'$,$ef$ 延伸至 $e'f'$。总之,根据零件成形需要,毛坯料的各处纤维应作不均匀的塑性变形。这类零件原则上可采用工具模冲压的方法制造,事实上汽车的表面覆盖件,如车门、车身、挡泥板等零件,在大批量生产时均可以采用这种冲压方法。但是,由于

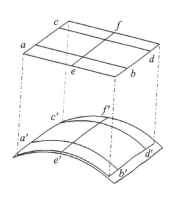

图 4-57　板材的扩展状况

飞机类产品具有数量少、更新换代快,生产准备周期越短越好等特点,冲压加工方法已经不能适应蒙皮件的制造。因此,在飞机制造业中,通常用拉形模在拉形机上成形表面积大、曲度变化缓、外表光滑、表面质量要求高的蒙皮件。

　　拉形工艺主要用于航空工艺,用于制造曲率变化较缓的大型钣金件。

## 4.6.1　拉形的成形过程及特点

　　拉形是一种使大尺寸金属薄板材的表面积获得曲面扩张的一种成形方法。在成形过程中,板材的两端被拉形机的夹钳夹紧,位于板材下面的拉形模由工作台顶升和板料接触,随着拉形模的上升,板材逐步与拉形模贴合。板材受到拉张力而产生不均匀的双向拉伸变形,由局部渐次地向整体表面发展,直到板材的内表面与模胎表面贴合而取得模具表面形状,完成其成形,如图 4-58 所示。

　　在拉形过程中,板材的变形接近于平面应变,由于占优势的拉应力以及沿板料厚度基本不存在应变梯度,所以板料成形后的回弹较小。

　　双曲度蒙皮件无疑具有双向曲度,而拉形只能是一个方向上施力,根据加力方式和夹钳相对模胎位置的不同,拉形工艺可分为两类:横向拉形(沿蒙皮件毛料横向施力)与纵向拉形(沿蒙皮件毛料纵向施力),二者的成形原理相同,但在具体细节上和所用设备的结构上有所差异。横向拉形一般用于加工横向曲率、纵向曲率小的零件,如飞机发动机短舱,前后段机身的蒙皮

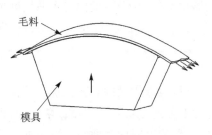

图 4-58　拉形的示意图

等。对于狭长蒙皮,当纵向曲率比横向曲率小时,为了节省材料,采用纵向拉形较为合理。但是,一般来讲,纵向拉形适用于纵向曲率大的狭长蒙皮零件。

　　拉形是通过单向拉伸使毛料的纤维产生不等量延伸的成形方法。拉形中,材料受到不均匀的拉应变,最大主应变的方向和拉力作用方向一致。为了提高成形精度、减小回弹量,要求在拉形结束

时,最小延伸部位的延伸梁应超过金属的屈服极限。

拉形模的上升可由机床间歇式的控制。拉形过程大致可分为三个阶段:开始阶段、中间阶段和终了阶段。

### 1. 开始阶段

对于薄板材,由于自身的尺寸特点(长、宽幅面尺寸大而厚度小)决定了它的纵、横向刚性差。当将坯料置于模具顶面时,必然发生包模趋势的弯曲,故可借势将其下垂的两个端头夹入机床两侧的排列夹钳中。对于厚料,其刚性较强时,可预先在滚弯机中弯成一定的曲度,再置于模具上,夹入夹钳中。

待毛料夹紧后,可开动机床顶升拉形模,当其顶峰抵于毛料上时,在接触点的横截面上便产生了拉应力。就毛料整体来讲,除接触点外其他还都处于纯弯曲的变形中,如图 4 - 59(a)所示。

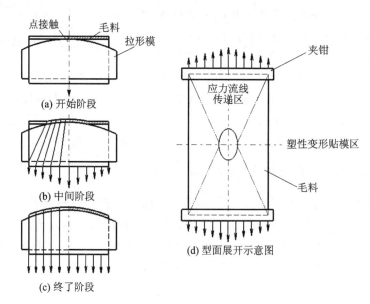

图 4 - 59  横拉成形过程

### 2. 中间阶段

夹钳夹持着的毛料两个边缘固定不动,随着拉形模的上升,绷紧的毛料与拉形模的接触部分迅速由点扩展到面,形成局部塑性变形贴模区,产生了不均匀的伸展变形以外,其内应力的分布可用应力流线来表示,如图 4 - 59(b)所示。应力流线由毛料两侧的夹钳处向塑性变形区聚集。在应力流线传递区外,毛料仍处于自由状态。拉形模不断地上升,塑性变形贴模区也就不断地向外扩展,应力流线也随之向外区发散,当毛料变形区全部贴模时,应力流线也就布满了整个毛料表面,更趋于平行、均匀。

### 3. 终了阶段

为了提高蒙皮件的成形准确度,通常在毛料全部贴模后,再做少量的补充拉伸。其作用等同于拉弯成形时的补拉,目的是使毛坯在横截面上的应力都能超过材料的屈服极限,同时也可使其应力更趋于均匀些,从而减小卸载后的回弹,最终使成形的毛料内表面与拉形模外表面的形状相一致,见图 4 - 59(c)。

## 4.6.2　拉形工艺的要点

拉形中整个毛料基本上可以划分为两个区域：与拉形模相贴合的成形区和悬空部分的传力区，由于传力区不与模具相接触，没有模具表面的摩擦作用，所以毛料被拉断主要出现在传力区，特别是钳口边缘应力集中处。

① 拉形过程与型材拉弯相似，板料也会发生拉裂与起皱。在钳口与模胎之间的悬空段拉应力最大，钳口夹持处因齿槽咬合而有应力集中影响，模胎表面的摩擦有阻滞作用，因此，拉应力的分布由边缘向顶峰逐渐衰减。这种应力分布状态决定了拉形时材料的破裂首先发生在钳口边缘附近，尤其当钳口圆角半径小或各个钳口齿板的夹持力不均匀而产生应力集中时，材料最容易提前出现裂纹。

防止拉裂的主要方法是控制一次拉形的拉伸量。

控制拉伸量原则上有两种方法，即控制变形力和控制变形量。控制变形力需要将计算所得的拉形力换算成液压系统的单位压力，并依此数据来操作机床。而实际上，由于材料厚度及机械性质等因素的影响，所需拉形力并非等值，所以这种方法准确度不高。而控制变形量的操作过程中，主要是凭操作者的观察和熟练的经验。例如，在拉形过程中，观察板料变形最大处（一般在夹钳附近）出现明显的滑移线时，就要停车。如果此时毛料还未贴模，应将其送去热处理，分两次成形。对于个别复杂零件，也可预先在毛料的最大变形区顺拉伸方向画上相隔100 mm 的铅笔线，拉形中测量线距的变化，并计算相应的材料延伸率。当毛料尚未完全贴模，而线距变化已达到材料极限变形量时，必须停车，将毛料送去热处理，分为两次拉形。

② 对于马鞍形蒙皮，一般采用横拉。蒙皮在拉形过程中会发生两端材料沿模具斜面下滑（见图 4 - 60），在低凹处形成堆积性横向褶皱。为防止起皱，应调整钳口的曲度，尽量使它与模具的纵向曲度一致，同时增大毛料的纵向长度，使之在拉形过程中能包裹住模具纵向端头的包角，借以阻止毛坯料的下滑。在计算上述毛料尺寸时，必须增加附加的工艺余量。

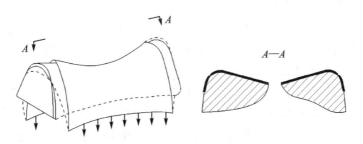

**图 4 - 60　马鞍形蒙皮的拉形**

③ 拉制斜度较大的驼峰形蒙皮件时，为保证成形顺利进行，拉形件在拉形模上的置放，应使其脊背线呈水平趋势（见图 4 - 61），以防拉形中发生侧滑移位。

④ 横向拉形时，机床两侧的夹钳可依据拉形模的外形轮廓进行相似的调整排列，以利于成形过程中毛料的贴模。

⑤ 拉形时，要随时调整夹钳与拉形模边缘的距离，使毛料在受拉伸状态中保持与拉形模表面的相切，见图 4 - 62。如果两侧有较长的直线段，则应调整夹钳使拉形终了时拉力线内倾于拉形模边缘切线 2°～3°，以防止工件产生皱纹，并改善毛料两端的贴模状况。

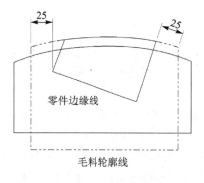

图 4-61　大斜度驼峰件的置放

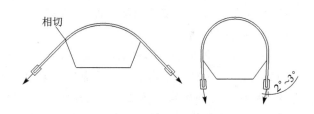

图 4-62　拉形时夹钳角度的调整

⑥ 由于拉形的工艺余量大,为了节省材料,可将一些厚度相同、曲率相近的小尺寸或左右对称件排列在一张板料上进行组合拉形。其间距可控制在 20~30 mm,以便于其曲度呈圆滑过渡以及制成后的分离。

⑦ 对于薄板料拉形件,为了提高拉形工作效率可采用重叠拉形,即一次把两张或多张毛料重叠在一起装入钳口内夹紧,进行重叠拉形。此法由于厚度的加大而增强了抗失稳起皱和抗破裂的能力。

⑧ 对于硬铝合金板材,通常采用在新淬火状态下进行拉形,以充分利用其时效的作用;而对于钛合金板材的拉形,则多采用加热拉形,其加热温度一般控制在 550~650 ℃之间,加热方式可采用模具加热或利用钛合金的高电阻率的物理性能自阻加热毛料。

⑨ 供拉形用的毛料,沿拉力的作用方向应具有相等的剖面,不得有孔或开口等。热处理及阳极化所需的固定孔应安置在毛料两端的夹紧余量内。板料的纤维方向应与拉伸方向一致,两侧边缘必须修光,不得带有毛刺、裂纹。

### 4.6.3　拉形件的质量控制

① 零件的外形准确度一般用零件曲面与拉形模贴合间隙来表示。刚度较大的零件,用切面样板或检验夹具检测。歼击机蒙皮允许间隙不大于 0.5 mm;局部非配合区可至 1 mm;大型客机和轰炸机蒙皮间隙要求不大于 0.8 mm。

间隙的测量,可采用如下方法:对于厚度在 2 mm 以下的材料,通常用手压或锤击的方法凭经验来判断;也可采用间接方法进行测试,即在模具的测量点上放厚度小于 3 mm 的橡皮泥,再将零件与模具按正确位置摆放,加 5 kg 左右的压力,取出橡皮泥,测量压缩后的厚度,即代表了间隙值;如果零件允许开孔,可在测量位置上预钻小孔,用测深卡尺测量。

此外,测量贴模间隙尚有下列方法:超声波检测法,需要适当的介质填充在零件与模具之间;电涡流法,仅金属模具可用;微波相位检测法,模具需开槽,探头在槽内能移动探测。

② 蒙皮零件的表面质量直接影响飞机部件的气动力性能,而且还关系到构件的强度与寿命,故拉形件表面不得残存滑移线、粗晶、"桔皮"现象。这些情况都与变形量和高温热处理有关。为控制铝合金粗晶的产生,一般限定变形量要小于临界值的 80%。另外,成形后尽量不再进行热处理,如需热处理,要控制退火温度于再结晶温度以下,保温时间也要尽可能缩短。最好是使用细晶粒度的板材,拉形后不易产生粗晶。

③ 在成形蒙皮件的各个工序间要注意材料的表面保护,防止擦伤和划伤。模具表面要光

滑,其表面粗糙度 $Ra$ 不得大于 1.6 $\mu$m。

④ 镜面蒙皮又叫抛光蒙皮,广泛应用于大型民用飞机。镜面蒙皮具有耐疲劳、抗腐蚀、气动表面光滑、美观等优点。供货厂家提供的原始板料就具有规范的包铝层,并喷涂了保护层。一般的蒙皮加工方法均适宜镜面蒙皮的加工,特别要注意的是在生产的全过程(包括供料、运输、加工、存放等环节)中都要对其表面严格保护。对于在加工过程中需要暂时除去的保护膜或保护层,必须采用规范的技术措施进行修复。

### 4.6.4　拉形模的结构设计

从外观上看,拉形模通常是一种平底横向为扇形截面的柱面体块,以横向拉形模为例,如图 4-63 所示。

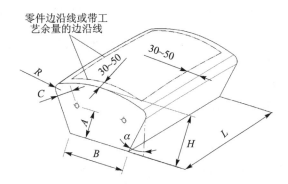

**图 4-63　横向拉形模的外形尺寸**

**1. 外形尺寸**

拉形模的长、宽尺寸取决于零件的形状和尺寸,通常参照切面样板和零件的工艺余量而确定。高度尺寸应保证拉形模有足够的刚度。但拉形模的外形尺寸还应与拉形机的型号与规格匹配,并选择合理的过渡工艺余量。

① 模具的高度 $H$,一般取 300~500 mm,不得小于 300 mm。

② 模具外缘距零件切割线 30~50 mm。

③ 模具长度 $L$、宽度 $B$ 按零件的几何尺寸确定,但不得超出机床的使用范围。

④ 横向拉形模边缘倾角 $\alpha$ 一般取 20°~30°,纵向拉形模原则上不需要倾角。

⑤ 模具型面边缘必须倒角,圆角半径 $R>30$ mm。

⑥ 横向拉形模的吊环置于模具的两端,纵向拉形模的吊环置于模具的两侧。

⑦ 吊环距底面的高度 $A$ 一般取总高度的 2/3,吊环距模具边沿的宽度 $C$ 一般取吊环所在位置模具宽度的 1/4。

**2. 结构类型**

拉形模的结构较为简单,通常由型面与基体两个部分组成。常用的结构主要有实心、空心和骨架式三种,另外还有在金属或木质模体上敷 10~15 mm 厚的环氧塑料作为面层的结构。各种模胎(包括拉形模)的常见结构如下:

(1) 木框环氧胶砂模

如图 4-64(a)所示,用厚度为 30~40 mm 的松木板组成框架,四角用三角条加强,在木质框架内部填入环氧胶砂作为模具的基体;工作型面敷以厚度为 10~15 mm 的环氧胶泥面层。

对于曲度大的拉形模,可用底板骨架加强木框。底板骨架的结构和尺寸参见图 4 - 64(b),其高度近似取为 100 mm。过高,会导致胶砂隔离,削弱机体强度。

木框环氧胶砂模的强度高,不易变形,适于拉制较厚零件,但模具重量大,制造成本高。

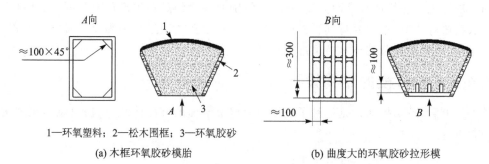

1—环氧塑料；2—松木围框；3—环氧胶砂

(a) 木框环氧胶砂模胎　　　　　　(b) 曲度大的环氧胶砂拉形模

图 4 - 64　环氧胶砂模

（2）钢骨架围框玻璃钢拉形模

钢骨架由方框、横隔板、纵板条焊接而成,并且各构件均由 10 mm 厚的钢板制成。

横隔板的位置按零件所控制切面的位置来确定,间距大约为 300 mm。纵板条位置均布,一般由模具对称中心开始,向两侧排列。

钢骨架上敷以 5 mm 厚的玻璃钢。玻璃钢的下表面用约 100 mm 厚的环氧胶砂填充夹层;上表面敷以 5~10 mm 厚的环氧塑料作为模具的工作型面。

这种结构形式的优点是模具重量较轻、成本低、强度高。但是拉制出来的零件表面质量一般,有时会发现棱印,这是由于刚性骨架间隔排列,模具工作型面的表面强度不均所致。

（3）木质基体环氧塑料覆层拉形模

如图 4 - 65 所示,其木质基体由 50 mm×200 mm 的松木块堆积胶接而成。胶接前应对木块进行干燥处理,胶缝应交错排列。型面层敷以 15~25 mm 厚的环氧塑料。

这种拉形模耗费木料多,强度差,易变形开裂,只适用于拉制批量不大、厚度较薄的零件。

（4）金属拉形模

如图 4 - 66 所示,金属拉形模的基体与型面均由铸钢或铸铁制作而成。型面厚 80~100 mm,内层呈筋式中空,筋板厚度为 40~60 mm。这种模具的特点是:刚度好、寿命长,但成本高、制造周期长,结构笨重。

（5）加热拉形模

采用加热拉形模时,必须要求模具绝缘,可用耐火水泥制造拉形模。用于低塑性材料的蒙皮拉形。它是用铸钢、铸铁或陶瓷钢制造而成的壳式基体,表层下 10~15 mm 处铸入呈均匀分布的钢管,内置电热元件。

上述模具为实心拉形模,模具结构多采用胶砂与金属,结构重量大(有的高达十几吨),给搬运、存放带来诸多不便。在飞机工厂,尤其是大型飞机的制造厂,为存放大尺寸的拉形模,竟要占用工作车间厂房面积的 1/10~1/4,因此,拉形模的轻化问题不容忽视。

（6）木骨架环氧胶砂模

对于大型模具,为了减轻重量,可采用松木或层板制成骨架和若干芯盒,如图 4 - 67 所示,内部填入一定厚度的环氧胶砂作为基体,上敷环氧胶泥作面层。

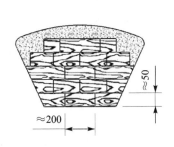

图 4 - 65　木质基体环氧塑料覆层拉形模

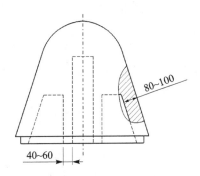

图 4 - 66　铸钢拉形模

（7）钢骨架环氧胶砂模

如图 4 - 68 所示，用钢板焊接成构架式骨架，以环氧胶砂作为基体，上敷环氧玻璃钢（或环氧发泡玻璃钢）作为面层。制造此种拉形模所用胶砂仅为实心模的 1/4。另外，以 4 000 mm×1 200 mm×400 mm 的空心拉形模为例，与同样大小的实心拉形模相比，质量可减少 1 t 左右。

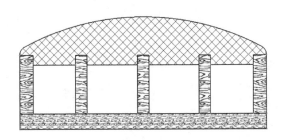

图 4 - 67　木骨架环氧胶砂模

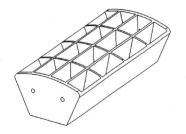

图 4 - 68　钢骨架环氧胶砂模

（8）环氧泡沫塑料胶砂模

环氧泡沫塑料胶砂模的型面层为多层结构，每层厚度均为 30 mm 左右。它的基体部分是用层板做框架，内充环氧泡沫塑料，并嵌入预制的带筋板的环氧泡沫体，其上敷环氧塑料为面层的结构。

为减少塑料模具的摩擦生热，国外出现了另一种结构形式的塑料拉形模，其表层用 0.25 mm 厚的氨酯基塑料，内部加有聚四氟乙烯粉末，起固定润滑剂的作用，以降低拉形中的摩擦系数。

环氧泡沫塑料胶砂模仅为相同尺寸实心胶砂模重量的 1/6，它具有良好的强度、韧性且维修方便，特别是在投产新产品时，可以把相似的旧模塑上一层新表层即可使用。

**3. 结构的选择**

拉形模结构形式的选择，通常根据模具的材料用途、加工依据、外形尺寸及各单位的生产习惯来选择。一般来讲，选择原则如下：

① 大型泡沫塑料、木质、铸钢、铸铁和铸铝模胎，均选择空心结构形式。

② 中小型木质模胎、镀锌模胎、环氧胶砂模和泡沫塑料胶砂拉形模，常选用实心结构形式。

③ 当模胎重量超过所用吊车的起吊能力时,必须选用空心结构或轻质材料的夹心结构。

④ 玻璃钢模胎、各种空心结构的环氧胶砂模胎选择骨架式结构。

⑤ 制造依据为反模型,在新型飞机研制阶段的铝合金件成形模和检验模胎,常选择在木质模体外敷一定厚度的环氧塑料层作为型面的结构形式。

**4. 设计要点**

① 胶砂、环氧塑料的用量可按下式估算:

$$G = F\rho h \tag{4.6}$$

式中:$G$——胶砂或环氧塑料的用量(kg)。

$F$——覆层的近似表面积($m^2$)。

$\rho$——胶砂或环氧塑料的密度($kg/m^3$);对于胶砂,取 $\rho \approx 2\ 260\ kg/m^3$;对于环氧塑料,取 $\rho \approx 1\ 800\ kg/m^3$。

$h$——覆层的平均厚度(m)。

② 拉制马鞍形蒙皮时,应在其拉形模最低凹陷处开制排气孔,并用 3~5 mm 直径的金属管引出,如图 4-69 所示。

③ 如果对与拉形件相贴合的模具表面的粗糙度要求高(如进气道蒙皮件),则在模具工作表面上应蒙以细布,再涂以熔融的石蜡,打光。

④ 当需要在拉形模上钻制装配孔、协调孔或工艺孔时,可以在拉形模上设置活动钻模,待拉制成形后钻孔。

⑤ 为方便搬运,拉形模一般设有 4 个起重吊环。

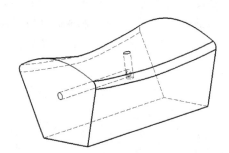

图 4-69 排气管的安放

# 4.6.5 柔性多点拉形模

多点成形技术是一种先进的柔性制造技术,它是将整体模具离散化,通过控制分散规则排列的基本体(或冲头)的 $Z$ 方向位置坐标,构造出所需的曲面形状,实现大尺寸板材快速三维曲面成形。在飞机、船舶、汽车等大型覆盖件的成形中有着广泛的应用前景。

飞机蒙皮零件具有多品种、小批量甚至是单件生产的特点,这为工艺装备的设计、制造和维护带来了很多困难。然而,拉形模的大量需求又与产品的快速响应、降低零件制造成本等要求形成了显著矛盾,传统的拉形成形技术很难满足这种小批量、多品种、快速化蒙皮生产的需要。多点成形技术是在飞机数字化设计制造技术基础上发展起来并广泛应用的一种蒙皮柔性化成形技术,是解决飞机蒙皮件成形瓶颈问题的有效手段。

蒙皮多点拉形技术的应用体系主要包括工艺设计系统、工艺仿真及优化系统、拉形机运动仿真系统、数控拉形、数字化测量和切边等系统。本书主要针对数控拉形的柔性多点拉形模成形进行阐述。多点成形设备通过调整阵列不同区域的高度来实现设备的型面可调性,这种有限可调性使得多点成形技术特别适合于制造一些存在一定相似性、曲率变化较平缓等特点的零件。蒙皮多点拉形设备如图 4-70 所示。

蒙皮多点拉形模的设计就是将传统的实体拉形模模体离散成规则排列的基本体(钉柱)矩阵,形成多点式、可数字化控制的模具。每个基本体(钉柱)的高度均可由计算机根据蒙皮的工

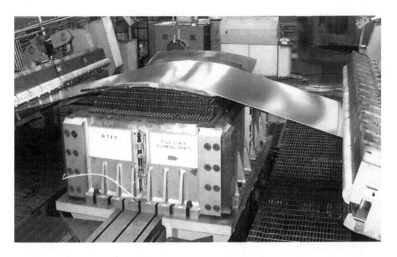

图 4 - 70　蒙皮多点拉形设备

艺数模单独控制,可根据需求构造出具有不同型面的多点拉形模,配合相应的蒙皮拉形机设备,即可进行不同形状蒙皮件的成形。柔性多点拉形模的原理如图 4 - 71 所示。

　　柔性多点拉形模由多个加载基本体组成,加载基本体下端为动力单元,上端为球面。为防止上端球面对蒙皮加载时造成压痕,在蒙皮与模具之间加弹性垫。弹性垫可将离散的基本体加载力分散,在成形蒙皮处形成较为连续的分布力。由于每个类型蒙皮大小、形状、材料以及厚度等不同,所需成形力不同,各生产单位选用弹性垫的材料也有所差异,所以弹性垫厚度也不同。一般成形力越大,弹性垫越厚。

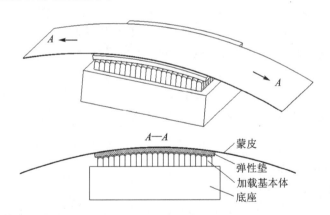

图 4 - 71　柔性多点拉形模原理

　　在现有技术条件下,采用柔性多点拉形模成形的钣金零件厚度在 12 mm 以下时,精度可达±0.3 mm,完全满足飞机蒙皮制造要求。多点拉形技术有以下优点:

　　① 柔性多点拉形模可构造出多种曲面形状,具有通用性,使用几套设计合理的多点拉形装置就可替代大部分现有的蒙皮拉形模。

　　② 可省去新机型研发过程中因模具设计、制造、试验、修改等复杂过程所耗费的时间和资金,显著缩短新产品研发周期。

　　③ 可显著降低模具的存储成本,并节省模具更换的时间与费用。

④ 容易实现飞机设计制造一体化和生产过程的数字化。

## 4.6.6　拉形模的制造与技术要求

为确保拉形件的质量,按传统工艺方法及其协调路线制造拉形模型面的依据有:切面样板、标准样件、正/反模型;按数字量协调路线制造拉形模型面的依据是零件的数学模型。

**1. 对拉形模的技术要求**

① 拉形模上应画出零件切割线及有关基准线;

② 拉形模对反切面内形样板的容许间隙要控制在 0.2 mm 以内;

③ 模具表面应光滑流畅,不允许有气孔等缺陷;

④ 模具上应标出所制零件的图号。

**2. 按数字量协调路线制造**

① 提取零件的数模特征;

② 对零件特征进行工艺处理,包括对工艺余量和回弹量的处理;

③ 通过处理后零件的内表面,提取成形模型面;

④ 根据提取的成形模型面进行模具设计与加工。

# 4.7　落压模的设计

现代飞机结构中有些薄壳钣金件的外形非常不规则,且局部还伴有陡起陡伏。这类零件如果采用冲床或液压机床压制,不仅需用多套模具、经过多道工序才能成形,而且还需要高吨位、大台面尺寸的机床设备与之配合使用。这类零件的品种样式虽多,但每种零件的数量在单架次飞机上的数量却很少,有的只需 1~2 件;因此,不论从降低零件制造成本上,还是从缩短生产准备周期上考虑,都是不经济的。如果采用手工成形,虽然可以减少工装数量,但零件的质量又难以保证。因此,在飞机制造业中,尤其是在新机试制和小批量生产中保留和发展了这种半机械化半手工操作的制造方法——落压成形。

落压模用于外形复杂的双曲度零件(如整流罩、整流包皮、油箱外皮、半管、口框等)的落压成形。

## 4.7.1　落压成形

**1. 落压成形的特点**

落压成形又叫落锤成形,是使用落锤和简易模具(通常采用铅锌合金作模具材料)实现零件成形的一种方法。落锤是一种利用重物下落的冲击力提供成形所需能量的专用机床。

落压件的变形无非是金属板依据成型件的形状发生伸展与收缩,但由于落压模具结构的简易,既无过渡模又无压料、压边装置,所以控制材料的集中变薄与起皱就成为了落压成形中最突出的问题。为此也就构成了自身的成形特点:

① 落压成形是一种综合性的半机械化成形方法,成形零件的准确度及表面质量较差,废品率较高。

② 在落压成形过程中,为防止毛料或工件出现起皱、破裂或错位,可视具体情况灵活增垫橡皮或层板而逐次渐进成形;也可根据实际需要,随时穿插平皱、消皱、收料、放料、切边和开孔

等辅助性加工。

③ 落压成形能够成形其他工艺方法不能或难以成形的飞机钣金零件。

④ 材料的利用率低。

⑤ 落锤冲击力的大小可根据成形需要在机床额定范围内灵活控制。在落压成形过程中，或者猛击，或者慢下轻压，或者停留在短时间保压。

⑥ 落锤开动时噪声大，工作条件及安全性较差，需要技术熟练的工人操作。

⑦ 落锤构造简单，使用维护方便、开敞性好，开启高度及台面尺寸大，可成形零件的尺寸范围广。

⑧ 落压模结构简单，费用低，制模周期短，适合飞机"品种多、批量小、变化快"的生产特点。

⑨ 模具寿命低，特别是铅上模的寿命更低。

**2. 落压成形的注意事项**

① 镁合金、钛及钛合金零件应在加热状态下成形和校形。控温、测温、润滑与保护等有关问题，应按专用工艺规范或生产说明书执行。其他材料在室温下成形时，如有特殊要求，需按专用工艺规范执行。

② 落压成形中，对零件的保护、润滑及保形、保质措施，应严格执行落压零件的质量控制标准。

③ 不锈钢制件在使用铅、锌、锡、铋、镉基合金模具及校形后，应进行清除污染处理。

④ 温度高于 350 ℃的条件下成形或校形的钛及钛合金零件，在交付使用前应进行酸洗，以清除氧化皮及表面污物。为避免钛及钛合金工件与镀有（或含有）铅、锌、锡、铋、镉基合金模具、夹具或工具直接接触，成形时需用隔离材料将其与零件隔开。

**3. 落压件的分类**

飞机结构中，常见的落压件按其结构形式可分为多种类型，并且每种类型的落压件的结构工艺性要求也有所不同，详见表 4 - 14。

表 4 - 14　落压件结构工艺性要求

| 零件类型 | | 主要质量要求 | 结构工艺性要求 |
|---|---|---|---|
| 整流罩 | | 气动外形和表面质量要求高 | 整体整流罩开敞性要好，侧面无凸凹；<br>需焊接的整流罩分离面及焊缝位置由工艺确定 |
| 盒形件 | | 尺寸准确度要求高 | 深度大于 30 mm 的封闭盒式件，其底角半径 $r > 3t$，转接半径 $R > 10t$，最好取 $R = (10 \sim 30)t$，$t$ 为材料厚度 |
| 加强板及骨架（或口框） | | 协调准确度要求高 | 加强槽按 HB 0~11，加强窝按 HB 0~13，减轻孔按 HB 0~14、HB 0~15、HB 0~16，下陷按 HB 0~21；<br>骨架上加强槽的截面形状应便于成形和脱模 |
| 板弯梁 | | 协调准确度要求高 | 应避免闭角斜角弯边 |
| 半管 | | 需对合、配套 | ① 管箍轴线应垂直于管径；<br>② 叉管的支管与主管的连接转角半径 $r > d/2$（$d$ 为主管直径）；<br>③ 焊缝位置由工艺确定 |
| 复杂蒙皮 | 外蒙皮 | 气动外形和表面质量要求高 | 无局部凸凹及侧面突起 |
| | 内蒙皮 | 要求贴模度好 | 无侧面突起，避免突变性局部凸凹 |
| | 箱体外皮 | 配套、厚度要求严格 | 分离面应开敞 |

## 4.7.2 落压件毛料的确定

落压件成形时,所需坯料的初始形状及大小通常可分为两类:一类是加足工艺余量的习惯称为毛料;另一类是完全不加或基本不加工艺余量的称为展开料。

由于落压件成形的不规则性,材料在变形中的"收与放"难寻统一性,再加上落压模结构简易,这些特点决定了成形落压件的坯料必须按照落压件的形状与尺寸,依据实际经验去放样,必须加足工艺余量,否则极易产生废品。待成形条件和加工状况相对稳定,转入批量生产时,采用试生产时对毛料多次修正而定型的展开料。

随着数字量协调方法在飞机制造中广泛应用,利用 CAD 软件的钣金模块来进行展开料计算越来越普遍,但有些特殊零件还需要通过试验来确定。

**1. 确定毛料的方法及注意事项**

① 工艺余量的分布应与成形部位材料的流动情况相协调。图 4-72 所示的仪表板零件,在靠近凸起的一端材料向内流入较多,故此端毛料的工艺余量应大些,另一端则可少些。

② 严格控制易拉裂部位的工艺余量。大致呈矩形的复杂钣金零件毛料可以制成矩形,若有窄端,则两侧的转角处在成形时易开裂,故下料时应有一定的工艺余量,成形后切去这部分的多余料。

③ 几何形状较简单的对称零件。因最小阻力定律的作用,一般不宜采用矩形或梯形毛料。如图 4-73 所示的整流罩零件,形状对称而且不复杂,其所用毛料不应是矩形或梯形,而是经过修形与零件俯视投影相似的形状。图 4-74 所示为某型飞机机头罩零件,其形状亦不复杂,外表面近似于直母线的圆锥面,故其毛料应制成扇形料而不是梯形料。

图 4-72 仪表板零件

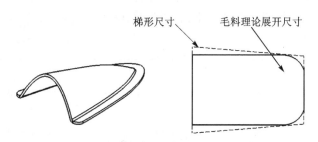

图 4-73 整流罩零件

④ 毛料尺寸变化和弯曲的走向应与零件相一致。毛料的形状与尺寸应按零件尺寸变化的走向来确定,而不能将其制成简单的长方形。如图 4-75 所示的 W 形梁式零件,其形状细长,两端宽窄不一且纵向曲度较大,因此其毛料形状大致呈曲线尺状,而不是简单的长方形。

⑤ 对于弯折零件,应注意弯折线有无侧斜。图 4-76 所示为 Ω 形骨架零件,其峰顶

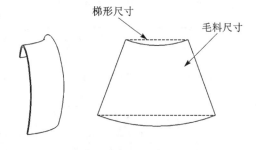

图 4-74 机头罩零件

的弯折线呈侧斜状,故其毛料不可制成简单的长方形,而应按外廓的走向趋势制成 V 形板料。

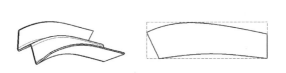

图 4 - 75　W 形梁式零件

图 4 - 76　Ω 形骨架零件

⑥ 应切除阻碍变形的多余材料。熨斗头式的加强件,若将其毛料制成曲线三角形,则成形时三角形毛料内侧多余的材料势必会受拉伸牵制而不易成形;故应将三角形毛料制成 V 形,即多余材料应预先切除。

⑦ 带工艺凸缘进行成形的零件,其毛料尺寸应作相应的放大。在箱体、半管类零件的毛料上应加上凸缘,并非零件结构上的需要,而是为了能很好成形零件的工艺需要,等制件完全成形符合工艺要求以后,将多余部分切除。

**2. 确定展开料的方法及注意事项**

(1) 展开料的尺寸和形状应有利于成形和节约材料

实践证明,合理地确定展开料的尺寸和形状,不仅对节约材料、减少切边工作量和提高零件质量起重要作用,而且还有利于成形。主要表现如下:

① 有利于减小材料流动的阻力;

② 能将复杂的变形变为简单的变形;

③ 能将复杂的压缩变形变为拉伸变形,或者将材料的拉伸成形变为压缩变形;

④ 能将拉伸、压缩变形变为弯曲变形或减少不必要的拉伸与压缩。

(2) 纵向曲度不大的小零件的展开料可利用简单形体的近似展开法

图 4 - 77 所示为纵向曲度不大的小翼尖、机背鳍整流罩、机炮罩等零件,成形后均需要拉光;而钢制盒形件在成形之后的切边也很困难。对这类零件,应采用最接近零件形体的简单形体的近似展开方法确定其展开料的形状和尺寸。

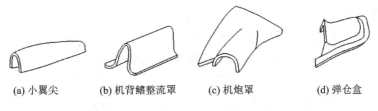

(a) 小翼尖　　　　(b) 机背鳍整流罩　　　　(c) 机炮罩　　　　(d) 弹仓盒

图 4 - 77　可利用简单形体的近似展开件

(3) 易裂部位可采用局部不展开的方法

图 4 - 78(a)所示为挂架包皮零件,A 区弯曲半径太小,在成形时易裂,故此处不展开。另外,为了利于成形,可将左、右两件对合在一起,如图 4 - 78(b)所示,制成一块展开料,经一次落压成形后再剪开,可得两个挂架包皮零件。

（4）在展开料上增加控制收缩的工艺余量

图 4-79 所示的盒形件，在成形时前端收缩，故在这里应加补成封闭全边沿的展开料，即加上图示的工艺余量。

（5）合理确定展开料上的耳片位置

展开料定位所用耳片位置的确定，除了要考虑定位效果以外，还应考虑节约材料，如图 4-80 所示。

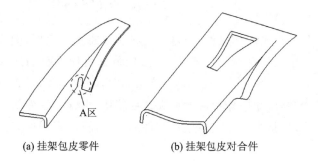

(a) 挂架包皮零件　　　　(b) 挂架包皮对合件

图 4-78　挂架包皮零件

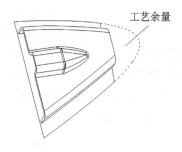

图 4-79　盒形件展开料的确定

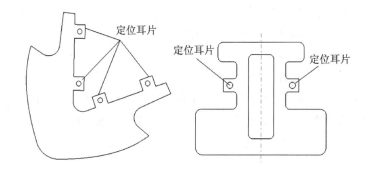

图 4-80　展开料定位耳片的位置

### 3. 展开料的定位

（1）定位形式与方法

展开料在落压模上的定位形式与方法见表 4-15 和图 4-81。

表 4-15　展开料在落压模上的定位形式及方法

| 定位形式 | 定位方法 | 备　注 |
|---|---|---|
| 外缘定位 | 在下模上沿展开料的边缘安装定位销，以展开料的外缘定位 | 见图 4-81(a) |
| 孔定位 | 在下模上按展开料耳片上定位孔的位置安装定位销，以孔定位 | 见图 4-81(b) |
| 螺柱螺母压紧定位 | 在以孔定位不稳定时，可在下模上开料定位孔的位置安装螺柱，用螺母压紧展开料，成形后再松开 | |

（2）安装定位销的要求

① 定位销或螺柱应尽量安装在下模的平面上，不可装在斜面或材料变形量最大的部位上。

② 定位销或螺柱的数量以定位可靠为准，一般为 2～3 个；数量过多，易造成位置不协调。

③ 展开料上的耳片与定位孔，尽可能与零件表面处理用的悬挂耳片与定位孔合用。

④ 定位销或螺柱的直径取 6～10 mm，在下模上的露出高度可按成形的具体情况确定。

⑤ 有时为了增加定位稳定性和防止零件在成形时被拉裂，需在展开料上补加连接片，在成形后再将其切除，如图 4-82 所示。

⑥ 为了工作方便、定位准确以及防止定位销的偏斜，可在下模的相应位置镶入钢衬套。

⑦ 在上模安装定位销或螺柱相对应的部位应设躲避孔，以防止在成形时将定位销或螺柱损坏。

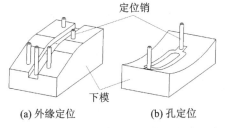

(a) 外缘定位　　　　(b) 孔定位

图 4-81　展开料在落压模上的定位形式及方法

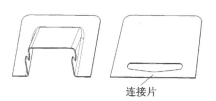

图 4-82　展开料的连接片

## 4.7.3　落压成形方法及落压校形

根据落压件的几何形状、技术要求、材料种类与状态、厚度等状况的不同，可分别采用单套模、多套模以及与其他工艺方法联合的组合成形。

### 1. 单套模成形

大多数落压件都可以实施单套模具落压成形。根据落压件的特点，可采用不同的成形方式，见表 4-16。

表 4-16　单套模具成形方式及适用范围

| 成形方法 | 具体操作 | 适用范围 | 备　注 |
|---|---|---|---|
| 直接压制成形 | 用单套落压模直接压制，可进行一次或多次锤击，直至贴模为止 | ① 深度小于 30 mm 的盒式件；<br>② 无闭斜角弯边，侧面无凸凹，形状简单的零件 | |
| 毛料重叠落压成形 | 将 2～3 件毛料重叠在一起，进行落压成形，最后在专用校形上模逐件进行校形 | 厚度在 0.8 mm 以下的铝合金板料，单件成形容易失稳起皱的零件 | 同一个下模，配两个上模（一个成形，一个校形） |
| 成组落压成形 | 把两件或几件组合起来，构成对称形状（在对接处留有工艺余量）进行落压成形，然后按尺寸切开成单个零件 | 形状不对称，在单件落压成形时因受力不平衡而难以成形的零件 | |
| 逐渐送进成形 | 逐渐送进逐渐成形，使零件均匀起皱或少起皱，避免急剧起皱 | 纵向曲度大，形状比较规则的双曲度零件 | 见图 4-83 |
| 垫橡皮落压成形 | 在零件的上面或下面垫不同厚度、不同大小的橡皮块进行落压成形 | ① 几何外形复杂零件；<br>② 为排皱、贮料、展料等特殊目的或减少过渡模时采用 | |
| 垫层板落压成形 | 在零件的上面或下面垫不同厚度及形状的层板进行落压成形 | 适用于深度大于 30 mm 的盒形件或具有凸凹的零件，可限制拉深深度及凸缘起皱 | |

（1）垫橡皮落压成形

在落压成形过程中，随着落锤的锤击，毛料会因变形的不均匀而在某些部位上出现皱纹，要及时、有效地消除。采用铺垫橡皮块或橡皮条是最有效的方法。所用橡皮块或橡皮条的尺寸与形状、铺垫的部位与顺序等，都应视具体情况灵活运用，同时还包括对毛料或坯件锤击的力度与速度的合理控制。因此，操作者的经验以及操作技术的熟练程度对落压件质量乃至成形的成败起着极其重要的作用。

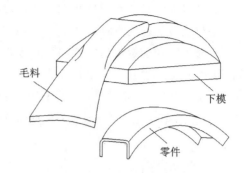

图 4-83　逐渐送进成形

橡皮的牌号一般采用 2651、3826，也可使用聚氨酯橡胶。落压成形时，垫橡皮的作用与方法详见表 4-17。

表 4-17　垫橡皮落压成形的作用与方法

| 作　　用 | | 方　　法 | 备　　注 |
|---|---|---|---|
| 保护零件表面防止模具擦伤 | | 用厚度 0.3～0.5 mm 的薄橡皮覆盖在毛料或工件上 | |
| 校正贴模 | | 零件上的凹坑、底部转角、下陷及周边皱纹较大部位，垫上厚度为 3～5 mm 的橡皮，进行校形 | |
| 定位毛料 | | 当毛料易发生窜动或展开料放不稳时，可先用橡皮块将板料压住再落压成形 | |
| 辅助成形 | 贮料 | 零件带有突起，在毛料下面垫橡皮，使用凸模猛击，然后提起上模，撤下橡皮，即可预先贮料，避免拉裂零件 | 见图 4-84(a) |
| | 展料 | 将橡皮放在毛料上面，用上模猛击，使材料向四周延展，补充周边所需的材料 | 见图 4-84(b) |
| | 排皱 | 马鞍形零件、整流罩尖部，应在零件的上面垫橡皮猛击、快击，利用橡皮的流动性和摩擦作用排皱 | 见图 4-84(c) |
| | 加大圆角 | 首先在零件下面（局部尖角处）垫橡皮块（相当于加大模具圆角）进行落压成形，然后撤下橡皮，再压至贴模 | 见图 4-84(d) |
| | 限制成形深度 | 对于几何形状不规则且高低不一的零件，当不宜采用垫层板成形时，可采用垫橡皮的方法逐渐成形 | 见图 4-84(e) |
| | 压靠底角 | 当零件的底部转角小，不易压至靠模时，可在零件上面垫橡皮辅助成形，然后撤下橡皮进行校形 | 见图 4-84(f) |
| | 分步成形 | 当零件的凹槽较多（3 个以上）时，可采用在零件的上面垫橡皮的方法分步成形（由中间向两边逐次成形） | 见图 4-84(g) |

（2）垫层板落压成形

在下模周边加垫层板的落压成形如图 4-85 所示，其目的在于控制凸模进入凹模腔内的深入量，同时随着落压成形的进行，还可不断地撤掉所垫的层板的层次，而使其毛料的变形呈现出渐次成形的方式。实质上，层板的运用可以使一套落压模转变成多套落压模。

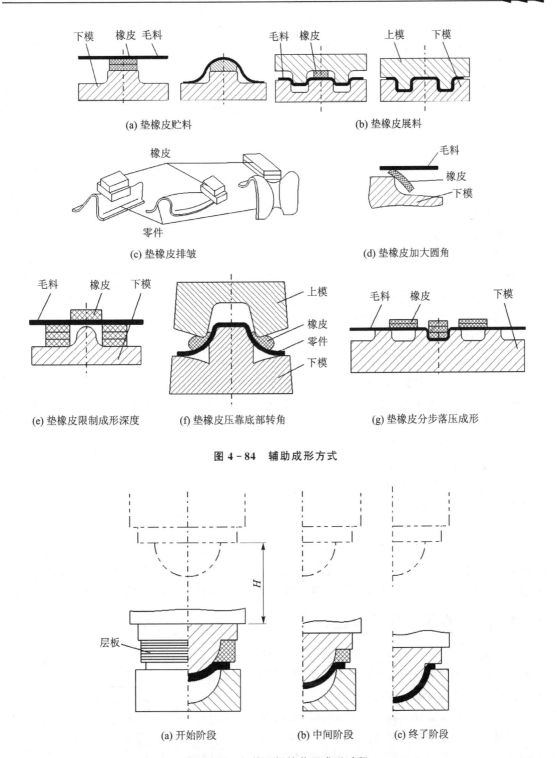

图 4-84　辅助成形方式

图 4-85　加垫层板的落压成形过程

　　层板一般是用 8～10 mm 厚度的航空层板或塑料板制作而成。为了提高零件的表面质量,减少每撤一块板层后零件成形深度增加过大而形成痕迹,可采用 3～5 mm（或者更薄）的层板。与毛料或工件直接接触的层板,用厚度为 $3\sim5$ mm 的钢板制造,其表面粗糙度 $Ra$ 为 3.2 $\mu$m,重叠起来的层板总厚度应比零件深度小 $5\sim10$ mm。

成形过程中具体的操作顺序通常是:垫好总量层板后,首先轻落锤体击打一下,使部分毛料被拉入凹模,此时边缘会起皱;紧接着锤体重打一下,使皱纹熨平,然后取下一层层板,再继续用同样方法操作;当取走 $3\sim4$ 层层板后,须检查一下零件的成形情况,如需手工修整,可进行手工整形,而后继续压制,直到全部层板取尽,最后重击一次校形。

**2. 多套模成形**

对于几何外形较为复杂的双曲度曲面零件(如翼尖、机头罩、机尾罩、平垂尾的翼根部整流包皮、风挡、起落架护板以及各种舱门等),若用单套模落压成形而不能或很难成形,则必须采用多套模落压成形。这种方法又称为过渡成形法,过渡成形使用的落压模称为过渡落压模。过渡成形后,必须进行落压校形。

**3. 组合成形**

为改善零件的变形条件,合理分配变形量,以及提高劳动生产率与产品质量,落压成形可与其他钣金成形工艺方法组合成形。例如,对于副油箱封头,可先通过落压成形进行预成形,再用旋压成形方法制造。

**4. 落压校形**

为了减少手工修整量,减轻操作的劳动强度和提高劳动生产率,应充分利用落压校形。用落压模校形代替手工修整,特别是淬火后零件的修整,是一种行之有效的方法。

落压校形用的下模可与修整工件用的模胎合用(即模胎代下模),以减少工装数量和它们之间的不协调现象,但下模型面的准确度和表面粗糙度应符合技术要求。在使用前,必须按其制造依据检查是否符合相关技术要求。

落压校形所采用的典型方法有:

① 利用缩口圈辅助校形;

② 利用橡皮容框校形;

③ 利用低熔点合金模校形。

在成批生产中,对铝及铝合金零件,可用低熔点合金模在液压机或自制简易专用液压设备上校形,也可在落锤上校形。低熔点合金模校形效果好,其主要优点是:可按实样直接浇注上、下模,间隙均匀,校正后零件贴模度好;制模简便迅速,制模材料可重复利用。

## 4.7.4 落压模的结构设计

落压模分上、下两个部分。上模是用双头螺栓固定在落压床的锤头上,下模放置在落压床的工作台面上。其典型结构如图 4-86 所示。

落压模的上模是按下模配制的,所以,在设计模具时只需设计下模结构并提出相应设计技术要求即可。通常只需绘制出模具的立体图样加文字说明。

**1. 下模的结构形式与分模面的确定**

根据待成形件的形状和技术要求来确定落压

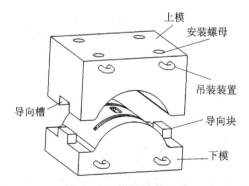

**图 4-86 落压模的形式**

成形的方法,见表 4-18。也就是说,确定凸、凹形在上与在下的原则是:有利于成形零件的主要部位,并兼顾到加工、使用、维修方便与否;同时也要考虑已具备的制造依据等情况,要尽量地减少不必要的中间环节,消除工艺装备间的不协调现象,减少积累误差。

设计落压模时,应合理确定分模面的位置,见图 4-87(a),既要保证毛料具备可靠的定位,又要保证不会因为较大侧向力作用而引起下模的偏移和锤杆的损伤。对变形较大、成形较为困难的部位,应尽可能水平放置,见图 4-87(b)。

表 4-18 不同成形方式的特点及适用范围

| 成形方式 | 特 点 | 适用范围 |
| --- | --- | --- |
| 拉伸式 | ① 下模的工作面为凹形;<br>② 材料以拉伸变形为主;<br>③ 毛料易摆放;<br>④ 垫层板时,便于取放层板 | ① 盒形件、箱体零件;<br>② 具有封闭形的凸凹突起且外形尺寸及底角半径要求严格的零件 |
| 压缩式 | ① 下模的工作面为凸形;<br>② 材料以压缩变形为主;<br>③ 便于敲修平皱及垫橡皮;<br>④ 有利于用展开料成形 | ① 复杂盒形件、箱体零件的过渡成形;<br>② 敞开式零件;<br>③ 外表面质量和内形尺寸要求严格的零件 |
| 混合式 | ① 下模工作面有凸有凹;<br>② 材料产生拉、压两种变形或两种变形方式的综合 | 具有凸、凹形状的复杂零件 |

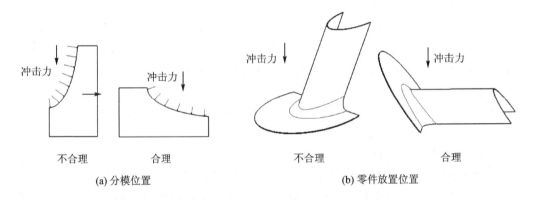

(a) 分模位置　　　　　　(b) 零件放置位置

图 4-87 分模位置及零件放置位置的影响

**2. 落压模的导向装置**

落压模的导向装置一般不另设,只需在上、下模上分别制出槽和块即可。为了便于模具的制造和落压成形时对零件的敲修,一般可将导向槽设于下模,而将导向块设于上模。如果上模的形状易于变形,则应将导向块置于下模,导向槽置于上模,如图 4-86 所示。为有效地限定上模的变形和对零件的敲修,导向槽可采用封闭周边的型式。对某些形状特殊的零件,为了提高导向效果,在同一模上可以同时制出导向块和导向槽,称之为混合式导向。

导向槽、导向块一般取 2~4 对;位置的选择根据零件形状而定。

**3. 合用模的要求**

有些落压零件的开敞性好,如内、外蒙皮,整流包皮,整流罩,翼尖,波纹板,加强板及口框类零件。当此类零件的落压模选用金属材料制造时,其下模可代替模胎使用,故称之为合用下模。

合用下模既要满足成形需要,又要保证修整时使用方便,故有以下几点要求:

① 下模按模胎的制造依据加工,按模胎的技术要求与验收标准制造和验收;

② 为了便于零件的修整,在零件边缘线以外的型面应延伸加工,放出余量;

③ 导向形式应尽量采用导向槽;

④ 一模两用,下模应镶铸在锌合金底座上。

**4. 对上模的要求**

落压模的上模,一般按下模配制。但是当落压模的下模与模胎合用时,在配制上模的过程中应注意满足以下几个方面的特殊要求:

① 局部躲避。当下模某一部位带闭斜角时,上模的相应部位应制成直角。

② 型腔深度。下模工作型面为凸形的落压模,其上模型腔深度比下模凸出部位的高度要小一些(超出零件边缘线 10~15 mm 即可),以免成形困难或零件拉裂。

③ 圆角半径。上模与下模根部或凹圆角的对应处,其圆角应加大,以免在落压成形时擦伤零件。

④ 上模加固。将上模加宽、加厚,以提高强度,防止胀裂,保障安全。

**5. 过渡模的设计**

对于一次落压不能够成形的复杂形状零件,必须采用过渡进行多次落压渐次成形。过渡模的设计必须采用"从后往前推"的过渡取形原则。

过渡模的制形与打样依据有:

(1) 用软铝实样制形打样

用软铝板按制造依据制成实样后,将该实样制成所需要的过渡工序形状(称这一过程为制形打样),按此打样件制造石膏模,再按石膏模制造过渡落压模。

(2) 用铅皮制形打样

当铝实样不易制造或不易制形打样时,可用铅皮制造实样;再将铅皮实样制成所需工序形状的打样件,按此打样件制造石膏模及过渡落压模。

(3) 用蜡质实样制形打样

当以上两种方法都不易或不能满足制形打样的要求时,可以用蜡质实样制形打样。其过程如下:将纱布(3~4 层)铺在制造依据的型面上,用毛刷蘸熔融的黄蜡均匀地刷在铺好的纱布上,待其冷却变硬后取下,再剪除余边,即为符合要求的蜡质实样件。

在制形打样时,另用纱布蘸沸水将蜡质实样烫软,制成所需要的过渡工序形状,待冷却变硬后,即成形为蜡质打样件,又称蜡模。然后,按此蜡模制造石膏模及过渡模。

# 4.7.5 落压模结构尺寸的确定

**1. 外廓尺寸**

① 落压模上、下模底平面的外形一般取正方形、长方形或梯形等形状,随高度带有一定的拔模斜度(5°~10°)。

② 落压模底平面的外廓尺寸,必须符合所用机床的台面尺寸、锤体尺寸与开启高度或工作行程。如图 4-88 所示,模具下模外形 $a \times b$,不得超过落压床台面的有效尺寸。

③ 模具的闭合高度 $H$ 尽可能取小些,以扩大模具的开启高度,便于取放工件和手工敲修。上、下模的开启高度不得超过锤头的最大行程。落压床的吨位不同,其台面尺寸与行程也不同。

④ 零件切割线距模具边缘一般可控制在 30 mm 左右。

⑤ 模具的最小厚度 $C$ 一般控制在 100~150 mm。

⑥ 上、下模工作型面的模具间隙值取决于材料的种类、厚度,具体数值参见表 4 - 19。

⑦ 导向部分的有关尺寸如图 4 - 89 所示。

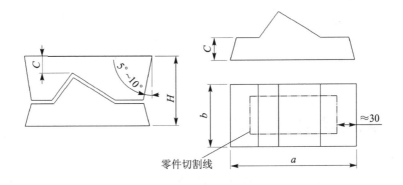

**图 4 - 88　落压模的外廓尺寸**

**表 4 - 19　落压模的间隙值**

mm

| | 材料厚度 | 0.5 | 0.6 | 0.8 | 1.0 | 1.2 | 1.5 | 2.0 | 2.5 | 3.0 | 3.5 |
|---|---|---|---|---|---|---|---|---|---|---|---|
| 间隙 $Z$ | 硬铝、防锈铝 | 0.6 | 0.8 | 1.0 | 1.2 | 1.5 | 1.9 | 2.5 | 3.2 | 3.8 | 4.4 |
| | 软钢 | 0.7 | 1.0 | 1.1 | 1.4 | 1.7 | 2.1 | 2.8 | 3.5 | 4.2 | 4.9 |

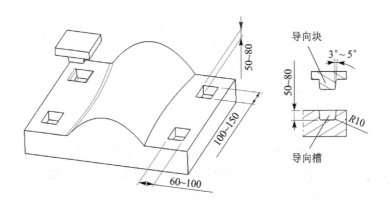

**图 4 - 89　导向部分尺寸**

**2. 模具附属结构尺寸**

① 落压成形较硬的合金钢一类材料制 W 的零件时,可以采用镶块式凸模,其结构与尺寸如图 4 - 90 所示。

② 上模安装螺帽的位置应与落压床锤头上的螺柱孔的位置相适应。螺帽距上模面的距

离约为 30 mm。安装螺帽的材料选用 20 号钢,安装上模于锤头的双头螺栓也是由 20 号钢制成的。

③ 起重吊环。上、下模一般安装 3~4 个起重吊环。吊环上、下位置应高于模具的重心。起重吊环的规格可查阅标准手册。

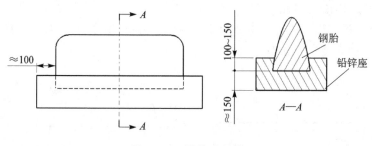

图 4-90　镶块式凸模

## 4.7.6　落压模的选材与制造

**1. 落压模的选材**

通常用锌合金制造下模,用铅合金制造上模;也可用锌合金制造模体,以环氧塑料或聚氨酯橡胶作层面,制造落压模的上、下模。

当批量生产钢制零件时,下模可用铸钢毛坯制造,也可将钢模胎镶铸在锌合金底座上,成为落压模的下模,再按其配制上模。

**2. 落压模的制造**

(1)协调路线和制造依据

落压模的协调路线和制造依据与成形件的要求密切相关,即它依据模具凸、凹形在下模上的状况而定。

① 压缩式落压模:特点是凸模在下、凹模在上。这种模具相互协调系统的特点是先制凸模,后制凹模,间隙修在凹模上,因为凹模为铅模容易修整。

② 拉伸式落压模:特点是凹模在下、凸模在上。这种模具相互协调系统的特点是先制凹模,后制凸模,间隙修在凸模上。

数字化钣金零件制造时,凸、凹模的制造依据是模具的数模。

(2)加工方法

传统落压模的制造是通过石膏模进行转换的,通过石膏模浇注金属模。浇注后的金属模,必须进行钳工的精加工:用软轴砂轮机,带动着铣刀,按照制造依据,对模具型面进行加工,还要用纱布打光,注意间隙的制取,待检验合格后,才能交付使用。

现代落压模型面的制造是通过数模生成加工代码由数控机床直接加工。

(3)落压模的技术要求

① 模具表面应标记出零件的切割线;

② 模具表面粗糙度 $Ra$ 小于 6.3 $\mu m$;

③ 下模与制造依据之间的间隙不大于 0.2 mm;

④ 在浇注下模时,应同时浇注出所制零件的图号与模具的套数编号。

# 习　题

1. 简述框肋类零件的结构特点与成形要点。
2. 简述手打模的特点。
3. 画图说明闸压模的结构形式及尺寸的确定。
4. 画图说明拉弯模的结构形式。
5. 简述拉形的基本原理、成形过程与特点。
6. 简述落压成形件毛料的确定方法。
7. 简述落压模结构尺寸的确定方法。

# 参 考 文 献

[1] 程宝蕖.飞机制造协调准确度与容差分配[M].北京:航空工业出版社,1987.

[2] 范玉青.现代飞机制造技术[M].北京:北京航空航天大学出版社,2001.

[3] 王云渤.飞机装配工艺学[M].北京:国防工业出版社,1990.

[4] 《航空制造工程手册》总编委会.航空制造工程手册:飞机钣金工艺[M].北京:航空工业出版社,1992.

[5] 《航空制造工程手册》总编委会.航空制造工程手册:飞机工艺装备[M].北京:航空工业出版社,1992.

[6] 王海宇.飞机钣金工艺学[M].西安:西北工业大学出版社,2011.

[7] (苏)阿比波夫 A JI,等.飞机制造工艺学[M].西安:西北工业大学出版社,1986.

[8] 王秀凤,张永春.冷冲压模具设计与制造[M].北京:北京航空航天大学出版社,2012.

[9] 唐荣锡,陈鹤峥,陈孝戴.飞机钣金工艺[M].北京:国防工业出版社,1983.

[10] 李硕本.冲压工艺学[M].北京:机械工业出版社,1982.

[11] 薛振海,赵振亚,等.飞机工艺装备设计与制造[M].北京:国防工业出版社,1992.

[12] 梁炳文.钣金冲压工艺手册[M].北京:国防工业出版社,2000.

[13] 陈毓勋,赵振铎,王同海.特种冲压模具与成形技术[M].北京:现代出版社,1989.

[14] 刘增华,胡文彬.钣金成形工艺[M].北京:北京航空航天大学出版社,2011.

[15] 陈传胜.冷冲压工艺与模具设计[M].成都:电子科技大学出版社,2008.

[16] 刘湘云,邵全统.冷冲压工艺与模具设计[M].北京:航空工业出版社,1994.

[17] 冯小明,梁熠葆.冷冲压工艺及模具设计[M].重庆:重庆大学出版社,2004.

[18] 张海星.冷冲压工艺与模具设计[M].杭州:浙江大学出版社,2006.

[19] 胡兆国.冷冲压工艺及模具设计[M].北京:北京理工大学出版社,2009.

[20] 康俊远.冷冲压工艺与模具设计[M].2版.北京:北京理工大学出版社,2012.

[21] 陈剑鹤,于云程,胡云.冷冲压工艺与模具设计[M].北京:机械工业出版社,2020.

[22] 朱江峰,童林军,张勇明.冲压模具设计与制造[M].北京:北京理工大学出版社,2009.

[23] 郑晖.飞机钣金零件模具设计[M].哈尔滨:哈尔滨工业大学出版社,2019.

[24] 李雅.冲压工艺与模具设计[M].北京:北京理工大学出版社,2018.

[25] 魏春雷,徐慧民.冲压工艺与模具设计[M].北京:北京理工大学出版社,2017.

[26] 查五生.冲压工艺及模具设计[M].重庆:重庆大学出版社,2015.

[27] 冯全元.冲压成形与模具设计[M].北京:机械工业出版社,2015.

[28] 马正元,韩启.冲压工艺与模具设计[M].北京:机械工业出版社,1998.

[29] 张秉璋.板料冲压模具设计[M].西安:西北工业大学出版社,1997.

[30] 侯义馨.冲压工艺与模具设计[M].北京:兵器工业出版社,1994.

[31] 李寿萱.钣金成形原理与工艺[M].西安:西北工业大学出版社,1985.

[32] 翟平.飞机钣金成形原理与工艺[M].西安:西北工业大学出版社,2019.

[33] 李西宁,常正平,翟平.飞机钣金成形原理与工艺[M].西安:西北工业大学出版社,2021.

[34] 宋拥政,舒鑫源,李中守.航空航天钣金冲压件制造技术[M].北京:机械工业出版

社,2013.

[35] 万战胜.冲压工艺及模具设计[M].北京:中国铁道出版社,1995.

[36] 刘心治.冷冲压工艺及模具设计[M].重庆:重庆大学出版社,1995.

[37] 成虹.冲压工艺与模具设计[M].成都:电子科技大学出版社,2000.

[38] 沈兴东,韩森和.冲压工艺与模具设计[M].济南:山东科学技术出版社,2005.

[39] 韩森和,林承全,余小燕.冲压工艺及模具设计与制造[M].武汉:湖北科学技术出版社,2008.

[40] 施于庆.冲压工艺及模具设计[M].杭州:浙江大学出版社,2012.

[41] 曾霞文.冲压工艺及模具设计[M].北京:北京理工大学出版社,2011.

[42] 杜东福.冷冲压工艺及模具设计[M].长沙:湖南科学技术出版社,1996.

[43] 朱立义.冷冲压工艺与模具设计[M].重庆:重庆大学出版社,2006.

[44] 阳勇.冲压工艺与模具设计[M].北京:北京理工大学出版社,2010.

[45] 吴诗惇.冲压工艺及模具设计[M].西安:西北工业大学出版社,2002.

[46] 柯旭贵,张荣清.冲压工艺与模具设计[M].北京:机械工业出版社,2017.

[47] 熊志卿.冲压工艺与模具设计[M].北京:高等教育出版社,2011.

[48] 宇海英,刘占军,王鑫,等.冲压工艺与模具设计[M].北京:电子工业出版社,2011.

[49] 高军.冲压工艺及模具设计[M].北京:化学工业出版社,2010.

[50] 陈永主.冲压工艺与模具设计[M].北京:机械工业出版社,2009.

[51] 邓明.冲压工艺及模具设计[M].北京:化学工业出版社,2009.

[52] 贾俐俐.冲压工艺与模具设计[M].北京:人民邮电出版社,2008.

[53] 卢险峰.冲压工艺模具学[M].北京:机械工业出版社,2014.

[54] 朱旭霞.冲压工艺及模具设计[M].北京:机械工业出版社,2008.

[55] 吕建强,张跃,刘俊松.冲压工艺与模具设计[M].西安:西安电子科技大学出版社,2017.

[56] 任海东,苏君.冷冲压工艺与模具设计[M].郑州:河南科学技术出版社,2007.

[57] 贾崇田,李名望.冲压工艺与模具设计[M].北京:人民邮电出版社,2006.

[58] 刘华刚.冲压工艺及模具[M].北京:化学工业出版社,2007.

[59] 牟林,胡建华.冲压工艺与模具设计[M].北京:中国林业出版社,2006.

[60] 张如华,赵向阳,章跃荣,等.冲压工艺与模具设计[M].北京:清华大学出版社,2006.

[61] 杨连发,毛献昌,冯翠云.冲压工艺与模具设计[M].西安:西安电子科技大学出版社,2018.

[62] 吴伯杰.冲压工艺与模具[M].北京:电子工业出版社,2004.

[63] 洪慎章.实用冲压工艺及模具设计[M].北京:机械工业出版社,2008.

[64] 孙传,包亦平,范建锋,等.冷冲压工艺与模具设计[M].杭州:浙江大学出版社,2015.

[65] 肖亚慧.冲压工艺与模具设计项目化教程[M].北京:北京交通大学出版社,2016.

[66] 鲜小红,姚文林,周淑容,等.冲压工艺与模具设计[M].成都:西南交通大学出版社,2014.

[67] 陆茵,熊毅.冲压工艺与模具设计[M].武汉:武汉理工大学出版社,2012.

[68] 赵向阳,章跃荣,张如华,等.冲压工艺与模具设计[M].哈尔滨:哈尔滨工程大学出版社,2010.

［69］王桂英.冲压工艺与模具设计［M］.合肥:合肥工业大学出版社,2010.

［70］钟玉清.冲压工艺与模具结构［M］.长沙:湖南大学出版社,2009.

［71］王丽娟.冲压工艺与模具设计［M］.北京:国防工业出版社,2008.

［72］张光荣.冲压工艺与模具设计［M］.北京:北京理工大学出版社,2009.

［73］朱正才,石玉香,刘良瑞,等.冷冲压工艺与模具设计［M］.北京:北京邮电大学出版社,2013.

［74］洪奕,夏源,白莉副.冲压工艺及模具设计与实践［M］.重庆:重庆大学出版社,2012.

［75］潘祖聪,王桂英.冷冲压工艺与模具设计［M］.上海:上海科学技术出版社,2011.

［76］钟毓斌.冲压工艺与模具设计［M］.北京:机械工业出版社,2000.

［77］姜奎华.冲压工艺与模具设计［M］.北京:机械工业出版社,1997.

［78］成百辆,欧阳丽红.冲压工艺与模具结构［M］.北京:中国劳动社会保障出版社,2004.

［79］刘靖岩.冷冲压工艺与模具设计［M］.北京:中国轻工业出版社,2006.

［80］汤酞则.冷冲压工艺与模具设计［M］.长沙:湖南大学出版社,2007.

［81］杨关全.冷冲压工艺与模具设计［M］.大连:大连理工大学出版社,2019.

［82］成虹,慕东,胡导华,等.冲压工艺与模具设计［M］.北京:机械工业出版社,2017.

［83］李淑宝.冲压工艺与模具结构［M］.北京:电子工业出版社,2017.

［84］任国成.冲压工艺及模具设计［M］.北京:化学工业出版社,2017.

［85］万鹏.冲压工艺与模具设计［M］.南京:南京大学出版社,2016.

［86］牛立斌,王晓刚,张毓隽.冲压工艺与模具设计［M］.北京:北京师范大学出版社,2016.

［87］谢亚明.冲压工艺与模具设计［M］.上海:上海交通大学出版社,2016.

［88］许国红,刘荣,赵静,等.冲压工艺及模具设计［M］.北京:清华大学出版社,2016.

［89］蒋小波,吴光辉.冲压工艺与模具设计［M］.西安:西安交通大学出版社,2015.

［90］陈芬桃.冲压工艺与模具设计［M］.湘潭:湘潭大学出版社,2015.

［91］文学红,陆元三.冷冲压工艺与模具设计［M］.成都:电子科技大学出版社,2015.

［92］胡成武,胡泽豪.冲压工艺与模具设计［M］.长沙:中南大学出版社,2012.

［93］陈黎明,李淑宝,刘少军,等.冲压工艺与模具设计［M］.北京:电子工业出版社,2012.

［94］张兴友,等.冲压工艺与模具设计［M］.北京:中国人民大学出版社,2012.

［95］欧阳波仪.冲压工艺与模具结构［M］.北京:人民邮电出版社,2011.

［96］李飞.冲压工艺与模具设计［M］.长沙:国防科技大学出版社,2011.

［97］魏春雷.冲压工艺与模具结构［M］.武汉:华中师范大学出版社,2011.

［98］王信友.冲压工艺与模具设计［M］.北京:清华大学出版社,2010.

［99］夏巨谌.金属材料精密塑性加工方法［M］.北京:国防工业出版社,2007.